光尘
LUXOPUS

YOUR ONE WILD
AND PRECIOUS LIFE

AN INSPIRING GUIDE TO
BECOMING YOUR BEST SELF AT ANY AGE

人生正当时
重塑自我的发展心理学

[爱尔兰] 莫琳·加夫尼（Maureen Gaffney） 著

谢斯恒 译

人民邮电出版社
北　京

图书在版编目（CIP）数据

人生正当时：重塑自我的发展心理学 ／（爱尔兰）莫琳·加夫尼著；谢斯恒译. -- 北京：人民邮电出版社，2023.12（2024.1重印）
ISBN 978-7-115-63075-9

Ⅰ.①人… Ⅱ.①莫… ②谢… Ⅲ.①发展心理学 Ⅳ.①B844

中国国家版本馆CIP数据核字（2023）第207546号

YOUR ONE WILD AND PRECIOUS LIFE: AN INSPIRING GUIDE TO BECOMING YOUR BEST SELF AT ANY AGE by MAUREEN GAFFNEY
Copyright: ©2021 BY MAUREEN GAFFNEY
This edition arranged with MARIANNE GUNN O'CONNOR LITERARY AGENCY
through BIG APPLE AGENCY, LABUAN, MALAYSIA.
Simplified Chinese edition copyright:
2023 Beijing Guangchen Culture Communication Co., Ltd
All rights reserved.

◆　著　　　　［爱尔兰］莫琳·加夫尼
　　译　　　　谢斯恒
　　责任编辑　马晓娜
　　责任印制　陈　犇
◆　人民邮电出版社出版发行　　北京市丰台区成寿寺路 11 号
　　邮编 100164　　电子邮件 315@ptpress.com.cn
　　网址 https://www.ptpress.com.cn
　　涿州市京南印刷厂印刷
◆　开本：880×1230　1/32
　　印张：12.75　　　　　　　　　2023 年 12 月第 1 版
　　字数：242 千字　　　　　　　2024 年 1 月河北第 2 次印刷
　　著作权合同登记号　图字：01-2023-1562 号

定价：69.00 元

读者服务热线：（010）81055671　印装质量热线：（010）81055316
反盗版热线：（010）81055315
广告经营许可证：京东市监广登字 20170147 号

致我的丈夫约翰·哈里斯

和我的孩子埃利和杰克·哈里斯

CONTENTS
目录

PART
3

前路迢迢，
人生无限

野蛮生长，活出珍贵

你是否经常思考人生，反思自我？如果你的答案是肯定的，那么你就和大多数人一样，大脑中有一块区域专门负责这一工作。然而，在大多时候，大脑忙于制订计划、执行任务和复盘总结，幻想未来更是占据了大脑活动的半壁江山，故而哈佛大学心理学家丹尼尔·吉尔伯特（Daniel Gilbert）将人类称作"未来世界的半居民"。但是，每当你对外界的需求降低，大脑进入休息状态时，你就会不由自主地开始反思自我，思考自己的生活方式。

你会思考，自己是怎样一个人，与其他人有何异同？你会反思，是什么激励着你不断前行？是什么让你开怀展颜？又是什么让你一蹶不振？当你历尽千帆，走到生命的尽头时，你是否拥有了自己想要的人生？当你经历人生的不同阶段时，你会思考自己改变了些什么，抑或是即将改变什么，又有什么仍保持原样。这种自我反思常是浮光掠影、转瞬即逝——在无人烦扰的闲暇之际，如闲散的假期中,你开始审视自我。

但在某些特定的境遇下,你会滋生出特别想要剖析自己的心理,这种渴望会越来越迫切。举几个例子,当生活出现意想不到的转折时;当面临前所未有的挑战时,比如要从一段已破裂的重要关系中走出来;当迈入整岁之年——如人到中年,自然而然会对迄今为止的生活进行一番盘点,畅想之后的生活,尤其是在进入或幻想自己进入新阶段时,情况尤甚。

这些时期隐藏着关键转折点,你将拥有将人生重新洗牌的机会——重新审视,自我评估,最终获得新生。你会受到鼓舞,重新思考人生,制订全新计划,改变现状,扫清通往幸福之路的障碍。一旦过了这些坎,人生便会有新的目标和意义。

本书将追踪不同人生阶段的心理发展轨迹,描述 3 种基本心理驱动力——亲密驱动力、自主驱动力、胜任驱动力。这些驱动力不仅相互关联,更与生活息息相关。本书将讲述:

- 如何从出生起就开始寻求亲密的人际关系;
- 如何表现对自主的渴望,寻求展现真我的人生方向和生活方式;
- 如何发挥胜任驱动力,根据自身境遇来妥善地经营人生。

在过去的几十年间,我们改变了对动机的看法,重新审视了亲密、自主和胜任如何在人类发展的每个阶段发挥作用,以及如何决定人生的幸福和成功。如今我们能够更加深刻地理解亲密需求、自主需求、胜任需求这 3 种先天需求之间错综复杂的关联,更加清晰地看待自主发挥的核心作用。人们很少讨论心理自主的本质和重要性，这是因为自主时常被误认为是一种不近人情的自我满足。事实上，自主是人类与生俱来的天赋，促使人类去管控自我、积极参与生活、尽己所能地塑造自己的命运。

在你生命的某个阶段，你是否曾渴望摆脱束缚？面对试图操控你所行所思之人，你是否曾想奋起反抗？你是否曾因太过恐惧而表里不一、口是心非？你是否曾觉得自己在感情关系里付出高昂的代价，标准却一降再降？从开始期盼寻得真爱、苦等对方接纳，恋爱后缺乏安全感、患得患失，到最后只求风平浪静、彼此相安无事。每当你有这样的念头时，那都是自主在呼唤你。

你有多少次觉得自己在生命历程中运筹帷幄，接着油然而生一种精力充沛、悠然自得、乘风破浪之感？你有多少次虽然面对恐惧，仍然坚定不移、迎难而上？这都是自主在起作用。生而为人，谁不想在个人空间、工作领域乃至公共场所中拥有更多的自主呢？生活中总有某个领域对我们而言意义非凡，让我们为其耗尽心血，在这种情况下，自主就显得尤为重要。

然而，若你认为，以上经历与自主的丧失或运用无关，那你就没抓住问题的核心，也难以找到合适的解决方案。在生活中，你既无法认清推动自己成长的动力，也无法识别阻碍自己进步的源头。自主早已焕然一新，成为一种高级的能力。

自主与否，取决于你自身的意志，自主即不受外界压迫，能随心所欲地过活。你发自肺腑地认可自身的行为，自己的事情自己做，自己的责任自己担。一旦行动来自核心自我，你将拥有内在的自由，行事风格也会符合自我意识。做一个言行一致、表里如一的人，就是本真，也是"忠于自己"的实际含义——我们习惯称之为一个人的"品格"。与此相反，倘若口是心非、表里不一，那你必然百无聊赖、郁郁寡欢，一副死气沉沉的样子。

自主的对立面并不是依赖，而是受制于人。一旦感到束手束脚，人性深处的本能就会冲出来唱反调。无论是外力压迫，还是内心压抑，你都会感到不满、焦虑或是怨恨。你在生活中各个领域的执行力、表现力和创造力也都会被削弱。倘若你长期过着一种任人摆布的生活，你甚至会对自己和生活感到绝望。

毫无疑问，就像受到内心的压力与支配一样，你会焦虑不安、自责内疚、苛求完美，拼命想要得到认可，做出各种强迫或成瘾行为。对于这些心理压力，内化是对自己的专横，外化便是对周围人过强的控制欲。你试图通过控制身边人的行为，排遣自己的心理压力。但问题不在于内化或是外化心理压力，而在于你受到控制的程度如何。一旦感到被控制，你就会产生负面行为。

你始终拥有 3 种需求——亲密需求、自主需求和胜任需求，其强度和紧迫程度在人生的不同时期和不同阶段有所不同。亲密需求与自主需求之间天然存在一股张力，同理，和他人交好与自由自在地做一个独处者、专注自我之间也是如此。每每化解了各个阶段的冲突、在冲突中找到了某种平衡时，你都为生命发展的历程增添了一抹独一无二的色彩。

在本书中，你将了解到在全新生命历程的十大发展任务中，亲密、自主、胜任这 3 种驱动力将如何得到体现。待当前阶段结束、即将奔赴下一阶段之际，任务便会徐徐到来；每完成一项任务，自我意识和个人认同感就会更加强烈。一旦完成这些发展任务，你的幸福感就会更强，你对自己目前的生活方式也会更满意。你会感觉日子过得越来越好，生活并没有原地踏步，人生也没有停滞不前。从某种意义上讲，你会发现，自己正在做的事情就是你来到这个世界上的使命。

本书将为你建立一个心理学框架，帮助你深入了解自身发展。根据框架上的坐标，你能够精准定位生活中每一件触动你心、令你久久不能忘怀的重大事件。行至生命的每个阶段，遇到人生的每个转折点，面临每个挑战时，你都可以通过阅读本书，追溯自己的生命历程，了解你是如何成为今时今日的自己的。

在我的上一本书《繁荣》（*Flourishing*）中，基于实证，我列出了 10 条增强幸福感的策略。只要你愿意，它将教你如何从侧面审视自己的生活——看看大脑如何工作、思维如何运转、情绪如何发挥作用、生活的意义是什么，以及这些因素是如何塑造或摧毁幸福感的。本书的特别之处在于，它以发展的眼光去看待塑造个体的因素，教你通过制订人生每一阶段的计划，塑造下一阶段获取幸福和成功的能力。

本书用发展性的叙述方式充分评估你的过往。过往是一个丰富的资源库，透过往事，你能够更好地了解甚至改变自己现阶段的生活模式，预测自己会如何应对未来的挑战及成功应对挑战的可能性。在很多时候，纵使你无法逃脱命运的掌控，你仍可以发挥自己的主观能动性，迎接命运的挑战。你早已不是过去只能被动承受的受害者，你永远都是书写自己命运的作者，你可以演绎人生、重塑自我，将生活经历写成一个个高潮迭起的故事。因此，你在任何时候都可以修改自己对人生的阐释，重新评估过去、规划现在、想象未来，重新设定自己的发展道路。未来总有新的机会去抚平未愈旧伤、处理未了之事，这一次，你定会做得更好。

每每踏入人生新阶段，都会碰到一次次可预见的生活危机——你的同辈人、和你一起度过生命历程的人都有同感。然而，有些生活危机和人生转折点来得毫无征兆、悄无声息。生活总是起伏不定，是安安稳稳还是起起落落，由你的成长经历和所处的环境决定。但在人生的每一阶段，尤其是过渡时期，机会都会再次降临，让你完成旧阶段的发展任务，以达到新的平衡。

这就是关键所在——无论处于人生哪个阶段，你永远都不会被完全定型。

人生的故事永不完结，生活的步伐总是向前。

PART

1

人生全景

我们不应停止探索的脚步，

在一切探索的尽头，

我们都终将回到探索的起点，

并对起点说：

"你好，很高兴再次认识你！"

——T. S. 艾略特《四个四重奏》

第一章

驾驭全新的人生历程

对你而言，野蛮生长、珍贵无比的人生有且仅有一次。你仅有一次机会，活出自我本色；仅有一次机会，阅尽人生千帆。正因为人生无法彩排，你才更想活得精彩。了解自我是掌握人生的关键起点——你要明白你是如何成为现在的自己的，以及在你的一生中驱动你成长的基本心理需求是什么。

大多数人将一生分为不同的阶段，在特定的时间开始，在特定的时间结束，每个阶段都有自己的任务。在过去，度过这些阶段相对来说没有那么多的弯弯绕绕，人们按照特定的顺序完成人生中的里程碑事件——顺利毕业、安家立业、退休养老等。然而，在过去的 100 年里，人生历程已经发生了翻天覆地的改变，你不再按照预期走上规划清晰的道路。在 21 世纪，你就像在高速公路上行驶的汽车，前方有无数条车道和无数个出口，目的地比以前要远得多。而且，没有实时更新的定位系统来为你定位导航。

让我们来看看两个自相矛盾的情况吧。

20 世纪人类平均预期寿命的增幅已经超过了过去几千年来增幅的总和。正如斯坦福大学长寿研究中心的劳拉·卡斯滕森（Laura Carstensen）所说："转瞬间，我们的寿命就延长了一倍。"你如今生活在期颐之寿的年代。发达国家 2000 年后出生的婴儿有望活到 100 岁及以上。你若已经成年，身体状况良好，那么很有可能活到 90 岁。无论你是否会活到这个岁数，你都必须做好打算，适应当下不一样的生活。

然而，尽管寿命延长，你却总觉得人生苦短、时光转瞬即逝。如果你问某人"近况如何"，答案很可能是"太忙了"。从 20 岁出头到 60 岁的这个阶段现已成为"人生的高峰期"——事业有成、伴侣在侧、安家立业。20 岁过后，还没来得及喘口气，你发现你已经一只脚迈进了中年的大门，迎面而来的还有一堆的问题、挑战和机会。

现在，把这两个现实摆在一起，虽然你的寿命延长了，但成年之后的大部分时间都变成了"人生的高峰期"。而这也不过是你在新的人生历程中面临的众多变化和挑战之一。

全新的人生阶段和时间框架

寿命的延长造就了两个全新的人生阶段，其余阶段的时间也随之改变。

表 1-1　全新的人生历程	
人生阶段	时间表
婴儿期	出生至 2 岁
幼儿期	2 岁至 6 岁
童年中期	7 岁至 11 岁
青少年期	11 岁至 18 岁
成年初显期	18 岁至 30 岁出头
成年早期	30 岁出头至 40 岁末
成年中期	40 岁末至 60 岁末
成年晚期	60 岁末至 70 岁末
老年期	80 岁及以上

　　进入成年早期需要很长时间，以至于你必须经历一个新的人生阶段，即成年初显期。这个阶段从青少年期结束时开始，到 30 岁出头才结束。这个新阶段给其后的所有阶段都施加了压力，导致这些阶段的起始时间都更晚。直到你 30 岁出头，成年早期才算真正开始，并一直持续到 40 岁末，这反过来意味着成年中期要到 40 岁末才开始，持续到 60 岁末才结束。

　　然后呢？接下来还有很长一段时间才到老年期，所以一个新的中间阶段又诞生了。美国 65 岁至 69 岁的人中，有近一半人认为自己是中年人，而在 70 岁出头的人里，有 1/3 的人认为自己是中年人。可见成年中期和老年期之间的这个阶段缺少一个更好的术语，而我将其称作"成年晚期"。人生行至此处，你确信自己已经过了成年中期，但你一定不会觉得自己"老了"，"退休人士"的称呼显然和你不匹配，因为你在成年中期时的欲望、动机和你想要的生活方式与你在老年期时的想法还存在着微妙的差别。

如今，老年期要等到80岁才开始。虽然老年期开始得较晚，但持续时间较长，如何独立地走完这个人生阶段已成为一个重要的问题。

影响你每个阶段发展的因素

全新的人生历程与过去的人生历程大不相同，摆在你面前的是一系列不同的选择、决定和挑战，所以你需要对自己、对影响每个阶段发展的内外部因素有更加深入的了解。

你是不同的。你不同于你的父母和祖父母，你更加健康，受教育程度更高，认知能力也更强，你在一系列智力指标上的表现都优于他们。你的人生旅程更加精彩，与外界的联系更紧密，既能环游现实世界，也能遨游虚拟世界。你大胆地追逐梦想、惬意地生活，自由地调动你所需要的资源。因此，行至人生道路的重要节点时，你不会按部就班地走祖辈的老路。

你拥有更多的自由和选择。在全新的生命历程中，无论处于人生的哪个阶段，与你的祖辈相比，你的上限都更高，拥有的选择也更多。故而你的人生可塑性更强，也更具个性。相较以往，你可以打破自己在某一阶段做出的承诺——你可以频繁更换工作、退学、再接受教育，离婚、再步入婚姻。如果你是一名女性，你还可以更好地主宰自己的生育权，你不会受到婚姻的约束，婚后也能继续发展事业，从事劳动。

虽然长期以来，很多人认为女性就应该待在家里做贤妻良母，但如今，你会与自己的伴侣一起商量谁赚钱养家，谁操持家务、照料家人。

然而，拥有越多的选择，就意味着要付出越高昂的代价。你要为自己所做的选择承担责任。你必须坚守阵地，捍卫自己的选择。例如，无论是选择相夫教子还是回归职场，你都不能拿传统思想或者社会义务当借口，逃避自己的责任。

在一个追功逐利的世界中，选择过多可能会让人贪得无厌。如果做任何一件琐事都有多种选择，这就会带来认知负荷。你耗尽精力来思考这些琐事，而这些精力本该帮助你聚精会神地攻克难题，处理生活中的一切大事。

成功的门槛正在一步步提高。放眼生活的每个领域，成功的门槛都在不断提高，你会面对新的压力——如何做到"正确"。曾经的你只要做好分内之事，就足以维护自尊，赢得他人的尊重。如今，衡量一个人是否成功的标准已上升为其是否扮演好自我角色。因此，你将面临更大的压力——做"正确"的事，反之则将面临严重后果。压力不仅来自外界，也来自你的内心。个人价值感与办事效率更是直接挂钩。

亲密、平等、支持——你期望从人际关系中得到更多这样的力量，为自己的成长保驾护航。当这些期望落空时，你会对自己感到失望。如今，想要培养出一个幸福快乐、顽强坚韧的成功人士，父母需要投入更多的时间去陪伴孩子，投入更多的金钱去教育孩子，养育孩子将变成一场持久战。在日常生活中，你面对的所有压力都会转化为大大小小的目标，把你的日程塞得满满当当。

你的注意力正在受到一种新型的围攻。 如今，数字化浪潮席卷全球，生活在这样的世界里，我们的注意力正在被智能手机和社交媒体劫持，这些数字化产品让我们对其提供的内容上瘾。在算法无孔不入的情况下，你的每一次"选择"都可能非你本意，算法强大到比你本人还要了解你的偏好和习惯，这种无比现代化的手段将会威胁你的自主权和自制力。科技不会强迫你，但科技的魅力在于其方便快捷，它通过这种前所未有的超级价值，引诱你心甘情愿地为其买单。更快解决问题的方式看似解放了你的思想，实则剥夺了你的决定权，掩埋了面对面交流、思考这类高质量行为的价值，而这类高质量行为才是你真正需要的。

在这个开放的数字化网络世界里，人们对隐私、亲密和归属感的定义正在发生翻天覆地的变化。曾经，我们认为自己住在狭小封闭的社区，活得无比拘束。放眼当今，通过访问互联网和社交媒体，你的"社区"正在成倍地扩张，但是这种扩张带来的自由往往会让个人和集体缺乏安全感。

年龄不再是一个人的标志。 排除幼年和高龄，如今很难依据年龄推测一个人及其生活方式。现在，年龄更多是你对自己和生活方式的认知的一种代称或简称。例如，你现在处于知命之年，你可能新接手了一个要求很高的工作，也可能刚刚提前退休；你可能婚姻圆满，也可能未婚或离异；你可能在抚养十几岁的孩子，也可能已经有了孙辈；就在刚才，你可能实实在在地经历了首次健康恐慌，也可能正在接受马拉松训练。无论你的年龄如何，境况如何，当下的你，比以往任何时候都更有能力去规划自己的人生。

你能够更好地控制成年生活的时间表。生物学家约翰·梅迪纳（John Medina）曾说过，你在思考自己的生活时，会自动假设体内有一个时钟存在。在你的假设中，你出生时的时钟被设定为 00:00:00，然后余生的时光将会一直滴滴答答地流逝。你根据预先制定的社会时间表来为自己"计时"，像结婚生子这种人生大事"注定"要在某个时段发生，出现得太早或者太晚都会影响你的健康和幸福。过去，这个时间表根据年龄来制定，承载着强烈的社会期望。而事实上，这个时间表还会受到你所处社会阶层的影响。

如今，社会阶层在很大程度上是由受教育时长决定的。如果你只接受了中学教育，相较于那些继续深造的同龄人，你更有可能早婚早育，提前享受退休生活。同时，你会认为自己更早地步入了老年。如何看待自己的年龄可不是一件小事，如果太在意衰老，你的幸福和健康都会受到极大的负面影响，你患心脏病和其他疾病的风险也会大大增加。但是，无论如何，现在的你对时间表有了更大的控制权。很多事情，什么时候开始都不算太晚。

年轻还是变老——如你所愿

你是如何看待时间的，这点很重要。随着时间流逝，生命中那些重要的部分——思维方式、心理感受、珍重之物得以渐渐塑造成形。时间管理是人类的一种自我修养。自出生那刻起，你的生命时钟就开始滴答作响，将你带进节奏里，日复一日地影响着你的昼夜节律。纵观一生，你的衰老和发展都在一个大致的时间段内。故而，时间、发展和衰老是密切相关的，行至人生的不同阶段，你与时间的关系也会有所不同。

时间观念会对你造成极其重要的影响。从某种层面上讲，当你站在时间的角度思考人生时，你会观察到时间永远都呈线性流动，这意味着时间不可回溯，错过即是永恒。年龄决定论由此而生——你的年龄不仅影响你的能力和机遇，而且往往对它们起着决定性的作用。但假如你也抱有这种想法，那情况就很严峻了——你的身心健康甚至寿命，都会受到威胁。

年龄决定论并不是什么抽象的哲学理论，相反，这种观念体现在日复一日的生活中。你认为年龄决定了你的身体、心理状况和认知能力，相应地决定了你能做什么、不能做什么。谈到这种刻板印象，老年人深受其害，他们往往笃定衰老与生理和心理衰退挂钩。这种由来已久的刻板印象会威胁我们对自我价值的评判，渐渐地，你不再主动关注健康问题，也开始失去面对新生活、抓住新机遇、尝试可能性的信心。然而，事实应该是即使到了花甲之年，你也依然能够拥有发现美好事物的本领。

站在年龄决定论的对立面，你会觉得年龄不过是一个数字。实际年龄与主观年龄之间通常存在着一道鸿沟：心态是年轻还是衰老？超过 70% 的中年人表示，他们觉得自己明显要比实际年龄年轻得多。这种更具活力的年龄观对一个人的作用不容小觑，撇开某些无害的虚荣心不说，这意味着你的自尊心更强、压力更小、心态更乐观、身体更健康、认知能力更强、心理健康水平更高。

如果你觉得自己比实际年龄年轻，你会更积极向上，对生活满怀希望。这样一来，你会更愿意主动管理自己的生活，关注自己的健康，而不是回避这个话题；如果遇到健康问题，你会努力去求医问药，以求尽快康复；你有充足的动力去满足自主需求，尽可能地做到自力更生。如此便产生了积极的连锁反应。仅以一项针对 50 岁及以上人群的研究为例：相较于那些对衰老持消极看法的人，那些乐观看待衰老的人会多活 7.5 年。

此外，如果你觉得自己比实际年龄年轻，你就会思想更开放、更有好奇心，对新鲜思想和经历也更感兴趣，能够做到随机应变、审时度势，随时准备好迎接未知的新情况。你同样会意识到，不是所有的时间都一样重要，比起人生其他阶段，生命中那些最快乐或者最困难的时期（又称"锚定时期"）对你而言有着与众不同的意义。度过这些锚定时期，就仿佛上了一堂私人定制课，你可以将在其中学到的知识经验运用在如今的生活中。

拥有这种时间观，我们不仅可以调整自己与时间的关系，也有机会摆脱实际年龄的"控制"，相信自己而不被年龄定义，以正确的方式感受年轻——充满好奇、直面生活、求知若渴，以正确的方式感知衰老——活出本色、提升心智。对时间保持积极的心态，你会更快乐，也会更充实，生活将会充满活力。这种心态会让你有勇气面对各种可能性，你会抱着强烈的乐观心态面对生活，并下定决心充分利用余生。

相应地，这些改变导致了人类发展在传统范式上的变化。过去，人们把生命笼统地划分为 3 个阶段——童年时期和青少年期、成年期、老年期。你在童年时期和青少年期得到成长，在成年期变得成熟，在老年期逐渐衰老。但随着越来越多的研究关注人类一生的发展，过去的看法已被颠覆，新的范式简洁而醒目。衰老与发展并不是反义词，而是同义词。自你出生那刻起，直至死亡，衰老和发展都在同时进行。这是多么自由不羁的想法啊！

因此，无论处于人生的哪个阶段，你几乎都是处于过渡阶段。这对你的心理资源要求很高：你得拥有不断改变和适应的能力；你得建立并维持高质量的关系；你得对自己的人生负责，推动人生向前发展；最终，你需要以高水平的能力完成以上任务。你要更好地了解自己，了解自己必须满足的基本愿望和需求，这样你才能在人生的每个阶段不断成长、不断发展。

个人身份：你的人生故事

在人生的每个阶段，你都会面对来自四面八方的评价——你的自我评价，以及他人对你的评价，你将根据这些重要的评价塑造自我意识和个人身份。这种不断发展的自我叙述是你了解自己的基本途径，通过这种途径，你将自己的各个部分拼凑在一起。过往、当下、未来——你将自己意义非凡的人生经历串联成一个连贯的故事。故而，自我叙述和个人身份是紧密相连的。

随着你的成长和生活方式的改变，撰写个人的连载故事是你维持自我延续的一种方式：你是谁、你如何成为现在的自己、你对生活有什么期待、是什么赋予了你生命的意义。这些问题都有了答案。

要讲好你的人生故事，生命的细节只是一种参考，意义非凡的人生经历与转折点也可以作为素材。在童年时期，你的个人身份离不开特定的事件与经历，你通常和父母分享这些事件，故而你们共同享有这些记忆。这就是为什么有时候虽然你已经成年了，却很难区分自己的实际经历与别人口中的你的经历。到了青少年期，你的个人身份将会升级和扩展；步入中年，你将再次经历这样的变化，你的故事将会继续更新。

如果你尝试完成一项新任务，这就意味着你想要升华故事：你不想虚度一生，想要有所作为，想要确定生活目标，拥有更有意义的人生。你开始发现，无论是追溯过往，还是展望未来，你总能找到生活中反复出现的主题。你开始看清自己在家庭、社会群体中的地位。在刚刚成年时，你对自我的认知初现苗头，在中年时期，这种认知变得尤为清晰。一旦开始意识到余生的时间可能不多，你就会审视自己的过去，以更好地理解自己当下的处境，最终点亮未来。

如果你试图了解自己的人生故事，尝试融入故事情节，那扇封闭的心门就会为你敞开，带你了解复杂的自我，带你走过成长之路，让你以一种更富有同情心的方式认识自己。最重要的是，你会想起，你才是自己的人生故事的作者，你可以不断地挥笔描述、动笔修改自己周遭或内心发生的故事，同样，你也可以重新设定故事情节，指引自己走向一条新的发展道路。

一旦行动起来，你就会摆脱这种常见的错误观念：人生按顺序发展。环顾芸芸众生，任何一个生命都不会毫无波折地发展。人活一世，时而取得进步，时而遭遇挫折，时而面对失误，时而拥有收获。这就是人生，这就是发展的过程，这也就解释了你是如何成为今天的自己的。

人生道路可能改变，但基本动力依然不变

降临人世之时，你的心灵并非一片空白，你是有备而来的——你天生就有 3 种基本的心理驱动力：亲密驱动力、自主驱动力、胜任驱动力。

毋庸置疑，这 3 种驱动力不仅可以推动人生每个阶段的发展，还能够帮助你过上幸福、充实、成功的生活。

- **亲密驱动力**：亲密驱动力有 3 种表现形式。第一种最为强烈，你至少要对一个人产生依恋，这个人会保护你、支持你，尤其是在你脆弱的时候，对你不离不弃。第二种推动你与他人构建亲密关系，让你产生归属感。第三种赋予你照顾他人的动力，你会肩负起照顾亲人、爱人的责任。

- **自主驱动力**：自主驱动力使你采取积极主动的态度面对生活，助你主宰自我，构建人生，明确生活方向。你既需探索周遭世界，也得回顾心路历程，如此一来，你才能成为完整的自我。人生中有很多你无法控制的既定因素，比如先天性格、原生家庭和生活环境，以及一些随机事件（你可能遭遇飞来横祸，也可能

因祸得福）。然而，每个人都拥有竭尽所能掌控命运的天赋，这种天赋赋予你内在权威，让你有权自主选择、掌控自己的经历。这样，你会逐渐找到自己个性的核心。

- **胜任驱动力**：拥有了胜任驱动力后，你能够胜任自己的工作，管理好人生的不同领域，迎接生活抛给你的各种挑战。

亲密、自主、胜任——满足这些基本需求的经历已经成为你个人身份的一部分。通过对自我构建的不断叙述，你对人生有了期待，对生活也有了自己的规划。

我们很容易理解，为什么亲密需求是人类的基本需求。想要在社会上立足，我们必须具备一定的与人建立关系的能力。但是自主需求在某种程度上像一种寡助的需求，往往会引起他人不满，仿佛带有一些自私的属性。作为性格与成长不可或缺的成分，自主需求经常被人误解。所以我们需要分清什么是自主，什么不是自主。以下是关于自主的 3 个误区。

误区 1：自主是自给自足的极端表现

独立思考、自食其力、敢作敢当——这些都是自主的表现。但这并不意味着你要封闭自己，刻意独行，也不意味你要拒绝他人的帮助或拒绝依赖他人。事实上，真正自主的人会更依赖他人，也从不纠结这个问题。

误区 2：自主是亲密的敌人

自主并非亲密的敌人。自主会让你享受更高质量的人际关系，让你与父母、朋友、伴侣和同事相处起来更愉快。你关心别人并不是不得已而为之，而是你求仁得仁的结果，这样你给予的关心也更有效。无论是对于你关心的人，还是对于你自己，自主都有积极的影响。

误区 3：自主是超级个人主义的一种表现

事实上，一个团队越是崇尚集体主义，就越强调责任担当与相互依赖，自主与幸福之间的联系也越紧密。一个人越自主，就越快乐、越容易满足，也越有成就感。

亲密、自主、胜任于你，是内在心理需求；食物、睡眠于你，是外在生理需求。想要茁壮成长，二者缺一不可。心理需求至关重要，但其运作方式不同于生理需求。

生理需求的衡量标准是满足感。如果你不再饥饿口渴，这时候你便是满足的。但心理需求的衡量标准不仅仅是满足感，还包含成长与发展。每每体验亲密、自主与胜任，你会感到十分顺意，感到自己更加完整。这种感受会激励你去追求更多的东西：推进一段关系；找准人生方向，拥有自信积极的人生态度；发掘天赋，培养才能。这也就解释了为什么满足亲密、自主、胜任这 3 种需求是你在人生每个阶段获得幸福、继续发展的主要驱动力。

心理需求的基本驱动力不仅是一些"感觉"，事实上，心理需求影响着大脑中的神经回路，能够激活操控你的动机、行为、压力反应的激素与操作系统，它还深深地根植于你的本能行为系统^①。因此，你的行为才有了精神力量的支持。

相较于其他物种，人类的本能行为系统的运作并没有那么刻板，而是更灵活，无论是在个人环境还是在社会环境中，本能行为系统都能发挥出不同作用。但正是因为人类的本能行为系统太过灵活，它才更容易出问题。例如，如果降低对亲密的需求，你依然可以胜任工作，展露价值，但代价是孤立无援、形单影只。如此一来，你发挥价值时，会看起来十分被动、无比压抑、焦虑不安、精疲力竭。

亲密、自主、胜任这 3 种心理需求并不是需要区别对待的独立项目，相反，三者互相嵌套，任何一者长期受挫，都会让你付出沉重的代价，影响你的心情、健康和成功。

---

① 你生来就有 5 种基于大脑的本能行为系统，它们相互作用，帮助你在世上生存和发展。

依恋系统：有了依恋这一本能，你会与第一个信任的人建立强烈的情感联系，接着才是其他人。依恋的本能会为你的发展保驾护航，赋予你成长过程中必不可少的安全感、鼓励与爱。

探索系统：有了探索的本能，你会独自玩乐、学习、创造、掌控周围与内心世界。

社会系统：有了社会性的本能，你与他人之间就会形成一种社会纽带，为了寻得陪伴和帮助，你会与他人结成联盟。想要维护与他人的关系，你必须具备社交能力，培养强烈的个人认同感，这样你将在自己所处的群体中找到一个无可取代的位置，并拥有一段独一无二的友谊。

性系统：有了性的本能，你会找到一个在心灵和肉体上都无比契合的伴侣，你们可能会有孩子。但在父母共同抚养孩子直至其成年的那段时间，夫妻间的性吸引力不足以让两个人待在一起。故而，最初的热恋期过后，你需要与自己的伴侣建立一种依恋关系。

关心系统：有了关心的本能，你会充满力量——去安慰、照顾和帮助那些依赖你的人，或者是那些暂时陷入困境的人。为人父母后这种本能会变得更为强烈。一方面，从出生开始，孩子便开始发展出一系列能引发人类强烈情感的行为，其影响的对象不仅是家长，也可以是其他人。另一方面，为了与孩子保持同步，父母也进化出一套包含欲望、偏好与反应的系统。因为关心系统的存在，任何人都希望自己的孩子过得更好，故而他们有一个共同的心愿——为孩子打造一个更美好的世界，同时留下一些有价值的东西。

有了亲密关系后，你对自主的渴望便开始生根发芽，开花结果。自主的实现并不需要以牺牲亲密关系为代价，相反，自主源于亲密赋予你的信任与信心。你拥有的亲密关系越稳定，其对自主的损害便越小。满足了亲密和自主这两种需求后，你就会充满活力，无拘无束，相信自己能够胜任各种活动。

打个简单的比方：要想安心度过人生每个阶段，亲密关系带给你的安慰与支持就像是一辆汽车，自主就是燃料，胜任则像一张路线图或者导航系统，指引你高效地到达目的地。[①]

亲密、自主、胜任 3 种需求贯穿人生每个阶段，却在不同时期有不同的表现，就像潮汐，随着一波又一波的潮水涌动，你被牵引到一个又一个地方。然而，这些需求有时会让你失去平衡：过度渴望亲密，你就会溺水；过度追求自主，你就会被孤立，离岸边越来越远；过度追求胜任，你就会感到精疲力竭；如果放任自流，你就永远也学不会游泳，只能在浅水区里扑腾两下。

因此，想要成长和发展，你必须经历一系列的过渡阶段。在每个阶段，对亲密关系和爱的需求都会驱使你运用相应的能力，积极地为自己的人生道路指引方向，掌握相应的知识和技能，不断充实自己，适应人生中的各种角色，演好人生这一场大戏。

---

① 在遗传特性的影响下，亲密与自主之间能够达到一种令人满意的平衡：一些人从出生起就属于"是宝宝"——总是外向开朗，通过交流来汲取能量，随时准备好迎接一切，善于随机应变，容易接受新鲜事物，能够接受亲朋好友的夸奖、拥抱与亲吻；而另一些人则属于"否宝宝"——总是内向安静，界限感很强，易受到过度的交流的刺激，面对新鲜事物时小心谨慎，对应该在什么事情上花费精力反复思量。

第二章

发展过程中的重要阶段

心理学家埃里克·埃里克森（Erik Erikson）将心理议程称作"发展任务"，在人生的每个阶段，不同的发展任务构成了一系列不同的危机和挑战，也涵盖了满足基本需求的特定途径。人在一生中，面对亲密、自主、胜任这三大基本需求，如何化解其中的内在冲突，是发展过程中最重要的部分之一。

埃里克森于1951年对发展任务的定义在当下仍具有现实意义和借鉴价值，但鉴于人生道路变幻莫测，以及此后人类知识领域取得的重大进展，这些发展任务仍待扩展更新。以下是我制定的最新版本。

人生阶段	时间表	发展任务或危机
婴儿期	出生至 2 岁	信任他人还是保持怀疑？
幼儿期	2 岁至 6 岁	独立自主还是自我怀疑？
童年中期	7 岁至 11 岁	积极融入还是形单影只？
青少年期	11 岁至 18 岁	身份认同还是身份困惑？
成年初显期	18 岁至 30 岁出头	自力更生还是依赖他人？
成年早期	30 岁出头至 40 岁末	建立亲密关系还是离群索居？ 主动出击还是被动承受？
成年中期	40 岁末至 60 岁末	创造价值还是停滞不前？
成年晚期	60 岁末至 70 岁末	忠于目标还是打退堂鼓？
老年期	80 岁及以上	实现自我完整性还是放任自流？

表 2-1　全新生命历程的十大发展任务或危机

　　每项发展任务都是由不同的"线索"触发的，这些线索可能是身体状况、认知能力、情感状态、社交能力以及渴望之物的变化，也可能是来自家人、朋友，甚至整个社会的暗示。它们会告诉你，人在什么阶段该做什么事，这样你才能不断成熟，在社会上找到自己的一席之地。

　　婴儿期和老年期分别位于生命历程的两端，身体状况的改变是触发这两个阶段的发展任务的关键要素，而其他阶段的发展任务大多受到心理和社会因素的显著影响。任何关于触发点的提示都是相当明确的——这些触发点就是你现在要处理的事，就是你现阶段的发展任务，你必须动手完成。

特定的发展任务一旦被激活，就会对你产生全方位的影响——你的思考方式、情感体会、行为、记忆都会受到影响。例如，回忆自己前 10 年的生活，除重大或意外事件，回忆起来的事件一定与这个阶段的重大发展任务有关。桃李年华的回忆最是历历在目，那时可能情窦初开，或已恋情破灭；在而立与不惑之年，最为难忘的回忆则莫过于为人父母、事业有成了。

每个人生阶段都以某个特定的发展任务为中心，始于发展任务的触发，结束于发展任务的完成。随着下一阶段的发展任务的出现，上一阶段的发展任务退居幕后，不再占据思想情感的第一位，但其重要性并未减弱，它只是自然而然地"功成身退"了。举个例子，在生命中的第二年和第三年，对自主的强烈渴望就是你的发展任务，这个发展任务在童年中期暂时退居幕后，而到了青少年期，因为你尝试建立自我身份，这种渴望重新出现，到了成年中期和成年晚期的时候，这个发展任务又再次引起了你的重视。

每一项发展任务都存在极性——两个相反极点之间存在一种动态的张力。比如，你之所以渴望信任，是因为你害怕被抛弃或者被拒绝；你之所以想要交朋友，是因为你不想孤身一人；你之所以想要发挥出生命的价值，是因为你不愿让自己的人生停滞不前。

生命的本质是在两个极点之间反复游动，你的任务就是找到一种平衡，将两个极点合二为一。如果找到了合适的解决方案，你就会向正极移动，保持稳定的状态，充满自信地前往下一阶段。

相反，如果没有找到合适的解决方案，你就会走向负极，你完成下一发展任务的能力也会受影响。这就解释了为什么每个发展任务，要么是危机，要么是转折点。它将你置于一条特定的轨道上，对你的快乐、幸福和成功产生重大影响。

你永远不会被完全定型

各人生阶段之间存在很大一部分重叠——往往在旧阶段还未收尾时，新阶段就已经开始了。各人生阶段并不像一摞按规定顺序排列的箱子，更像是循环往复的一个周期。本书使用"阶段"这一概念，正是出于"周期"的这种流动性和非线性。[①] 同样，心理发展也非线性过程，而要经过一系列的过渡期、转折以及转变期。

丹尼尔·莱文森（Daniel Levinson）曾担任哈佛大学与耶鲁大学的教授，基于对成年人生活的研究，他发现成年期是一个相对稳定的人生阶段。成年期的人们的生活围绕着陪伴家人、结交朋友、完成工作、追寻个人兴趣、践行对某件事的承诺而展开，他们为这些投入了大量的时间与精力——这种生活结构不仅关系到成年期的人们的行事方式，还定义了他们的生活方式。

你在每阶段伊始做出的选择都会表露自己的某些特征，但同

---

① 某些研究者摒弃了人生阶段的概念，这在很大程度上是由于他们未先找到固定的预设模式。但大多数人仍然认为他们的人生是在一系列阶段中展开的，本文使用的人生的阶段定义更为灵活，将我们的生命历程娓娓道来，能帮助我们了解人生的发展道路。

时，这些选择会要求你放弃其他选择，以及你个性的其他方面。

每个阶段的末尾都有一段 3～5 年的过渡期，身处这段为时不短的过渡期，你有充足的时间来和上一阶段告别，迎接下一阶段。也就是说，你在生命中有很大一部分时间都处在过渡期，可以对生活中的某些领域做出改变以及思考，评估曾经的生活规划对现在是否奏效——你对现在的生活还满意吗？考虑到内心和外界的需求，你的生活方式是否需要改变？读到本书第十八章，你会发现成年中期的过渡期在这一方面尤为重要。

当你行至一个 10 年的结束和下一个 10 年的开始之间时，你会更加深入地思考自己人生的走向，思考人生的意义、目的及其他方面。位于这段过渡期，你对生活的满意程度，相较于其他时期，更能反映你的身心健康与否。这也就解释了为何对大多数人而言，整岁的生日意义非凡。

这些过渡阶段也是转变和发展的关键时期，在此期间，你可以"回到往昔"，弥补早期的遗憾。你有 3 次机会可以获得自主权，它们分别出现在婴儿期、青少年期、成年中期。举个例子，假如你为人父母，能帮助子女建立基本的信任感，成为独立自主并拥有一技之长的人，那么你所受过的创伤往往可以在这个过程中得到治愈。这也就是早期精神分析学家所说的第二童年。那么指导这个过程的首要原则是什么呢？这就是我在接下来的章节中探讨的问题。我在后文列出了帮助你获得幸福生活的基本心理学原则，这些原则既不局限于人生的某个阶段，也非独立的铁律，而是互相影响的。在后面的章节中，我将仔细梳理这些原则在每个人生阶段的表现及其关联，最重要的是，通过思考，你会对自己产生清晰的认识。

人生阶段	时间表	发展任务或危机	心理学原则
表2-2　全新生命历程的十大发展任务或危机与心理学原则			
婴儿期	出生至2岁	信任他人还是保持怀疑？	诚实可靠
幼儿期	2岁至6岁	独立自主还是自我怀疑？	大胆自信
童年中期	7岁至11岁	积极融入还是形单影只？	慷慨大方
青少年期	11岁至18岁	身份认同还是身份困惑？	回归本真
成年初显期	18岁至30岁出头	自力更生还是依赖他人？	积极主动
成年早期	30岁出头至40岁末	建立亲密关系还是离群索居？	敢于承诺
		主动出击还是被动承受？	
成年中期	40岁末至60岁末	创造价值还是停滞不前？	创造价值
成年晚期	60岁末至70岁末	忠于目标还是打退堂鼓？	珍惜时间
老年期	80岁及以上	实现自我完整性还是放任自流？	保持明智

思考人生时，我们会倾向于回顾过去、展望未来，试图弄清过去对我们造成的影响，以及我们对未来的期待。故而，本书旨在帮助你审视自己的过去，从而认清现在的自己，思考未来自己可能成为或想要成为的样子。

上表列出了人生的 9 个阶段，以及 10 个发展任务或危机，你只有完成上一阶段的任务，才能迎接下一阶段的任务。这就是生命历程的本质，因此，本书站在过去和未来的角度来帮助你探索当前的人生阶段。

　　故而，人的中年时期显得尤为重要。对于任意旅行或项目来说，行至半途时，你都会停留片刻，分析取得的进展、待完成的任务。行至中年时也是如此。当你为中年及之后的人生制订计划时，你会敏锐地觉察到余生时光所剩无几，一种全新的迫切感油然而生，这会推动你去证明自己生命的价值。介于起点与终点之间的半途感是一种强有力的刺激，会使你觉醒。正是在这个渴望自我实现的时刻，你会回溯过往，展望未来。因此，本书便基于这个关键点展开。

第三章

人生的鼎盛时期

中年即盛年，这话可能会引人质疑，但这的确毋庸置疑。在成年中期，你的认知和情感能力将得到提升，自我意识和个人身份感得以强化，与此同时，你精明能干，而且为人处事自在豁达，行事更加胸有成竹、信心十足。

成年中期作为人生道路上的一个重要转折点，这个时期的你会面临很多方面的挑战，所以你需要上述特质来为自己保驾护航。在这个阶段，你将结束所谓的人生第一旅程——那些在青少年期孕育，在 20 多岁时正式启动的梦想和计划。

如今，你开启了人生第二旅程——思考下半生要做什么。人生第一旅程在很大程度上来自家庭和社会对你的期待，而人生第二旅程则来自你对自己的期待。你会反思，在有且仅有一次的人生里，自己究竟想要什么。到了成年中期，你便可以改写自己的人生故事，重新做出选择和决定，确定未来几十年的人生方向。

为什么说成年中期是生命的黄金时期？因为此时的你更能驾驭自己的一方天地，也掌握了高水平的能力。你的认知能力和执行能力得到显著提高，词汇量变得更加丰富，推理能力也更强。因为身经百战，你掌握了大量独一无二的知识与经验。你对时间的分配更加合理，你也能更加随心所欲地控制自我。最重要的是，你的判断能力有了显著提升。你知道什么时候该咨询别人，什么时候该自己做决定。甚至你的空间记忆能力都更强了，无论是从字面含义上，还是从隐藏含义上来说，你都能在世上找到自己的道路。

　　然而，你的认知能力出现一定的衰退。面对迅速传入的刺激信息，你无法像20多岁时那样快速做出反应。所以无论是玩电子游戏还是打羽毛球，你都不太可能打败十几岁的孩子。你可以接受这种状态，因为你更擅长使用高水平的认知能力来弥补各方面的衰退——你阅历丰富，能够在脑海中迅速演练各种事件呈现的复杂模式。你能够更好地把握当下，在大多数情况下，你都能更好地对事情的成败做出判断，对重复出现的模式和风险进行识别，对融合了家庭、工作和社会环境的复杂世界的风吹草动极度敏感，对处理家庭、工作和社会环境之间的关系显得胸有成竹。

　　这种掌控之力与你在生活中不同领域的地位和权威性相契合。年轻一代的身上充满了创造力和技术创新能力，社交媒体和社会上随处可见青少年的身影。但即使是在如今这样的科技时代，政界和商界的掌权者仍以中年人为主，他们做出的重大决策影响着人们生活和工作的方式。

弹性的力量

在成年中期，无论是汲取过往经验，还是处理当下状况，你所拥有的能力都达到顶峰。你在不同领域积累一定经验的同时，随之而来的责任也让你不堪重负。因此，若要同时满足生活中不同领域的需求，你会感到难以应对，并且更有可能体会到一种强烈的跨界压力。这些压力会引起你的焦虑，你感觉自己的负担太重，周围人的要求和依赖无处不在。

在这个时期，你要花很长时间才能意识到有些事情确实变了，并且必须适应新的情况。有个笑话是这样说的，人到中年，你会觉得，只要给你两周时间，你就能完成手头所有的任务，恢复正常的生活。但直到最后，你才会如大梦初醒般意识到原来自己早已步入中年，有些事情并不是三下五除二就能解决的。中年危机是一种新常态，会持续很长一段时间。每每遇到困难，家庭和工作圈子里的年轻人和老人都会把你当作求助对象。

同时，你也会遇见自己的问题。随着年岁渐长，你可能会面临那些必然降临的灾祸，比如直系亲属去世。你可能会出现高血压、关节炎等健康问题。如果你觉得这些事情已经提前发生在自己身上，那么它们对你的负面影响就会变大。你可能会面临家庭危机、工作不保或财务紧张等问题。若是在短时间内经历多次人生巨变，即便是坚韧的人也会感到压力剧增。

尽管中年人的生活满意度和情绪稳定性均呈上升趋势，但矛盾的是，他们出现抑郁、焦虑、偶尔极度压抑等情况的比例也在增加，尤其对于女性、辍学者、经济困难者等群体来说，他们更容易出现这种问题。同时，不断上升的体重、久坐不动的生活方式、体育锻炼水平的下降，种种问题都会对中年人的身体健康造成严重威胁。

但换个角度想，经历一些困难，会增强你应对逆境的能力和信心，从而让你在过好当下的同时展望未来。中年人独有一种适应力，它包括以下内容。

- 面对不确定性的能力。
- 坚持不懈、百折不挠。
- 乐观、积极地看待未来。
- 客观看待老年化问题。
- 目标明确、有针对性。
- 风趣幽默、谈笑风生。
- 视野开阔、格局大。

大多数中年人都拥有上述适应力，而且有相当一部分中年人整体表现十分出色。然而，想要区分适应力水平的高低，最有效的方法之一就是站在一个更富哲学性、更具灵性的层面上——创造一个更大的周期，将自我和生活视为这个周期的一部分。这样你就能更全面、均衡地看待事情。即便是面对疾病，积极的心态也会让你意识到，生活中还有很多美好的事物，你会"打赢"很多场"仗"，积累很多经验教训，最重要的是，还有很多人在关心你、爱你，你必须坚持下去。

如今，你汲取过往经验、处理当下状况的能力登峰造极，所以你正处在于压力之中成长的最佳时期。这样的信念让你无论处于多么糟糕的逆境都能成长发展。如果你反思这种经历——从应对到克服再到学习，你会感觉自己成了一个更优秀、更聪明、更富有同情心的人。

全新的稳定

在成年中期，你会表现出一种前所未有的自信，也会感受到无与伦比的幸福。你的生活更加安稳，你进入了一段全新的稳定期。一旦生活稳定，且你拥有丰富的阅历，你便拥有了中年人最好的特质。大多数中年人认为，当前的人生阶段充满了刺激和享受，自己拥有了更多的个人自由，也依然有可能做出改变。超过一半的中年人认为，在这个时期，他们会更关注自我，寻找真正的自己。从更深层次讲，中年与理想之间存在一定程度的关联，即你当下的状态更加接近你想要成为的样子。你依然积极乐观，但会接纳现实的种种可能性。你对自己更加了解，也更有能力利用自己的内在资源追求于你重要之物。随着你卸下责任的包袱，这一趋势将在你步入花甲之年及之后的几十年间变得愈发显著。

或许你觉得压力很大，但这种压力引起的是一种"喜忧参半"的复杂情绪。在中年，你的情绪调节能力显著提高，你能够更有效地管理自己的情绪、心态和面对压力的反应，也不会轻易自乱阵脚。你已经学会了如何运用自己的强项、如何管理自己的弱项，你找到了最契合自己的方式——通过打造一个绝妙的情绪调节训练场，去应对老年的严峻考验。在大多情况下，你会对需要重点注意的事情更加敏感，明白什么能做、什么不能做，也更加擅长拒绝别人，且能从棘手之事、无谓烦忧中抽身。

> 我一直是一个完美主义者。这不能怪我的父母，他们从不给我施加任何压力，但我过去就是这样一个人，喜欢有所成就，喜欢把事情做得完美。因为追求完美，我不可避免地走了极端，将自己置于巨大的压力之下，即便再小的事情出了差错，我都懊悔不已。我现在还是如此，但我最近注意到，自己在管控这种心态方面有了很大进步。每当想要"自我鞭挞"时，我便安慰自己："欧拉，收手吧！你已经 51 岁了，活到老，学到老，生命不止、学习不断，这就已经很好了。"

> ——欧拉，51 岁

相较以往，你在成年中期可以很好地控制自己，尽量少和别人攀比。你开始懂得，每个人的人生都不总像表面那般光鲜，背地里也可能是一地鸡毛，你也不能免俗。于是你开始不再那么在意他人的目光。人固有一死，当你思索未知的死亡时，你会像大多数中年人一样自嘲自讽，显露出属于这个年龄段的人独有的沉着睿智——你觉得现在的幸福生活来之不易，自己应该学会知足常乐，但你身上还时常带有一种自命不凡的骄傲。你并非十全十美，但你不再害怕不完美。你正在学会接受真实的自己。

做自己的女王

虽然男性和女性都能享受到成年中期的好处，但假如你是一名女性，进入成年中期后，你在情感上的收获会尤其明显。在成年中期，女性在大多数幸福指标上的得分都高于男性。你会认为自己已经取得了巨大的进步，即实现了自我价值。如今影响你身体形象的不再是你的实际年龄，而是你的主观年龄——你觉得自己是年轻人还是老年人？你如何判断自己的身体状况？你是否特别关心衰老问题？

更年期是一场挑战。潮热、时睡时醒、动不动就想哭、不明原因的疼痛、无趣的煎熬接踵而至。这些问题暂时夺走了你的注意力，让你难以专注生活。人们曾一度认为更年期是一场危机，裹挟着焦虑、抑郁，但如今大多数女性已不再像以往那样恐惧更年期了。尽管你可能会因丧失生育能力而难过一段时间，尤其当你特别渴望拥有一个孩子时，但你的核心自我不会因此被摧垮。相反，你实现了一种全新的独立。

重新找到自信是中年女性最为显著的心理变化之一。你会觉得自己的能力空前强大，从未如此不卑不亢。成年早期的繁重负担已成为历史。你依然忙得四脚朝天，但开始关注曾经的追求——为自己争取更多的时间。相较以往，你没那么容易感到焦虑不安、怀才不遇、怨恨不满。你极度渴望拥有自主，想要重新认识自己。你不再那么有戒心，而是更加坦诚、开放。你在以一种全新的方式掌控自我。

你对接下来的生活更有信心。你能够更好地厘清自己的理智和情感，从而做出更明智的决定。你不再那么被动，而是掌握了生活的主动权。每当你稳步迈向理想的自我时，你就会感到心安。如今，你们中不乏有人在为人处世上有一套自己的见解。

> 我现在所处的工作圈子于我而言意义非凡，我特别了解单亲家庭，知道单亲家庭中的孩子们最需要什么。我早早就辍学了，从没干过一份像样的工作，仓促地步入了一段婚姻，最后闹得一拍两散，以我独自抚养 3 个孩子收场。后来我加入了当地的一个单亲父母互助小组，因为我想我知道该做些什么来帮助这些孩子，这个互助小组是由一家健康服务机构资助的，我在其中担任咨询师助理。我觉得这个项目很适合我，我可以去改变孩子们的生活，哪怕只能帮助他们做出一点点改变。
>
> ——梅，55 岁

女性拥有深刻的洞察力和对后代的关爱，故而她们独有一种强大的自我效能感，这种自我效能感与高水平的幸福感相关联。这一点在一家大公司的高级经理身上体现得淋漓尽致，她总是热情洋溢，具有远见卓识。

毫无疑问，这是我一生中最美好的时光。虽然这听起来像陈词滥调，但我的确找到了自我。在过去的 15 年里，对于家庭和工作我都尽心尽力。真心实意地照顾两个孩子绝非易事，但这值得我倾尽全力。谢天谢地，孩子们都很听话，他们天真快乐，交了很多好朋友，在学校的表现也不错。我发现我真的非常擅长完成自己的工作，这也让我信心十足。我现在正处于职业生涯的"百尺竿头"阶段，但我觉得自己还能再进一步。现在我可以自信满满地说，我年轻时不如现在这般有自信。我出资培养了很多下属，这是因为在我职业生涯的早期，一位老板曾不遗余力地帮助我，承他的情，我如今也该有所回馈。现在的我家庭美满，有两三知己，工作顺利，生活幸福。

——艾琳，56 岁

另一名放弃工作、专心照顾孩子的女性持有同样积极的态度。

回首往昔，记忆好似被蒙上了一层薄雾。我的丈夫工作忙碌，我们的第一个孩子出生后我还在工作，但第二个孩子出生后我就开始只做兼职工作，第三个孩子出生后，我们教养子女的压力变得更大了，所以我差不多完全放弃了工作，一边照顾孩子，一边享受陪伴孩子的时光。我的母亲生完我和其他兄弟姐妹后还在做全职工作，她经常感慨自己错过了我们的成长。虽然对我们来说，母亲十分伟大，但她总是行事匆匆、风尘仆仆、脸上愁云密布、眉头紧锁，当时的她一定很艰难吧。做个全职太太对我来说益处多多，但我也有很多任务要完成。好在现在孩子们大了，我也不需要送他们上学或者陪他们参加体育活动。我算是松了一口气，开始享受空闲时光。我现在又开始做一些兼职工作，不过明年我打算重返校园，接受社会工作者的培训。我觉得自己很擅长做现在的工作，尤其是和有问题的孩子打交道。我想现在我更加懂得他们需要什么。所以，毋庸置疑，这是我生命中的一段美好时光。

——泰沙，56 岁

寻找自己在成年中期的真实身份

步入成年中期，你会更多地进行思考，思考自己会成为怎样的人，思考自己究竟是什么身份。家庭圈、朋友圈、工作圈——你在每个圈子里都扮演着不同的角色，你越是沉浸在这些角色中无法自拔，就越无法确定自己的真实身份。

你迫切地想要摆脱所有的身份，回归真实的自我。当你有此尝试时，你仍会扮演之前的大部分角色，因为它们依然是你真实身份的一部分，但不会掩盖真实的你的光芒。

为了全天候照顾孩子，我放弃了自己的事业。因为丈夫的工作，我们在结婚后的前 10 年都在不停地搬家，所以我们认为，陪伴孩子、帮助孩子适应新环境、让他有安全感是非常重要的。我对此毫无怨言。我们家庭美满，生活幸福。但有时我却找不到自己存在的意义。我全身心都扑在丈夫和孩子的日常生活上。我总被叫作某位先生的妻子或者某个孩子的母亲，我个人的身份却被逐渐掩盖。后来，在我快 40 岁的时候，情况开始好转，我做起了自己的老本行——会计。于是我又变回了自己。有趣的是，我不再是以前的那名小会计。我的意志更加坚定，我也更加自信从容。

——伊莎贝尔，55 岁

卡尔·荣格（Carl Jung）认为，个性化的过程就是完善自我的过程，这个过程涉及 4 种对立关系的再平衡，这 4 种对立关系如下。

- 年轻与年老。
- 能动与使动。
- 外部"投资"与内部"投资"。
- 创造与毁灭。

当你从人生的一个阶段过渡到另一个阶段时，你会更敏锐地意识到这些对立，随着这些对立关系再次达到平衡，全新的人生领悟也将融入你的发展身份。

年轻与年老

当你意识到自己正在衰老时，你会害怕自己的花样年华逝去，害怕自己不再活力满满，而是暮气沉沉，你可能会感到疲惫不堪、愤世嫉俗、故步自封、墨守成规，不想学习新东西。

"在其位，谋其事""前事不忘，后事之师"，我万万想不到这些教育年轻人的话有朝一日会出自我口，大受震撼之下，我仿佛看到了曾经的自己：年轻时的自己一腔热血，对老者的告诫嗤之以鼻。世事轮转，而我无力阻止这一转变的发生，我也不知道是什么让我变成如今的自己。

——拉里，55 岁

想要消除这种恐惧，你必须想办法变得年轻。诚然，你无法返老还童，而且大多数人也不想回到年少时期。你之所以释然豁达，是因为那种天真幼稚、资历尚浅、不谙世事的感觉已经离你远去，或者被巧妙地隐藏起来了。但你确实想要拥有年轻的感觉，即那种满腔热忱、意气风发、满怀希望、无所畏惧的感觉。你希望自己仍能在往后丰富多彩的人生中发挥自我潜能，找到无限可能。

我的亲身经历可以证明这一点。我有很长一段时间都梦想着能和我的好友安妮一起冒险。她是一名探险者，胆子很大。在中年，我终于实现了这个愿望，我们 4 人一同前往东南亚旅行。安妮不愿意购买旅行社的包办套餐，并坚持让我们效仿空档年①，来一场轰轰烈烈的大冒险。"这应该是一场精彩的冒险，而不是一次平平无奇的度假，也就是说，我们必须离开自己的舒适区。"她坚

---

① 空档年源自英国，指学生离开学校一段时间，做一些学习以外的事情，比如外出旅行或者工作。——译者注

定地说道。于是我们背上行囊，登上火车，开启了旅行。萍水相逢，尽是他乡之客。旅途中有很多惊险时刻，偶尔会如安妮所料，大家围绕基本的住宿问题吵得不可开交。有一次，我们甚至发现，自己身处热带雨林的一座孤岛，晚上不得不躺在一间破旧茅屋的发霉床垫上睡觉。但这仍让我激动兴奋、大开眼界、放飞自我。最为奇怪的是，我竟然梦见自己又抽烟了。而我在 20 岁出头时就戒烟了，自此再无烟瘾。那为什么我会做这样的梦呢？我突然意识到，我吸烟时的心境与当时别无二致——为人生的种种可能感到愉悦，像鸟儿一样恣意地飞翔。

然而，找到通往年轻的路只是故事的一部分，接下来你必须坦诚面对自己的衰老——那种饱经沧桑、德高望重、功成名就、具有远见卓识、常有恻隐之心、为人明达睿智的衰老。

能动与使动

在成年中期，你依然在孜孜不倦地工作。还有很多重要的事等你去做，还有很多目标等你去实现。但你也更加在意内心的满足感，对它更为敏感，也更为呵护。你会更加清醒地意识到埋头苦干已经不是这个阶段的关键词了，自己应当适时对一个接一个的无理要求严词拒绝了，并且应该挣脱束缚，解放自我，用更多的精力和时间去做对自己来说值得的、有意义的事情。

同时，你也会更清楚地意识到每件事情的复杂性；意识到以一己之力难以擎天，但靠万众之肩定能填海；意识到知人善用、提携他人也能带来一种成事的满足感。如今，你不但可以通过实现自己的目标获得满足感，也能通过帮助别人实现目标收获满足感，这种愉悦不总是"行动"带来的，也可以是"伴随"事物的发展而被给予的。

对性别的区分也体现了这种再平衡。

尽管在成年中期，人们对性别的刻板印象有所松动，但社会仍然期望并鼓励男性和女性在各自的范围内发挥"能动"与"使动"的作用。假如你是一名女性，人们期望你能接受并回应他们的请求，助他们一臂之力。他们也鼓励你追求梦想，但这种鼓励是有限制的。假如你想不顾一切追求权势和地位，这就会招致人们强烈的反对和厌恶。

假如你是一名男性，你也会面临压力。人们期望你意志坚强、不轻易流露出自己的情绪。假如你表露出自己的脆弱，人们就会对你颇有微词。但现在这种性别偏见已有所缓和。人们也鼓励男性展露自己"柔弱"的一面，但对相应标准却有着严格的规定。例如，你在遭遇重大挫折或损失后（或赢得一场比赛，证明自己的坚韧后），眼泪可以在眼眶里打转（这也叫作"湿了双眼"），但如果泪水真的涌了出来，你就会显得没那么坚韧，因为情难自抑可"不够男人"。男性的理想情绪是一种"克制的情绪"，在这种情绪下，男性能不经意地透露出强烈的情感，但又能够轻而易举地控制自己的情绪。这种克制情绪的表现会让你显得更为体面。

在成年中期，你开始突破性别限制，更加自由地表露自己的"另一面"。这种转变在女性身上比在男性身上更明显，而且在截然不同的文化环境中都可以观察到。为什么是在成年中期？因为在成年早期，女性和男性都受制于所谓的"父母之命"，这种融合了文化和生理的压力压制着人性的一面，而表现出另一面。女性在压力之下往往会牺牲自己的切身利益，压抑自己的愤怒，扮演着淑女的角色，回应他人的情感需求。这使女性能更好地照顾孩子。而于男性而言，他们承受着"男子气概"的压力，不敢提出疑问，不敢表现出脆弱，要不然他们就没有资格和其他男性竞争任何资源，维护自己的利益，照顾自己的家庭。

人到中年，孩子们都已长大，能够独当一面了，性别方面的压力就会消失。女性能够更自由地关注自己、掌控自己。中年时的资历、地位也让男性更加自信，缓解了"面子"方面的压力。他们不再深深地压抑自我情感，而是能够更加自由地表达自己的感受。

我一直都知道，爸爸很爱我们，他总是为我们的成就而骄傲。但他从不当面对我们说"我爱你"，妈妈以前也是这样。事实上，他第一次公开说这句话，是在我大学毕业的时候。当时，毕业典礼刚结束，他走过来与我握手，无比正式，这完全出乎我的意料，然后他说："我爱你，儿子。"说完他有些哽咽，我也有些哽咽，还有些受宠若惊。我艰难地组织语言，说："谢谢，爸爸，我也爱你。"然后我们马上岔开了话题，就像刚才什么都没发生。

——埃蒙，45岁

外部"投资"与内部"投资"

在成年早期，你常为别人的事而东奔西走，为满足多种多样的需求而焦头烂额、费时费力。你知道被别人的需求压垮是一种什么样的体验，你可能常常会因满足自我需求和他人需求之间的矛盾而心力交瘁。在成年中期伊始，你仍然像在成年早期一样，乐此不疲地去满足他人的需求。但到了成年中期的尾声，你开始关注自己的内心世界，考虑自己的需求和感受。直到下一阶段，也就是成年晚期，你才会开始进行更重要的自我调整。

创造与毁灭

人到中年，不太可能觉得有人是完美无缺的，包括自己。因为你已目睹太多人性的弱点、挫折与错误是如何击垮一个乐观主义者的，你已了解错失机遇带来的失望和悲伤、被人背叛的愤怒、背叛他人的内疚。这些情绪会伤害他人，也会伤害自己。但是你又必须经历这些，因为只有这样，你才能拥有移情和共情的能力，否则你的精力将无处释放，你将无法创造出更大的价值。这是开启智慧之门的钥匙。

第四章

到此为止了吗

临近中年时，总会出现很多预兆，仿佛茫茫宇宙中的微尘都在预示着你的苍老。你的身体状况、周围人对你的态度、你在生活中所处的位置都会给你一些暗示。"我竟然已经40岁了？！"你可能会突然疑惑不解道。你被贴上了"不惑之年"的标签，可能还会开个派对庆祝一下，然后你就不怎么关心自己的年龄了。毕竟，你每日依然在忙着处理家庭琐事、完成工作任务。所以，刚刚40岁的你还处于成年早期。至少，你不觉得自己已经步入中年。"中年人？我？怎么可能？"但中年已经到来的信息仍在源源不断地向你涌来。虽然你不觉得自己已到中年，但你确实已经进入了成年中期。

最低谷

刚刚步入中年的首个迹象可能没那么"友好"。你开始陷入低潮期，低潮期有不同的表现形式——感觉做什么事情都有压力，无时无刻不感到紧张、信心丧失，觉得很难克服遇到的困难，睡得越来越不安稳，心情愈发郁闷，等等。你正处在最低谷，你的快乐和幸福程度都暂时降至生命历程中的最低点，当然，这里的生命历程不包括老年。

人人都会经历最低谷时期，但每个人经历最低谷时期的时间却因国家（地区）而异。发达国家（地区）的人普遍寿命更长，因此他们经历最低谷时期的时间晚于不发达国家（地区）的人。在发达国家（地区），人们的幸福感会在 48 岁时降至最低点，这种情况在极度富裕的国家（地区）一般会早一年发生。当然，事情总有许多的变数。例如，美国女性的幸福感会在 40 岁时降至最低点，而美国男性则在 50 岁时才会有这种体验。但最终，大多数人都会重新获得幸福感。

最低谷会引发中年危机，这种观点在 20 世纪 70 年代盛极一时，并一直延续至今。人处于最低谷时会浮想联翩，甚至会暗中期待，觉得人生就要发生翻天覆地的变化了，平淡如水的生活就要泛起一丝波澜了，这样的想法至少可以一解"过尽千帆"的疲乏。

世界上约有 1/4 的人在中年时会陷入最低谷，甚至会遭遇一场危机。但进一步的调查发现，最低谷一般只会在人经历生命中的挫折时出现，比如出现婚姻破灭、工作不顺、财务危机、健康危机等问题时，这些问题无论发生在人生哪个阶段都会让人灰心丧气。对大部分人而言，最低谷可能意味着一段时间内情绪的大起大落。

是什么造成了最低谷的出现呢？是你第一次真正意识到死亡，明显地感觉到自己正在靠近死亡这条终点线。首个体现在你身上的迹象是青丝成灰、日渐消瘦或肥肉堆积，你站在镜前梳妆打扮时，无论如何巧施妙计、故意装嫩都显得有些不伦不类，于是你不得不换上了更显成熟的衣服；你对着镜子笑了笑，眼角眉梢的笑意怎么看都是一道道皱纹堆积出来的；你眯了眯眼，端详着自己的面庞，觉得视力好像不如以往那般好了。"哦，看来我得配副眼镜了。"你暗想，同时又买了一面"更好"的镜子。你发现自己的身体大不如前，好像出现了些小毛病，于是你在健身房里挥汗如雨，希望能恢复到从前的良好状态。

> 几周前，我像往常一样，傍晚去公园跑步，但我到得比以往晚了一些，公园的大门锁住了。我想尝试翻进去，这本应该是个行云流水的动作，但事与愿违，我没能干净利落地翻过大门，不仅如此，我还摔了一跤。说实话，我生气了——我通常都不怎么因自己的年龄感到焦虑，但我当时觉得自己确实老了。我真的需要保持身材了。
>
> ——特里，47 岁

暗示你衰老的不仅是外表上的变化，你还会发现同龄人也在不断变老。当你偶遇一位许久不见的老友时，你或许会暗自想"天哪，他怎么老了这么多"或者"他苍老了好多，我几乎认不出了"。然后你会立刻意识到，好吧，自己看上去一定也老了。如果你听说一位朋友或同事被诊断出患有严重的疾病，或者你在上学时认识的人去世了，刹那间，你会发出人生无常的感慨，叹息生命之脆弱，但很快，这种情绪便被抑制住了。

这些来自死亡的暗示会带来一个更为重要的变化——你将颠覆自己对时间的观念。从"出生起"，你就开始计算时间。在孩提时代，你对自己的年龄很是较真（如"我不是 6 岁，我现在 6 岁半了！"）。到了二三十岁，你会以一种更直接的方式来衡量时间：我跟上同龄人的步伐了吗？我是不是混得没他们好？从前你只需按照"顺时针"的方式计时，但步入成年中期，你开始对自己的人生进行"倒计时"。虽说生老病死不可避免，但当你真正意识到自己余生的时光所剩无几时，这种感触还是会让你大受震撼。如今你对死亡有着更多源于本能的个人感受。你可以想象得到自己即便离死亡还有很长一段距离，但死亡仍是自己亘古不变的归宿。你现在在事业、资历等方面已登上人生之巅，眺望着远方下山道路的尽头，这是一种前所未有的体验。

那么，问题来了。到此为止了吗？这就是你生活的全部了吗？你到底取得了什么成就？你现在又该做什么呢？

这些问题让你对人生进行复盘。低谷期会让你意志消沉，但也会让你有所行动。你必须回顾迄今为止的人生，思考你是否成为曾经想象中的自己，以及如何抒写余生的篇章。你希望自己下半生的人生是什么样？处于低谷是一段必不可少的经历。只有置身低谷，你才能进行思考和行动，找到人生下一阶段的方向。

身体后仰，才能跳得更高

成年中期的复盘包括"3个重新"。

· 重新评估迄今为止的人生。
· 重新回顾人生结构和已取得的进步。
· 重新审视没能活出的自我。

这段复盘期就好比跳高运动员的助跳，能够帮助你整合资源，积蓄力量，从而越过障碍物——法国人习惯把它称为"以退为进"（reculer pour mieux sauter），身体后仰，才能跳得更高。对你来说，回顾过去才能更好地迎接余生的挑战。

重新评估迄今为止的人生

时光荏苒，春去秋来，蓦然回首，人到中年。曾经肆意挥霍的大把时光已然不在，当下的每分每秒都显得珍贵无比。你正在审视迄今为止的人生。你曾经的梦想和计划有多少已经实现？又有多少化作泡影？人生规划最初形成于青少年时期，父母的期望和家人的价值观对其影响很大。但有时，就像我会对自己的专业进行意想不到的选择一样，人生规划也有可能由偶然的机会塑造。

我高中毕业后本打算在大学学习英国文学。那段时间我只需要选择自己心仪的专业报名即可。但就在我排着长队报名前，我与一位素不相识的女孩聊天，她告诉我她打算学习心理学。"心理学是什么？"我问道。她向我好好介绍了一番，我觉得这个专业颇为有趣，于是我当时就决定也要去学习心理学。我的父母对这个专业并不了解，当然也不能预见我在这个领域将大有作为，他们吓坏了，觉得我在自毁前程，与我大吵了一架。但我庆幸自己坚持了下来，这是我做过最为明智的决定之一。

步入成年中期，一部分人几乎圆满地完成了人生第一旅程，一部分人则因为遭受失败而选择放弃目标；因为情况不尽如人意，便退而求其次；出于一些自己也说不清道不明的原因而放任自流。

那个初入社会、神采飞扬、意气风发的少年郎已被现实磨平了棱角，虽然现状如此，但你对未来仍抱有乐观的心态。像大多数人一样，你依然相信自己拥有独一无二的本领，依然相信自己的上限远远不止如此。然而，假如失去这些乐观的心态，你可能会经受轻度抑郁的折磨。承受太多现实的痛击对你来说有害无益。莱文森观察到，避免幻想的唯一方式就是学会知足常乐，莫要贪得无厌。但也不要走了极端，假如你对任何事都提不起兴趣，你就会失去尝试任何事情的热情和动力。

重新回顾人生结构和已取得的进步

在成年早期，你围绕着自己最为亲密的关系、个人工作和个人兴趣来安排自己的生活。如今，你要重新评估这种生活结构是否契合自己所处的位置。它如今的可行性如何？你对它的满意度如何？这两种判断标准截然不同。可行性是需要判断事情是否正在发挥作用，或者是否可以发挥作用，而满意度是需要判断你在这件事上是否感到满足。

举个例子，假如你想要经商或者成为一名演员，这种想法可能会让你跃跃欲试，迫不及待地想大展拳脚，但真正实施起来你往往会处处碰壁。又比如，你依然爱着自己的伴侣，却无法忍受他酗酒，想要维持婚姻却有诸多阻碍。这些都是可行性的问题。

你的工作可能会给你带来财富和地位，但你的精神却几乎因此崩溃；你拥有一段稳定的婚姻，但夫妻关系名存实亡，只剩下空壳。这些问题都关系到满意度。

大约1/5的人在步入成年中期时，没有建立起任何可行或满意的人生结构——频繁跳槽、总是食言、难以维持一段长期的恋爱关系。步入成年中期，他们觉得自己的生活和别人没有关系，无论是对自己、对他人，还是对生活本身，都失望透顶。他们会对自己的人生走向感到无比恐慌，甚至心灰意冷。

重新审视没能活出的自我

在人生的每个阶段，尤其是在关键的转折期，你都必须做出选择，把握选择表达了你个性的一部分，舍弃选择则压抑、埋葬了你个性的另一部分。每个选择都会指引你走向一条特定的道路，封锁另一条本可以指引你走向不同人生、形成另一个自我的道路。你会回顾自己做出的选择及其结果，但你也会回想自己没能做出的选择，那是被你放弃、压抑的自我。就像溪流中漂浮的独木，未能活出的生命终于浮现在你的潜意识之中。于是如作家杜鲁门·卡波特（Truman Capote）的小说《别的声音，别的房间》（*Other Voices, Other Rooms*）① 所言，你开始聆听"别的声音"，找寻没能活出的自我。

在青少年期和二十几岁时，你承受的压力越大，就越难做出抉择，换句话说，你面临的选择就越少。那些"别的声音"持续回荡在你的脑海里，越来越响亮。那些"假如"披上了新的外衣，占据了你全部的思绪。你越来越想探索未知的生活，找到全新的自我，重新掌控那种完整又真实的感觉。寻找、发现、迷失、醒悟，这些便是成年中期的主题。

> 我 17 岁时，父亲突然去世。他是一名自由职业者，没有退休金和抚恤金，因此除了经历失去他的痛苦外，家里的经济状况也变得很差。我是家中长子，母亲全依仗我，所以我高中毕业后不得不去打工，以此来缓解家中的经济压力，上大学的计划也因此成为幻影。实际上，我成了一家之主。接下来的事便说来话长了。我发现自己很有商业头脑，再加上我在工作中勤奋努力，于是成功随之而来——我现在生意兴隆，赚了不少钱。对此我也很是自豪。但最近我偶然间看到自己小时候的照片。照片中的孩子咧着嘴笑，仿佛世上所有烦恼都与他无关。刹那间，我感觉十分悲凉，父亲走后，我把自己的一部分"封印"了起来，我忽视了生活中曾经存在的东西。那些天真快乐、无忧无虑的日子是否已经一去

---

① 《别的声音，别的房间》是杜鲁门·卡波特的一本半自传体小说，围绕着一名少年寻找自我的历程展开讨论，对孤独、恐惧、爱情、成长等主题进行了探索。——译者注

不复返了？我不知道。我想这就是自己要找寻之物吧。如今我 47
岁了，我不想余生都被这个不苟言笑的自己禁锢。

——帕特里克，47 岁

现在，一种向内的引力拉扯着你思考过往人生，仔细勾画出
曾经的自己，思考你是如何成为现在的自己的。当你思考过往时，
你会重写自己的故事，以此探索未来。你的故事里蕴含着你的身
份，这种身份既囊括了私密的你，也包含了公开的你。

把故事献给自己

生命不息，步履不停——你眼中的自己和他人口中的你构成
了你的故事。这个故事的情节由你主宰，随着故事情节的推动，
你的感知、期待、追求、行动也会得以塑造。

孩童时，你是故事中的一个角色，但这个故事没有过去，不
谈未来，只有当下。在青少年期，你作为故事的主人公，拥有更
大的执笔权，故事内容逐渐涵盖了对未来的描述。在成年早期，
故事的情节开始变得复杂，内容也有了深度。在成年中期，故事
已讲到一半，前半段是你的过去，未曾写下的后半段是你的未来。
你开始深深地融入自己的故事中，有意识地利用情节来加强自我
意识、强化身份认同，为自己的欲望、关心之人留白。你运用人
生故事去构建不同的人生场景，演绎可能出现的结局，这何尝不
是一种富有想象力的探索之旅呢？

成年中期的故事叙述分为两条截然不同的道路——救赎与深渊。假如迄今为止，你的生活一切顺利，或者你历尽千难万险，得以重见天日，你便会感觉自己受到了庇佑，得到了救赎，你的故事也充满了积极的能量，自我意识得以强化，于是你被激励着去锐意创新、回馈社会并再接再厉。

倘若你当前生活艰难，或者刚刚经历重大失败，你可能充满挫败感，觉得茫然无助。你身上所发生的一切都让你觉得境况不顺、一败涂地，你的希望化作泡影。你的内在叙述与内心资源之间的联系被一刀斩断。你无法构建出满怀希望迎接现实的场景，人生道路上任何可能出现改变的机会和潜在的转折都隐藏在黑暗之中。

无论是构建身份还是重构身份，都是你一生的事业。但在人生的某个阶段，在某些悄然变化的时刻，你会遇到更紧迫、更出其不意的任务。人生中有 3 次关键的转折。第一次转折发生在你 2 岁时，你第一次产生生而为人的自我意识，能够识别自己的身份，尽管这种身份深深根植于你的家庭关系中。第二次转折发生在青少年期，你会经历与之前类似但更为复杂的个性化过程，这是你即将成年的预示。第三次转折发生在成年中期，此时的你会重新评估个人身份，并对其做出调整，以便更好地迎接下半生。

步入成年中期，无论过得怎样，生活如何，你都会拿到一张入场券，这张入场券足以让你深入自己的故事，重新编写自己的人生，思考你是如何成为现在的自己的，以及你还可以成为怎样的自己。

回顾过去或许会唤起你的痛苦，但也会让你燃起希望。过去会赋予你认识自我、变得聪慧、端正品行的机会。过去是一个值得信任的平台，可以帮助你获得一份更长续久存、更为强烈的幸福感。回顾人生，你会找到很多机会，并且可以从中判断当下的人生是否如你所愿般成功。

PART

2

后视镜中的人生

走完人生的半途旅程，

我闯入了一片幽暗的森林，

已然迷失了先前的正路。

——但丁·阿利吉耶里《神曲》

在成年中期，你必须学会反思过去才能继续前进——寻找造就你的因素，重温成长历程中的重要转折点。如今的你能够充分利用前半生的人生阅历更好地审视过往，从而尽可能地回忆你是如何经历人生每个阶段的发展、如何处理每项发展任务、如何看待这些发展的结局的。

你会轻易交付自己的信任吗？

假如你能掌控自己的人生，你会感觉自由自在还是惶恐不安？你觉得自己是否有能力独立生活？

迄今为止的重大经验教训是让你拥有"前事不忘，后事之师"的精神，还是让你一蹶不振、陷入自我怀疑？

至少有一件事不容置疑：比起人生的早期阶段，你如今的阅历更为丰富，因为有大量的记忆储备供你使用，某些记忆清晰而详细，某些记忆如浮光掠影，游离在你的意识边缘——这些短暂出现的图像、幻想与梦想，似乎总是在你的脑海中徘徊。

某些日常事件可能引发周年反应，从而触发某些记忆。当你目睹自己的子女或者年轻的同事在经历某个似曾相识的人生阶段时，无数画面与感想从你心底涌了出来，这就像有一台时光机器将你传送到了人生的早些时候。过去的情景历历在目，你站在那里看着发生的一切，重温整个故事，心里默念故事情节的却是现在的自己。你便是"制片人"和"导演"，在脑海中演绎着自己的人生故事。

在本书的这一部分，你将站在成年中期的视角，身临其境地梳理此前的每个人生阶段的发展任务。假如要对迄今为止的人生做一番思量，你就得考虑最初的依恋体验对你的影响。这是你首次对亲密、自主、胜任等本能驱动力产生强烈的表达欲望。生而为人，依恋对你的方方面面都产生了至关重要的影响。依恋作为第二部分的核心内容，将在本书第五章详细讲述。

亲爱的读者，请珍惜这一自发的回忆过程吧。假如你花了心思，你不但会了解自我，还会了解到自己所面临的挑战，了解自己是否拥有足够的韧性来渡过难关。坦诚地面对过去吧，不要惧怕可能面对的事件，因为随着故事情节的展开，你至少会找到一些自己需要的答案，例如，你可以回答为什么你会变成如今的自己。

大胆地对过去刨根问底吧！因为无论过去是否快乐、现在是否幸福，你仍然拥有未来——余生漫漫，请你拭目以待。

第五章

婴儿期：寻找可依赖的对象

让人啼笑皆非的是，分辨初始信任或怀疑的经历——这项生命中最重要的任务之一，恰恰始于一个你无法将所发生的一切转换成语言符号的时期。那些生命中最早的重要记忆都无法用语言进行表达，而是通过身体上的感觉或者脑海中的图像呈现。尽管如此，这些记忆依然历久弥新，影响着你在人生每个阶段对自己和他人的基本信任。

说起信任，有这么一条真知灼见：信任是人们处理不确定性的一种方式。假如我们对事情的结果有100%的把握，那我们为何还需要信任呢？人生本就无常，未来更是变幻莫测，婴儿期也不例外。因此，我们生命中的首个发展任务就是找到一个可以依赖的人、一个值得信赖的对象（信任他人）。

在生命的第一年末时，假如你发现自己可以依赖某个人，这个人真心实意地关爱你、愿意用爱来回应你的基本需求，这时你就奠定了基本信任的核心：情感安全。假如你没找到这样的对象，你的基本信任和随之而来的情感安全将会遭到损害。这就是生命中最为基本的心理因素：依恋。第一次体验依恋是我们上的第一堂课，它点亮了我们的世界，照亮了我们的人生，激活了我们成功探索世界的能力。

从呱呱坠地开始，出于本能，你倾向于依恋自己的母亲，或者任何每天无微不至地照顾着你的人。她一从你身边走开，你就四处搜寻她的身影。比起他人，你更喜欢闻她身上的味道，凝视她的脸庞。没过多久，你就会对她微笑，发出轻哼，密切地关注她的一举一动，模仿她的一颦一笑。接着，你被一旁的东西分散了注意力，情不自禁地分了神。但才过了一会儿，你又哭闹着要找她，渴望她轻柔的抚摸、柔和的声音。当她回应你发出的信号时，你便有了满足自主和胜任需求的初体验。依恋、分离、重聚、再分离、行动、依偎、学习——你的小小戏剧开始上演，你探索着亲密和自主、平衡和完整。生命不息，探索不止，历尽千帆，周而复始。

依恋

依恋是你对亲密、自主、胜任这三大本能驱动力的首个最为强烈的表达。最早对依恋系统的运作原理进行定义的专家，有伦敦塔维斯托克诊所的儿童精神病学家约翰·鲍尔比（John Bowlby），以及他的长期合作伙伴——来自约翰·霍普金斯大学的教授玛丽·安斯沃斯（Mary Ainsworth）。他们合力颠覆了人们认为的依恋对人类发展所起的基本作用。鲍尔比是依恋理论的创始人，他是首位发现孩童依恋母亲的本质不仅是一种情感联系，还是一种本能反应，深深根植于人类的进化过程中。人生每个阶段形成的依恋都是一种重要的力量，自你出生后萌发，死亡后消失，有力地推动着你的发展。

你生来便懂得如何去寻找能随时回应你的身体和情感需求的那个人，对你倾注情感最多的那个人，离你的襁褓最近的那个人。那个人便是你的主要监护人，也是你最初的首要依附对象。为什么只有一个人呢？因为从生存的角度来看，在遭遇危险的情况下，你不会浪费时间去考虑该向谁求助。

对于世上大多数孩子而言，主要监护人大概率是他们的母亲。假如母亲不具备相应的生理或心理条件，孩子会自然而然地与预备成为主要监护人的对象——可能是父亲、养父母、祖父母、年长的兄弟姐妹或其他家庭成员形成首要依恋关系。在本书中，比起"主要监护人"这样一个精准专业的术语，我更愿意使用"母亲"这个温暖的表述。因此，后文中我所使用的"母亲"就等同于孩子的主要监护人。

你的依恋系统在有任何危险迹象，或者在你感到筋疲力尽、痛苦不堪时就会立刻被激活，从而触发一系列的本能行为。鲍尔比认为，你的情感、记忆和生理应激反应受到大脑中枢神经系统的调控，从而使你做出一系列的本能行为——这一理论已得到现代神经科学研究的证实。即使在没有危险或痛苦的情况下，依恋系统也总是处于"开机"状态，随时扫描你周围的环境，确保你的身心安全。

从母亲那儿得到满足后，即使你的脸上还挂着豆大的泪珠，也会露出得偿所愿的喜悦神情。因为你已经获得了自己的安全感。直到那一刻，安全警报才会解除。年岁渐长，从母亲那儿得到口头保证或者仅仅获得精神支持，确保沟通畅通无阻，这或许就足以保证你的"安全感"。

依恋关系的 4 个阶段

以下是依恋关系的 4 个显著阶段。

- **亲密渴望**：强烈地渴望与母亲建立身体与情感上的亲密关系，这是与母亲建立依恋关系的第一步。

- **分离焦虑**：假如与母亲分离，你会大哭大闹以示抗议，变得焦虑不安。当你感到无比恐惧或者痛苦不堪时，除了母亲，谁来都不管用。但你也表现出了对分离的惊人的适应力，这让你能够与特殊的保护者建立起一种亲密关系。

- **避风港湾**：母亲会成为你的避风港，当你需要安慰时，你会自觉而迫切地向母亲求助。

- **安全基地**：1 岁末，尤其 2 岁时，你会把母亲当作自己的安全基地。你放心大胆地探索周遭世界，因为你知道有人"永远是你坚固的后盾"，会在你需要帮助的时候伸出援手。穿上母亲特制的"战衣"，你有恃无恐，把注意力全部集中在更远大的冒险旅程上，在你的小小天地里学习、玩耍。假如安全基地遭到任何形式的威胁，你会深感不安，保持高度警惕，焦虑地东张西望，注意力分散[①]。

当你坠入爱河，形成一段长期的依恋关系时，这4个阶段会反复出现。亲密渴望、分离焦虑和避风港湾在婴儿出生后的第一年内表现得非常明显，恋爱中的依恋关系的第一阶段也是如此。而出生后的第二年，婴儿才会感受到安全基地的存在，这种感受在一段恋爱关系趋于成熟时会再次出现。安全基地在一段关系中几乎是悄无声息的，它就像一块背景板，往往只有受到威胁或消失不见了，你才会真正注意到它的存在。

于绝大多数人而言，这4个依恋阶段通常只存在于孩子和父母之间、长期恋爱的伴侣之间，偶尔也存在于特别亲密的朋友或兄弟姐妹之间。然而你却不会与自己的子女产生依恋关系——这种依恋只是孩子对父母的单方向特权，反过来则行不通。父母与子女间虽有深厚的情感联系，但父母却不能向孩子寻求安全与保护，一旦这么做了，那就是大事不好的信号——证明父母的心理大概出了问题，他们还会把这种问题传染给孩子。唯一的例外是父母年老体衰，他们可能会向成年子女寻求情感上的安慰。

---

① 随着孩子长大，有了自己的生活，父母作为安全基地的作用可能会适当地减弱。然而，一旦安全基地遭到任何威胁——父母生病、父母离世、父母闹离婚，孩子就会立刻变得焦虑不安、心事重重。这会影响孩子的注意力、身心健康，有时还会影响孩子在学校的表现。即便一对夫妇在孩子成年后再分开，失去一贯的安全基地也会在相当长的一段时间内扰乱孩子的正常生活、干扰他们的注意力、影响他们的工作表现。

孩子在 1 岁左右时最容易形成初级依恋，但假如孩子在出生的第一年就被无情地剥夺了受到一对一照顾的权利，就像在某些罗马尼亚孤儿院发生的悲剧①那样，其依恋系统就会崩溃。像依恋与照顾这样的行为系统，本质上是灵活机动的，所以会在特定的高压条件下崩溃。

依恋的质量

事实上，所有孩子都会形成一种初级依恋，但安斯沃斯发现这种依恋的质量因人而异。具体来说，某些孩子与父母形成了安全且高度信任的依恋关系，而另一些孩子所拥有的依恋关系却很脆弱。依恋关系的质量对孩子的成长有着显著的长期影响。

安斯沃斯通过一项巧妙的实验得出了这一结论，该实验复制了依恋关系的运作方式，她将其称作"陌生情境实验"。该实验多次证明孩子的行为是强有力的预测因素，可以预测孩子与父母间的依恋关系的质量，预测当前和未来各种方面的幸福感，甚至可以预测孩子在整个生命过程中的发展。

想象一下下面这个场景。你大概 12 ~ 20 个月大，你和你的母亲来到一个新的地方，那里有一个"友好的陌生人"在欢迎你，这个陌生人通常是名年轻的女子，她会把你领进一间玩具屋让你

---

① 在阴森的罗马尼亚孤儿院，一些孩子度过了他们的凄惨童年。对他们而言，所有能够和他人形成依恋关系的机会都不存在，于是他们开始对一些物体产生依恋，比如系在婴儿床上方的挂饰。若是这种情况一直未能转转，他们大脑的发育将会面临毁灭性的影响，他们在情感和行为方面都会遭遇严重的困难。许多情况严重的孩子甚至余生都无法再产生任何依恋，即使是最为体贴的养父母，也无法让他们心里泛起一丝涟漪。

尽情玩耍。在接下来的 20 分钟里，你的母亲会短暂离开这间屋子 2 次，离开时间总共不超过 2 分钟。母亲第一次离开后有这位友好的陌生人陪着你，第二次你被单独地留在房间里。每次短暂分离后，你母亲收到的唯一指示就是回来时在门口和你打招呼，并按照她认为合适的方式回应你。设计这个实验是为了触发你的依恋系统，短暂的分离对于孩子而言是一种危险的信号。实验目的是观察依恋系统的作用。安斯沃斯发现，这个实验的结果被呈现为 3 个不同的表现场景。

在第一个场景内，你在屋子里玩得不亦乐乎，直到陌生人来了，母亲离开房间，这是一种危险的暗示，你的依恋系统立刻被激活。待母亲回来后，你就会与她紧紧依偎在一起，仿佛她就是你的避风港湾。一旦得到母亲不会再离开的保证，你就会放心地回到游戏当中。这种行为符合安斯沃斯所说的安全依恋，即追求亲密、追求自我与自主探索之间的一种动态平衡。大约 67% 的孩子会呈现出安全型依恋（在一个关系稳定的家庭中，这个比例会更高，甚至会达到 80%）。

在第二个场景内，你回避母亲的亲近，显然对危险的暗示只做出了最低限度的反应。对于母亲离开房间这件事，你没有流露出任何情绪上的反应。你对友好的陌生人的到来也没有什么反应，仿佛这是一件理所应当的事情。当母亲再次回到房间时，你的心里没有泛起一丝涟漪。在整个过程中，你几乎没有流露任何情感，你的表情和举止都一如往常。约 20% 的孩子会呈现这种回避型依恋。

在第三个场景内，你既没有兴趣探索整间屋子，也丝毫不想玩里面的玩具。相反，你与母亲紧紧地依偎在一起，表现出一副焦躁不安的样子，或者只是坐在母亲脚边一动不动。她鼓励你试一下这些玩具，但你常常是才玩了片刻就赶紧回到她的身边。当母亲离开房间时，你会愤怒地大哭大叫，离那位友好的陌生人远远的。母亲回来后，你牢牢地抱住她的大腿，哭得更厉害了。如果她试着把你抱起来，轻轻地安慰你，你会挣扎着甩开她的手，但还是紧紧地抱着她的腿不放。这部小小的场景剧就像第二部场景剧一样令人不安，讲述了一个充斥着痛苦、愤怒、沮丧、矛盾，没有圆满的结局的故事。约 12% 的孩子会呈现这种焦虑型依恋[①]。

在世界各地进行的成百上千次实验都得出了相同的结果。

依恋的类型

依恋有 3 种基本类型——安全型依恋、回避型依恋和焦虑型依恋。值得注意的是，在童年时期，依恋的质量取决于特定的亲子关系。例如，孩子与父母中的一方待在一起会缺乏安全感，但和另一方待在一起会觉得非常安全。

随着研究的深入，安斯沃斯和加州大学伯克利分校的玛丽·梅因（Mary Main）等研究人员发现，一些孩子在陌生情境下的行为十分古怪，所以他们的依恋不属于以上 3 种基本依恋类型，而属

---

① 焦虑型依恋最初被称为"抵抗型依恋"或"矛盾型依恋"，某些研究人员至今仍在使用这些术语。为了不令人困惑并与前文保持一致，我将在此统一使用"焦虑型依恋"。

于一种缺乏安全感的紊乱型依恋。在陌生情境实验中，一名紊乱型依恋的孩子神色焦虑，或漫无目的地四处游荡，或心不在焉地玩着玩具，而注意力却始终无法从母亲身上移开。陌生人进入房间后，孩子看上去十分恐惧，但并没有跑到母亲旁边，而是一步一步退后，让身体贴着墙。待母亲短暂离开又返回房间后，孩子可能一开始会先哭喊着向母亲爬去，随后突然停下，整个人沉默地僵在原地，看向母亲的目光带着恐惧，但脸上却带着笑意。假如母亲试图把孩子抱起来，孩子可能会做出奇怪的反应，如双手举过头顶，或者爬到陌生人的身边，希望被陌生人而不是母亲抱起来。这些令人迷惑的举动可能只会持续几秒钟，需要专业人士对其进行辨别，但这无疑显示出孩子身上有一种压倒性的恐惧，象征着紊乱型依恋。约15%的孩子会表现出这种紊乱型依恋模式，他们身上还会存在一种潜在的基本依恋类型，通常是焦虑型依恋。出于这个原因，以及大多数研究针对的是3种基本依恋类型，特别是成年时期的3种基本依恋类型，因此我在本书中将重点讨论它们。

　　本书讲述的孩子是比较有代表性的原型。但凡事都有例外，比如有些安全型依恋的孩子会表现出回避型依恋或焦虑型依恋的行为，有些回避型依恋的孩子却不会对身体接触表现出极端的厌恶，有些焦虑型依恋的孩子对探索房间和玩玩具也并没有那么排斥。然而，需要注意的是，在安全型依恋奏效的情况下，依恋系统的运作模式是最佳的。

依恋类型是如何产生差异的

安斯沃斯和其他研究人员发现，孩子的依恋类型是否属于安全型依恋，在很大程度上取决于母亲对孩子的身心照顾与回应。在孩子形成依恋类型的过程中，不同的母亲会有不同的表现。

敏感与大条。安全型依恋的孩子有着敏感体贴的母亲，她们善解人意，能够迅速接收孩子发出的信号并快速做出回应。她们熟悉孩子的喜好和特殊习惯，能够站在孩子的角度看待并理解问题。这是亲密、信任与情感安全的重要组成部分。假如母亲在敏感方面表现得很好，那她在其他 4 个方面也极有可能做得不差。故而，敏感逐渐成为孩子形成安全型依恋的温床。[①]

相比之下，回避型依恋或焦虑型依恋的孩子的母亲则不怎么敏感。她们总是自顾自地照顾孩子，亲子互动更是只按照自己的性子和需要来，自以为是地解读孩子发出的信号。举个例子，假如她们觉得孩子该吃饭或者睡觉了，孩子无论做出什么行为，她们都统统将其解读为孩子需要吃饭或者睡觉。但如果孩子看起来很孤独，或者很痛苦，她们往往会视而不见，或者对这些问题毫无察觉。

合作与干扰。合作最为重要的标志就是尊重孩子的自主权，将孩子视作拥有独立需求和欲望的个体。假如孩子正兴冲冲地做着某事，有合作精神的母亲很少会去打扰他们。

---

① 当陌生情境实验的对象是父亲和孩子时，尽管父亲对敏感的表达与母亲不同，但父亲的敏感同样关系到孩子能否形成安全型依恋。

与之相反，缺乏合作精神的母亲对孩子的愿望与喜好视若无睹。她们照顾孩子或者进行亲子互动时，更有可能束缚孩子，摆出严防死守的架势，非但不尊重孩子的需求，反而控制孩子的行为。

接受与拒绝。一些母亲不仅特别乐意接受孩子，还因孩子的到来而心生喜悦。喜悦与骄傲并不能混作一谈。母亲可能会为孩子的"成就"或者长相而骄傲，但只要孩子存在，母亲便已心满意足。尽管照顾孩子可能会限制母亲的事业发展，但她们心甘情愿地接受作为一个母亲必须承担的责任。她们偶尔也会感到沮丧、烦躁不安，却从不"与孩子为敌"。

相比之下，抗拒孩子的母亲往往会表现出生气和怨恨，有时还会公然拒绝孩子，拒绝承担作为母亲的责任，这些负面的感觉似乎早已盖过了孩子能够给予她们的幸福感。

平易近人与视若无睹。那些与孩子形成安全型依恋关系的母亲在心理上是最为平易近人的，她们即使在另一个房间，或者被琐事缠身，也会注意到孩子的需求。

与之相对的是，一些母亲要么冷若冰霜，拒人于千里之外，要么故意忽略孩子发出的信号。她们忽视了孩子对亲子互动的需求：他们想要被拥抱，被举得高高的，希望有人陪他们玩耍、聊天。这些母亲只在有空时才与孩子待在一起，或者当孩子再也不堪忍受被忽视而发出迫切的信号时，才会真正注意到孩子的需求。

厌恶亲密的身体接触和负面情绪。一些母亲明显厌恶与孩子产生亲密的身体接触，另一些母亲则对孩子表现出的某些迹象更为敏感。比如一些母亲公开表示无法容忍孩子表达愤怒或者悲伤，而另一些母亲则以更为隐蔽或间接的方式表达这一点。

前文所讲的每个维度——无论是生理维度还是心理维度——都与另一维度相互影响，各维度在相互作用下塑造了不同的关爱模式，而这种模式又与孩子的依恋类型是安全型还是回避型或焦虑型相关。[1]

你早期的依恋经历是怎样的

尽管你可能还存有一些童年早期的零散记忆，特别是 4 岁之后，记忆变得更为清晰，但无论如何，你都无法回到过去观察你在婴儿期是如何被照顾的。然而，无论情感积极与否，那些鲜活生动的记忆画面能够唤醒带给你强烈感受的经历，从而引导你感受自己童年的亲子经历。这些满载着情感的记忆会由一种神经化学物质强有力地储存起来，这种神经化学物质还涉及"战斗或逃跑"反应[2]。

---

[1] 正如关系中的依恋质量有高低之分，依恋类型也有优劣之分。安全型依恋的孩子的母亲并非圣贤，回避型或焦虑型依恋的孩子的母亲也不一定就是坏妈妈。文中描述的母亲都是依恋类型中的代表性案例。我只是试图通过这些概括性的描述来总结 3 种基本依恋类型的特征。

[2] "战斗或逃跑"反应又称"战逃"反应，是 1929 年美国心理学家沃尔特·坎农（Walter Cannon）提出的。该理论认为机体经一系列的神经和腺体反应将被引发应激，使躯体做好防御、挣扎或者逃跑的准备。——译者注

安全型依恋

当孩子与母亲形成一种安全型依恋关系时，这种关系就创造了一种自由空间，在这个空间内，孩子可以自由顺畅地表达积极和消极情绪，这为母亲提供了源源不断的信息，指示她对孩子的情绪做出反应，孩子也因此获得了一种控制感，从而奠定了孩子在亲密关系中获得亲密感、自主性和胜任感的基础。当孩子 12 个月大的时候，这种依恋关系就很明显了。

相比之下，恐惧型依恋的孩子，即回避型依恋或焦虑型依恋的孩子，难与他人形成亲密关系，也更难促进其他方面的发展。

回避型依恋

假如你对母亲产生回避型依恋，那么在出生后的第一年里，你的日常经历就会带有不同的特质。

你的母亲通常会满足你所有的生理需求，尽管得不到多少愉快的反馈。对于你的哭声，她不会立即或迅速地做出反应，而是会自动屏蔽你的哭声，或者尽可能地拖延回应的时间。因此，在你出生后最初的几个月内，相较于安全型依恋的孩子，你哭得会更频繁，时间也更长。

她会定期喂你吃东西，给你换尿布，但一切好像只是例行公事，你感受不到一丝的温柔。她脸上总没什么笑意，也没什么表情。你试图用专注的眼神看着她，咯咯地笑着、甜甜地笑着，想要引起她的注意，但她鲜有回应，对你的表现视而不见。

她描述你时，会用实事求是的语气，但给人的感觉就是，你在她眼里并不是作为个体存在。她对你的描述带有一种与己无关的特质，她仿佛是在描述一个别人的孩子，而不是自己的孩子。她经常表现出被你的要求激怒的样子，面露不耐烦的神色；或者她可能会抱怨做母亲的负担和压力，诉说为人父母的心酸与不易。

最不正常的是，她对与你的亲密接触表现出明显的不适。她也会吻你，但她的吻总是蜻蜓点水般地落在你的头顶上，就像是轻轻啄了你一下。她很少会主动抱你，也不会深情地抚摸你。当你触碰她的时候，她的身体可能会有点儿僵硬。她抱着你的时候，总是微微地拱起自己的肚子，好像想让你和她的身体保持距离。她抱着你的时候，就好像举着一个托盘，与其说是抱着你，倒不如说是用僵直的双臂举着你，你既感受不到她柔软的身躯，也无法被她拥入怀中，这让你觉得很难从这种身体接触中获得任何舒适感或乐趣，因此，你会感到沮丧和不满。

当你靠近母亲，请求身体接触时，她有可能会试图通过给你一个玩具或者零食来转移你的注意力，也有可能会毫不留情地拒绝与你亲昵，坦言自己不喜欢亲密接触，说一些诸如"别缠着我了！"的狠话。当你被母亲拒绝时，你看起来很是受伤，但这反倒使你更加积极地寻求亲密接触。当你流露出悲伤的神色时，她会巧妙地移开视线，或者从你身边走开，摆脱你的负面情绪的干扰。她可能会说，你不是一个"惹人疼"的孩子，但这与事实并不符，因为你曾多次向她敞开怀抱，希望她能温柔地将你拥抱。

时过境迁，你不再像安全型依恋的孩子那样总是待在母亲身边，你会经常离开她的视线，而她可能很长一段时间都对你不理不睬。当你为某事感到沮丧时，比如手上的玩具坏了，她可能会迅速出手，但不是和你一起解决问题，而是直接帮你解决问题。她不太能够容忍你发脾气，常常以愤怒作为回应。你崩溃大哭，她却厉声呵斥你不要大吵大闹，否则就把罪魁祸首——玩具拿走。

随着你关于构建亲密关系的请求被不断地拒绝，你会觉得愤怒，并找到发泄的方式。到你9个月大的时候，你常常显得愤怒，不断发出挑衅，甚至母亲抱你的时候，你还会打她，但因你年幼，这种恶狠狠的攻击便失了力度，化作软绵绵的拳头。同时，随着母亲一次次地拒绝你对依恋的请求，如今，某些情境在唤起你的爱与渴望的同时，也唤起了你的恨与恐惧。

一次又一次，你遭到她那斩钉截铁的拒绝，逐渐变得灰心丧气。渐渐地，你教会了自己如何缓解被拒绝的痛苦，你放弃了接近她，果断将注意力转移开——你的目光不再投向她，身体也不再靠向她。相反，你聚精会神地玩起了游戏，探索自己的一方天地。你试图通过这种方式抑制自己的亲密需求。但无论是探索还是玩耍，你都给人一种被动和戒备的感觉，不像安全型依恋的孩子那样天真无畏地展示自己对这个世界的好奇。当你1岁时，人们已经能从你的逃避行为中看出你的母亲对待你的方式。

焦虑型依恋

假如你对母亲的依恋是焦虑型依恋，那么在你的日常生活中，最让你印象深刻的就是她的反复无常与阴晴不定。有时她对你特别好，嘘寒问暖，呵护备至，总是把你抱在腿上，久久不愿撒手。或许她这样做是为了安慰自己，而不是安抚你。但是，不同于安全型依恋的孩子的母亲，她不会一直保持这种身体上的亲昵，因此，你出生一年后就不怎么能享受到她的拥抱了。[①]

虽然她并未对亲密接触表现出任何不适，但在所有类型的母亲中，她处理亲密接触的方式是最缺乏温柔的，也是最为笨拙的。当她抱你时，你似乎无法牢牢地抓住她，也无法感受她柔软的身躯，这会让你十分不满，感到懊恼沮丧。假如她没有抱你，或者想把你放下来，你会做出消极的反应，比如大发一通脾气，或者闷闷不乐地掉眼泪。

她很难控制住你，同时，她也不怎么了解你。她猜不到你可能会出现的反应，对你的描述往往模糊不清，混杂着她自己的童年回忆。她很少会意识到你是一个独立的个体，有着自己的计划和愿望。她对你的态度是模棱两可的，有时她显得温柔可亲，十分疼爱你，但更多时候她总是恼羞成怒、歇斯底里。她可能会说，你是个"麻烦精"。她常常看起来心不在焉、情绪低落、易躁易怒。

她对你发出的信号和你的生活节奏不怎么敏感。她似乎察

---

① 孩子产生的依恋类型因家庭里的不同成员而异。比如，对于父母中的一方，孩子产生的是安全型依恋，但对于另一方，他产生的却是恐惧型依恋——尽管在大多数情况下，这两种依恋类型有共通点。一种特定的依恋是否为安全型依恋，并不取决于孩子，而是取决于与孩子互动之人。

觉不到你的不安、疲倦或痛苦。因此，你们之间爆发了很多冲突，你们的关系也一直岌岌可危。她常常表现出不良的喂食习惯，比如倾向于填鸭式喂食，或者哄骗你吃下过量的食物，而喂食往往是一场关于意志的较量。同样的"入侵"模式也体现在她与你一同玩耍的时候，她很少主动向你发出一起玩的邀请，但如果这会儿她心情好，或者对你正在做的事情感兴趣，她可能会和你一起玩，但在玩耍的过程中，她常常会打断或干扰你在做的事情。

她会长时间地无视你，特别是当她的注意力全在某事上时，她对你的哭喊毫不在意，烦躁地挥手把你赶走。她时而对你冷若冰霜，时而将你视若珍宝。当你开始四处乱爬、探索房间时，她常常会阻止你，发出一连串的警告。当你遇到麻烦时，她会很快介入，对你大骂一通，但通常很少为你提供实质性的帮助。

她的阴晴不定、变幻莫测意味着你必须专注于她一个人，所以你会感到焦虑、警惕、不愿轻易离开她。你对任何一次小小的分离都反应激烈，但你似乎无法清楚地表达自己的苦恼。你经常脾气乖张、吹毛求疵，其余时间你会陷入被动，除了看看四周，很少去探索周围环境。当你被忽视的时候，你会无精打采地坐在那儿，不断揪着自己的头发，或者吮吸着玩具。但你会用反抗代替被动，拒绝服从她的指示或要求。你的情绪越是消极，你的行为越是挑衅，你就越紧张无助，你的反应也就越激烈——这是个不愉快的恶性循环。在你出生后的第一年末，你的情绪和行为就像一面镜子一样，折射出你母亲的忧虑、矛盾、被动和无助。①

依恋对自主性的影响

虽然回避型依恋和焦虑型依恋的孩子与他们的母亲互为彼此的镜像，但这些母亲对孩子的照顾却显现出一个共同的特点——一种入侵式的照顾，这会损害孩子的自主性。入侵指的是互动全程无视孩子发出的信号，似乎注意不到孩子为控制互动的节奏和强度所做出的努力。当孩子看起来很享受母亲做的事情时，她们会将其视作一个信号，进一步加强这种刺激的力度，直到孩子不堪负荷，产生过度反应，然而她们还在不断地施加压力。

当孩子感到有压力时，他们会试图通过一系列自我安慰的行为来抑制自己不断增加的生理唤醒——把手放到嘴里，吮吸手指，

---

① 这些焦虑型和回避型的策略反映出了孩子与母亲长时间分离，处于极度高压之下的反应。20世纪50年代，鲍尔比和詹姆斯·罗伯逊（James Robertson）共同做了一项研究，研究对象是那些因必须住院或接受护理而与母亲长期分离的孩子。由于当时严格的探访规定，在几周或者几个月的时间内，这些年龄仅为2～3岁的孩子几乎见不到自己的母亲。鲍尔比和罗伯逊观察到的情况令人心如刀绞。一开始，孩子表现出强烈的痛苦和悲伤，不停哭着闹着要找母亲。但很快，他们就放弃了徒劳的抗议，变了副模样，整日无精打采、万念俱灰地躺在那里，黯然神伤。到最后，他们似乎进入了一个超然的阶段，即使母亲前来探望，他们也是一副漠不关心的样子，甚至当他们回到家中与母亲团聚时，问题仍然存在。一些孩子紧紧地抱住母亲，即使是最短暂的分离也会令他们表现出极大的痛苦，这种情况可能会持续几周、几个月，甚至几年之久。另一些孩子则无动于衷，拒绝与母亲亲近，仿佛母亲是个陌生人。对于某些孩子而言，这种超然的表现是暂时的，但对于另一些孩子来说，则是永久的。

触摸自己或母亲的身体，紧紧抱着自己的衣服或毯子。他们很少会看着母亲，当看向母亲时，往往没什么表情，他们的脸上表现不出一丝快乐。假如这些行为无法抑制孩子的生理唤醒，他们就会转移视线，如把身子转过去。他们常常中断眼神交流，把脑袋转向别处，而当他们这么做的时候，心率也会降低。

母亲表现出的入侵性行为通常和孩子的反应一样微妙——动作轻微，表情短暂。比起其他母亲对待孩子的行为，这种入侵性行为只有细微的不同。然而，这些细微的不同会一直对孩子产生影响。

孩子会试图通过转过身或者面无表情来控制着自己在压力之下的反应，这种方式会让他们"关闭"身体和情绪反应的总开关，抑制他们表达各种感受的能力，进而对他们在未来建立并经营亲密关系的能力造成损害，最终使他们形成一种防御性的自给自足，而非真正的自主。到了 12 个月大的时候，许多孩子已经发展出了回避型依恋。

你如何才能满足自己的需求

无论你对母亲的依恋是安全型、回避型还是焦虑型，你仍然依恋着她。依恋的质量反映了你为尽可能满足依恋需求而采用的策略。假如你能遵循自己本能的依恋冲动，你就会跟随自己初始的依恋脚本——与你的母亲（你的安全基地）保持亲密，这样你才能安全地探索和玩耍，当你受到惊吓、感到痛苦时，母亲将会是你的避风港湾。

假如你的母亲对你们之间的亲密程度和距离设置了严格的限制，你会得到这样的信息——"除非你遇到严重的麻烦，否则别来打扰我"。于是你别无选择，只能制定次佳策略来应对这些限制，比如避免亲密关系、强迫性焦虑、过度反应。你必须控制自己与生俱来的依恋需求，以便在允许的范围内与母亲保持亲密关系，如此一来，在面对真正的危险和压力的时候，你会期待母亲还能成为你的避风港湾。但是，这种不安全的策略会让你付出巨大的代价。（当然，这些策略并非你有意制定的，仅仅代表了你对自己所处环境的反应。）

为了保持回避型策略，你必须隐藏自己的感觉。当你无法将自己的渴望、痛苦和愤怒安全地表达出来时，处理这些消极情绪的重担就落在你自己身上。所以你将这些感觉拒之门外、放任不管，这对你发展建立亲密关系的能力有害无益。然而这种严格控制和消极应对的策略却不一定会大获成功。举个例子，在陌生情境实验中，当你的母亲把你留给友好的陌生人，或者让你一个人待在房间时，你可能看似毫不在意，但你的身体却在诉说着另一个故事——心跳加速，出现其他压力性生理症状，就像安全型依恋的孩子与母亲分离时表现出来的痛苦那样。但与他们不同的是，在整个过程中，你的心率和皮质醇水平都在不断升高，即使母亲回到房间，这个数值也不会马上下降。

作为一种尝试满足你不同需求的方式，焦虑型策略意味着你要付出不同的代价，可能要经历被情绪湮没的危机，你无法轻易关闭所有情绪的开关。你渴望亲密，当你无法获得亲密时，你便会愤怒，这意味着愤怒和亲密会无可救药地在你的脑海中纠缠。你的脑海中不断萦绕着对母亲的依恋——她总是对你提出这样或那样的要求，她对待你的方式就好像你不是独立的个体——万千思绪搅和在一起，消耗着你的精力，模糊了你与母亲之间的界限，严重地损害了你的自主权。

第六章

婴儿期：早期依恋的力量

假如你能重返童年，重新评估自己童年时期的依恋经历，你可能会找到自己成年时期亲密的关系形成的根源，尤其是在脆弱不堪或感到焦虑不安的时候，你会产生特有的感觉，做出特定的行为。这是因为这些情绪会激活你的依恋系统，并揭示其工作原理。

父母在你的人生中发挥着各种各样的作用，其中，他们如何回应你的依恋需求，对你有着深远影响。安全型依恋给予你千姿百态的生活，让你结下累累硕果。安全型依恋影响着你如何探索、学习、玩耍并掌握自己的一方天地；你与父母、兄弟姐妹、知己好友之间相处得是否和谐愉快；你在学校的表现如何；你如何应对青少年期的压力；在恋爱关系中，你如何协调亲密与自主；你如何平衡工作和生活，同时保证两者的质量。最重要的一点是，安全型依恋影响着未来你对自己孩子的关爱模式。

从你的主要依恋关系中，你能学会如何建立并经营良好的亲密关系：敏锐地回应他人发出的信号，协调双方的反应，拥有既能给予也懂得索取的互惠能力。你只有拥有这些核心能力，才能结交朋友，在同龄人中有一席之地，协调与伴侣的亲密关系，在照顾孩子的同时也赋予孩子安全感。对父母产生安全型依恋，你在成长过程中会更安全，你的自主意识会更健全，适应能力也会更强。

奠定人生基础的早期依恋

早期的依恋经历会对你的人生产生深远的影响，这听起来似乎很不可思议。这主要基于以下 3 个原因。

- 早期的依恋经历塑造了你的情绪调节能力。
- 早期的依恋经历会极大地影响你的幸福感。
- 早期的依恋经历塑造了你内在的关系模式。

控制情绪的能力

依恋系统被激活的初衷不仅是保护你免受外界危险造成的身体伤害，也是保护你免受痛苦和压力对精神的影响。在你的主要依恋关系中，你第一次学会如何自我调节，或者更准确地说，你与母亲共同调节了你的压力反应。人类的大脑早已适应这种亲子间的共同调节以节省运作能量的模式。但是，假如孩子被迫尝试自我调节，那么其大脑的发育和运作就会脱离最佳模式，因为孩子探索世界所需的能量将被吸收和消耗殆尽。

这种亲子间的共同调节不但能让你保持冷静，还能使你的思想和行为井然有序，即使面对越来越多的挫折和越来越大的压力，你也能专注于完成手头上的任务。在这个过程中，你内化了母亲在你遭受痛苦时对你的反应，将其外化为管理自己痛苦和应对他人痛苦的方式。安全型依恋的运作模式是一种成功的自我调节模式。在这种模式下，你知道如何让自己冷静下来，知道自己什么时候需要别人的指导和帮助。经历了一段紧张的小插曲后，你很快便会冷静下来，做自己该做的事，把危机的影响降至最小。你会很快恢复积极情绪，并且积极情绪会维持得更久。每当你成功应对压力反应时，你的自我调节能力就会"存入"肌肉反应。你会明白压力并不是不可战胜的，也不是无穷无尽的，压力存在一种循环规律，你已经掌握了管理压力的方法，并有能力去帮助别人减轻压力。

此外，不安全的依恋会给你的情绪调节能力造成额外的负担。在出生后的头3年，特别是在第一年，如果你对亲密、身体安慰和保证的需求长期得不到满足，这些负面影响便会融入你的神经系统，使你无法良好地调节情绪反应。

愉悦感和幸福感

假如你能对父母产生安全型依恋，哪怕只是对其中一位如此，你那无拘无束的天性就会得以放大——你会始终相信爱、拥有兴趣、保持兴奋、永远对外界保持好奇。保持积极情绪不仅能让你感觉良好，作为一种生存必备的要素，它还会起到一种非常特殊的作用——拓宽你的视野，让你敞开心扉，帮助你迎接全新的冒险和挑战。这种阳光的心态会让你积极地迎接生活，打造自己的个人资源和社会资源系统，增加自己的弹性储备。

不安全的依恋根植于日常反复出现的焦虑、排斥、沮丧、痛苦以及因抵抗这些依恋创伤而产生的认知负担。你生来对生活抱有的热情和对探索、学习和丰富自我的渴望，都在一次又一次的自我怀疑和焦虑中消磨殆尽。你有充分的理由担心，如果缺乏可靠的支持，你将大跌跟头。这将大大影响你的愉悦感和幸福感。

人际关系蓝图

基于你在每段依恋关系中的经历，你会构建一种内在模式，这种模式就像一张粗略的蓝图，你会基于这张蓝图制定出一套"如果……那么……"的法则：如果你寻求亲密或尝试行使自主权，那么会出现什么结果？在此基础上，你可以制定出一套前进指令，这样你就不必每次都去思考自己该如何应对。相应地，你也获得了一种预测能力和控制感。

构建内在模式并不是一个"冰冷"的心理过程——你无须收集所有事实，然后在认知层面做出判断。你关注的经历应是"炽热"的——那些一出现便激发你强烈情感的经历，特别是喜悦、宽慰、兴奋这样的正面情感。而那些激起你的恐惧、痛苦、悲伤、愤怒、失望等消极情绪的负面经历，会让你和对你的生存与幸福都至关重要的人之间的关系变得岌岌可危。正因如此，你的大脑会对这些情绪印象深刻。因此你的内在模式是以情感体验为中心的，即情感体验如何形成、如何激活。

你的内在模式一旦构建成功，就会脱离你的意识自主运作，像镜子一样，清晰地映照出你的渴望、你的搜寻、你的回避、你对全新经历的诠释和反应。任何陌生的信息都倾向于适应现在的模式。这意味着你的内在模式会塑造自我的本质——你的记忆、你的信念、你对自己身份的假设、你对他人的期望以及亲密关系的运作方式。

每当你对亲密关系产生渴望时，每当你感到不堪重负时，每当你面临挑战时，你那密密麻麻的记忆网络都会被触发，从而影响你对事件的反应。假如你的预期不够理想，记忆网络会促使你提前调动防御系统，塑造你的体验。

假如你已经与母亲建立了安全型依恋关系，那么再去构建这种内在模式就非常简单了。你传达自己的需求，她做出有效的回应。这些经历经过整合融入你的内在模式，让你产生一种习惯性的期待——在一段亲密关系中，你提出的需求都很有可能得到满足；你的情绪经得起检验和表达；你可以放心大胆地做自己，不用害怕别人讨厌你。你无须将自己大量的心理空间拿来建设防御机制——用于屏蔽、压抑或者"忘记"消极的经历和感受。相反，你能够调动所有的心理能量来"投资"人际关系，继续完成你的童年任务——探索学习。

当你因压力而感到紧张不安，需要指导时，你会乐意求助于他人。当然，你也可以退回自己的安全基地，做自己的避风港湾。这种基本的自我信任关系，这种充满着自信、轻松、开放的态度，正是你在童年时期形成安全型依恋而得到的宝贵赠品。早在你拥有语言能力或思考能力之前，这段对关系的记忆就已经植入你的大脑和身体，影响着你的感官、反射、肢体动作和身体节奏，为你成年之后与他人建立亲密的情感关系做好准备。

然而，假如你与母亲建立的依恋关系并不安全（焦虑型依恋或回避型依恋），那么这种情况便不会发生，依恋关系的内在模式也要复杂得多。首当其冲的是你的生活，鲍尔比将这种情况描述为"知道你本不该知道的，感受你本不该感受的"。

知道你本不该知道的，感受你本不该感受的

假如你与父母之间的关系不稳定，你就会陷入一个不安的困境。你早已习惯了自己对亲密和保证的需求经常被拒绝、忽视，于是在不能伤害已有亲密关系的前提下，你很难安心地表达自己的焦虑、悲伤和愤怒。你明白你必须压抑这些危险的感觉，或者将其做一番伪装。因此，你不能为这种关系构建一个开放、灵活、有条理的内在模式。相反，你的情绪感受和生理反应、你的想法和做法都是彼此分离的。①

---

① 假如你与母亲建立了紊乱型依恋关系，你将无法处理或整合你所遭遇的令你极度恐惧的经历。于是，你的心理功能陷入更大的混乱之中，在自己与父母之间，你几乎不可能构建任何有条理的内在模式。

然而，精神上的扭曲并未就此结束。缺乏安全感的家长会在有意或无意间对你施加无形但强大的压力，逼迫你否认或歪曲自己的生活经历，给你强行灌输他们认为的糟糕现实、他们眼中的父母、他们眼中的子女以及他们眼中的亲子关系。似乎只有通过这种方式，他们才能选择性地回应你发送的某些信号，而对于那些挑战或否认他们做"好好家长"的信号，他们根本不予理会。其实，他们建立起的防御机制正与他们童年的痛苦经历有关。

即使在令你头疼的混乱记忆里，在极度痛苦的症状中，在突然爆发的愤怒下，你仍然要面对现实，但这种对现实的错误看法最终会淹没你，并逐渐占据你意识主导下的内在模式。随着时间的推移，它会逐渐成为你内在模式的原型，你会利用这种原型去对待所有的亲密关系，去呈现你对依恋的心理状态，去确定你的位置，特别是当你感到紧张、回想自己生命的初体验时，你更会想起这个原型。当你为人父母，或者在成年生活中与伴侣亲密相处时，这个原型将会得到有力的激活。

然而，这并不意味着你生成的其他模式对你的发展起不到一丝作用。即使你最初与母亲建立的依恋关系并不让你感觉安全，但与你的父亲、祖父母和其他关心你的成年人建立安全型依恋关系，也能够让你在特定的环境中拥有一份特殊的自信，在面对压力和逆境时受到某种保护。在你遇到危险时，它会让你的内心保留一个安全基地，并且它会用过来人的记忆告诉你："一切都会好起来的。"

无论发生了什么，改变都是有可能的

无论你在幼儿期形成的依恋类型是安全型依恋还是恐惧型依恋（回避型依恋或焦虑型依恋），这都不足以决定你的宿命，但你的确因此走上了一条特定的道路，并持续性地受到它对你施加的强大影响。然而，早期依恋和后期发展之间并不存在简单的直接联系。可以说，纵观生命历程，人生某个阶段发生的事情会对下个阶段产生最为强烈的直接影响，但后续这种影响会被随之而来的经历改变。就像你的内在模式一样，承续过往的力量与改变人生的力量之间总是存在着一股张力。

你的生活环境可以改变，你也可以改变。

在青少年期，你有机会再度获得安全感。虽然你此时仍是一个孩子，无法改变自己的生活环境，也改变不了父母照顾你的方式；同时，鉴于你在其他关系中的经历，你也没有形成足够的认知能力，难以对内在模式进行检验、修正和更新。但你在青少年期快速发展的认知能力，尤其是更加抽象地思考问题的能力，有可能让你做到这一点，你会将自己的家庭经历与同龄人的家庭经历进行对照，在看似毫无关联的事件中找到固定的模式。步入成年，假如你能找到一个值得依靠的人来爱你、支持你，敏感地察觉并回应你的依恋需求，那么你同样有机会再度获得安全感。

恐惧型依恋关系形成的时间越长，其内在模式就越难改变，或者说，你对依恋关系的整体"心理状态"越难改变。然而，情况会有转机，尤其是在你或者你最亲密的关系的快速变化时期，或者是在某个精通依恋系统运作方式的专业心理治疗师的干预下，你还是会有机会做出改变的。

信任在你生命中饰演的角色

在你出生后的第一年末，面对以下两类动态相关的基本问题，你在主要依恋关系中的经历足以给出答案。

> 我能相信自己吗？于我现在最为依恋的人而言，我是否惹人喜爱？我是否有足够的价值？于现在与我最亲密的人而言，他们是否会接受我、爱我？
>
> 我可以相信现在那个最让我依恋的人吗？在我内心动摇的时候，现在与我最亲密的人是否会对我做出回应呢？

如果你能够自信地对以上问题做出肯定回答，那么你就已经构建了自我基本信任的核心，并做好了信任他人的准备。

以下是信任对你的个人发展所起的重要作用。

- 你会更加惹人喜爱，也会更加值得信赖，因为你值得信赖，所以被人信任和喜爱，这是典型的良性循环。
- 信任会让你不再轻易上当受骗。怀有高度信任的人对失望的反应往往强烈而迅速。
- 你更愿意承担一些计划内的风险。人心难测，信任他人就意味着要承担初始风险。当你阅人无数时，你也会对自己和他人有更深入的了解，同时能为自己创造更多的机会。

- 信任能够帮助你建立更广阔的人际关系网络，同时这个网络也会帮助你更好地利用人际关系。你越是与他人互动往来，就越是相信他人是可信任的，同时你也会变得更加值得信任。

信任、被信任、冒险、交往互动——四者紧密相连，共同构成一个完美的良性循环。

假如你对前文的问题无法给出肯定的答案，或者你的答案是有条件的，那又当如何呢？你会说："是的，我会得到信任，但条件是我将不断试着取悦他人，或者必须取得他人眼中的成就，又或者我从未失败过。"在这种情况下，你的信任已经逐渐被怀疑侵蚀。

对总让你失望的人保持"警惕"是你培养出的一种适应力。但人生在世，倘若长期无法付诸信任，你会付出高昂的代价，你在成长发展、取得成功的过程中所需的认知资源和情感资源将被消耗殆尽。

不信任也会带来一系列不良后果。

- **你在他人的印象里更加消极。** 你看起来不那么可爱，不那么值得信任，这使你本就糟糕的人际关系雪上加霜。你一直处于防备状态，小心谨慎，尤其是对阴谋诡计、背叛、剥削保持着高度警惕。这种行为举止令人扫兴。

- **你不愿意冒险。**除非有充分的证据证明某人值得信任，否则你绝不会相信他人。因此，只有在100%确定的情况下，你才会信任他人，但这种机会过于渺茫，这也意味着你无须承担什么风险，所以你也大可不必纠结是否要付诸信任了。

- **你用控制代替信任。**在缺乏信任的情况下，你试图控制别人的行为。为了维护你的控制权，你不能容忍任何能够对你产生威胁的意见。你试图通过反复提出极为苛刻的要求来控制他人，以此证明他们对你的关心。如果你的要求得不到满足，你就以闹情绪来威胁他们。

- **你更容易受骗。**你几乎没怎么经历过信任危机，也不懂得如何判断某人是否可信，平常也不怎么深耕自己的人际关系，那么你犯错的概率和失望的风险就会更高。信任危机于你而言不是习得经验教训的课堂，而是最为恐怖的噩梦，是一场无法逆转的灾难。

我们可以在婴儿期学到什么

表6-1　婴儿期过好人生的原则			
人生阶段	时间表	发展任务或危机	心理学原则
婴儿期	出生至2岁	信任他人还是保持怀疑？	诚实可靠

在本书的第二章，我列出了生命历程中你要承担的10项发展任务以及相应的心理学原则。在婴儿期，你开始领略到信任的美

好，因此婴儿期是一个重要的发展阶段。你对信任和怀疑的信念让你写下了关于自我叙述和人生故事的初稿。即使这份初稿基于你最早的依恋经历，即使那时你既无法意识到这段经历，也无法用语言来描述这段经历，你的故事序章也将会成为一切的核心，讲述你这一生是如何了解并管理自我与亲密关系、如何思考并计划未来的。

同时，你也在不断地构建并重建自我意识和个人身份。你不只是像一个密封的包裹一样按照既定的路线行走在生命历程中。随着你对人生叙述的改写，你的自我意识也在更新。

早期依恋的质量决定了信任的质量，尤其是在亲密关系中。你既无法控制信任，也无法停止怀疑——因为这些感觉会在你的大脑中自发产生。但如果你总是有难以信任的感觉，你可以采取一些措施，随着时间的推移，这些措施会让你重获信任自己或他人的能力。

然而，怀疑则不一样了。这种生活态度，是由你被依赖之人拒绝或操纵的经历塑造而成的。这是可以改变的，假如你幸运地与值得信赖的对象发展一段亲密关系，怀疑自然就会变为信任。当然，你也可以通过关注自我的可信度来改变怀疑。

对于任何在信任、不信任和怀疑中挣扎的人而言，重要的是要明白可信度是由行为影响的，而你的行为是由你自己控制的。做一个值得信任的人，你会拥有这样一种魔力：你越值得信任，你就越能提高你的自我可信度。

如何成为值得信任的人

在日常生活中，你可以试试像下面这样做。

做一个有先见之明的人。 做一个值得信任和依靠的人，在危险很大或是有人几近崩溃时，更要挺身而出。

行正直之道。 言必行，行必果，果必信。

保持本真。 做一个心口如一、言行一致的人。

做一个关心体贴他人的人。 关爱他人，关心他人遭遇的麻烦。相信我，人们总是很难信任一个对自己的事情毫不关心的人。

独当一面。 人们不可能完全信任一个在自己的领域里难当大任的人，比如手忙脚乱的父母、滥竽充数的专业人士。那些真正仰仗你的人，对你的能力会有进一步的要求。你还需要做到以下几点。

- **敏感细致**：对他人的需求和要求有所了解。
- **反应迅速**：随时准备响应他人的需求。
- **充当避风港湾**：为那些脆弱不堪、需要保护和安慰的人提供依靠。
- **充当安全基地**：坚定地支持他人，让他人能够信心满满、精力十足地继续生活。

向愿意相信他人的人学习。 假如没有确凿的理由去怀疑他人，那么就选择信任他人吧。既然还未嗅到任何危险气息，不妨给予他人信任，以此来检验他们究竟是否值得信任。保持这种信任之心，当你手握对方并不忠诚的确凿证据时，你可以做出有力的回应：立即撤回你的信任，让他们清楚地认识到，他们的行为严重损害了你们之间的关系，他们如果想要重获你的信任，就必须达到更高的标准。

停止控制。假如你在幼时便知道无法信任那些自己本该依赖的人，那么你可能会用控制来代替信任。这种替代行为可不怎么高明。试图控制亲密关系会产生"寒蝉效应"，导致焦虑和冲突，最终破坏他人对你无条件的信任。那么，如何识别是否产生了"寒蝉效应"呢？一是看自己控制的强度——如果你认为自己所依赖的人正在脱离你的影响范围并逐渐远离你，那么你的焦虑感会迅速增强，控制欲也随之增强；二是看他人的反应——那些被你控制的人表现出的焦虑和愤怒程度。停止控制的唯一方法就是学会控制自己的焦虑，并了解焦虑的来源。

西格蒙德·弗洛伊德（Sigmund Freud）曾经说过，让我们的生活停滞不前的，并不是精神痛苦的根源，而是我们为了屏蔽精神痛苦而建立的防御系统。解铃还须系铃人，除非你能追本溯源地解决问题，否则仍是旧病难医。

第七章

幼儿期：寻找自我意志

在幼儿期，你的主要发展任务就是使自己拥有一种强大的自主权（独立自主），这样无论是自我成长，还是应对挑战，你都能拥有自信从容的心态和足够的能力。亲子依恋关系在不断发展的过程中既蕴含这种自主，也塑造了这种自主。时过境迁，你周围的环境会不断发生变化，当你为了适应环境做出改变时，父母会成为你坚实的后盾，帮助你在人世间安全地生活。你关于自主的第一堂课就是父母对你的回应——你的探索能有多么自信、多么自由？你对自己看重的事情能有多大的控制权？当你难以控制情绪，或者世事不如你意时，那些湮没你的焦虑、愤怒和失望，能否被你全然释放？

此事非同小可。如果你拥有足够的自主权，那么你就能自信地迎接学习和能力的双重挑战。如果你没能拥有这种权力，那么遭遇挑战时，你将受到羞耻感和自我怀疑的困扰。因此，拥有足够的自主权就是你当下必须完成的发展任务。来吧，战斗的号角已经吹响！

自主化的进程已经开始，在 2～3 岁时，你便会出现关键变化。

发现你自己

降临人世的那一刻，虽然你的身体离开了母亲的子宫，但是你的"心理分娩"要等到 2 岁时才会实现。

在你出生后的第一年里，假如母亲拿口红点了一下你的鼻子，再把你抱到镜子前面，你将无法认出镜子里的宝宝就是你，故而你对那个红点也没什么反应。站在你的角度，你看到的不过是一个鼻子上有着滑稽红点的宝宝，这与你又有什么关系呢？但在 2 岁时，你就可以认出镜子里的宝宝就是你，然后立刻触摸镜子里自己鼻子上的红点——"看，那个人是我！"这种关于自我意识的初体验与你的全新能力相吻合——首次掌握一段有意识的记忆，首次对个人身份有认识。

抵抗的发展

抵抗既是自主的首个积极表现，也是保护自主的最后堡垒。即使无法在行动上积极抵抗，你也可以在心里抵制他人将意志强加于你。还是小婴儿的你会用身体僵住、转移视线、转过身体来做出抵抗。但当你 2 岁时，一些激动人心的事情发生了——你发现了"不"这个字的魔力。"不"真的会起作用，会让大人停下他们的行为。紧随"不"之后的词是"给我"和"我的"，它们同样带来了令人满意的结果，让你能够开辟出一片属于自己的领地，即使这片领地很容易被你的兄弟姐妹入侵。

意志的出现

意志的出现强化了抵抗的行为。在 2 岁时，你就会有意识地表露自己的意志。现在，每当你想做某事的时候，你会将这种想法转化为行动的目的。你的意志越是坚强，你就越有决心去实现自己的想法。刚开始时，对于父母的出手干预，你还表现得百依百顺，但没过多久，你就掌握了关于意志的窍门，并迫不及待地想要将其付诸实践。

体验意志对你来说可不是件小事。意志的初体验在心理学上的作用相当于认识自己的脸——这是一种强烈的自我体验。缺少关于意志的体验，你将无法了解自我的概念。因此，你无法忍受父母对你意志的干扰和反对，并将其视作一种对你新生而脆弱的自我意识的冒犯。意志是强大的自主权的核心之一。这并不意味着你要故步自封。自主会让你拥有自由地接受或拒绝影响的能力。到了 2 岁时，你仍然在试着习得这种能力。

追求控制权

对生活的控制感也是自主权的核心。在两种控制策略中，你更喜欢初级控制策略——直接控制事件的发生，试图干预那些对你而言重要的人和事。但世事不尽如人意，于是你必须转换思路，采用次级控制策略——控制你自己。如果你无法实现目标，那就换一个目标，或者降低你的期待，又或者改变你的态度——这就是你面对现实的方式。次级控制并不意味着被动地接受或放弃，相反，这是一种主动的策略，能够最大限度地减少你的损失，并使你的能力提升，最终助你抓住自己能力范围之内的新机会。

纵观整个生命历程，随着你的能力提升、力量增强，你对初级控制策略的运用能力会更强，这一能力在达到顶峰后，会维持一段时间的稳定，最后在老年期渐渐变弱。因此，步入成年中期后，你会越来越愿意使用次级控制策略。在人生的每个阶段，你既要努力地争取初级控制，也要在必要的时候进行次级控制，只有这样，你才能尽你所能地获得快乐、幸福和成功。坚持不懈固然回报颇丰，但若固执地去撞南墙，你将一无所有。

抵抗、意志和控制是获得自主权的基础。你在当下的任务便是学会自信流畅地运用每种方式，从而摆脱恐惧和自我怀疑。把握"给我"和"我的"这两种感觉，掌控你的人生，经营好你的家庭，对社会做出一番贡献。

社会情感的到来

在婴儿期，虽然只具备了生存的基本情绪——恐惧、愤怒和喜悦，但你足以发出以下信号："我急需帮助""你让我心情很沮丧""这让我很开心"。在 2 岁时，你会为了适应群体生活培养自己的社会情感，或者形成与自我意识有关的情感：内疚感、羞耻感和同理心。

内疚感

假如你知道自己做了不该做的事，或者没能完成你应该完成的事，你就会感到内疚。当你意识到自己做错了，或者别人指出了你的错误，你会对自己的行为做一番评判，进而感到内疚。无论是轻微的歉意，还是深陷自责悔恨无法自拔，都会引发内疚感。内疚是一种沉重而痛苦的感觉，能够促使你改变自己的行为，或者做出弥补。在你很小的时候，"事后负罪感"是你最为常见的内疚情绪。

假以时日，你会产生另一种内疚——先行内疚。先行内疚提前对你产生作用，在你的脑海中预演行为的严重后果，从而阻止你在冲动之下做出最坏的决定。先行内疚还会激励你迈出自我提升的第一步，因为你的脑海中能呈现出成功时的美好场景。

羞耻感

羞耻感是由他人对你的负面评判触发的。他人评判的言辞越是尖刻，场合越是公开，你就越容易感到羞耻。无论是轻微的尴尬，还是那种赤裸裸地遭到贬低的强烈羞辱，都会引发羞耻感。羞耻感格外地具有杀伤力。站在全社会的视角对某些人的行为加以评判，会让人感到被群体排斥。因此，羞耻感会唤起人类内心最深处的恐惧——遭到他人的孤立和抛弃。羞耻感与内疚感不同，内疚感是对自己的行为产生负面的感觉，而羞耻感则是一种更为原始的感觉，是一种由内而外的痛苦，让你觉得自己就是个坏人，就是个"失败者"。这是对你核心身份的一种攻击——你感到丢脸。随之而来的痛苦则更让人难以承受。面对羞耻感，你的反应并不是尝试做出弥补，而是生出一种强烈的冲动——想要销声匿迹，恨不得原地挖个洞钻进去。

同理心

作为一名幼儿，你往往富有同理心，能够理解他人的情绪状态，从而引发共鸣和其他有益反应。因此，想要与他人友好相处，与他人建立长久愉快的关系，你的同理心便是最为高效有力的工具之一。

混合情感

父母会利用内疚感、羞耻感、同理心来培养孩子适应社会的能力，但一旦利用不当，随之而来的便是巨大的健康威胁。大多数家长表示，他们会利用事后负罪感来帮助孩子理解自己的行为对他人产生的负面影响："你看，戴维在哭，因为你刚刚打了他。你把他弄哭了。打人是不对的。"父母在与孩子沟通时不要过于愤怒偏激，要巧妙地唤起孩子的同理心，适当的内疚感会培养孩子学会体谅和产生共鸣，过度的内疚感会使孩子陷入麻痹。

羞耻感不应该被拿来惩罚孩子，尤其是年幼的孩子，因为羞耻感容易引发孩子产生被人遗弃和孤立的威胁感。当你缺乏生存能力，完全依赖于父母时，你很容易受到任何这样的威胁。羞耻感也会让你沮丧、无助、孤独、陷入自我纠结。羞耻感切断了你与他人的联系。但作为幼儿，你缺乏处理这些负面情绪的能力。所以你要么退缩，要么宣泄心中的痛苦和愤怒，不断地给自己和父母制造新的问题。同时，羞耻感也会摧垮你的自信，让你自轻自贱。

幼儿的羞耻感与内疚感常常是被同时触发的。当你只是对某事感到内疚时，你很有可能会坦白承认，尝试着去解决问题，或者以某种方式做出弥补。但内疚感和羞耻感交织在一起时，就会扰乱你原本的正常反应。你会倾向于隐藏自己做过的事，拖着不去坦白，或者干脆一走了之。作为幼儿，你的内疚和羞耻的程度可能与实际行为的不良程度根本不成比例。甚至在压力很大的情况下，你会因为与你毫不相干的问题而责备自己，比如父母生病、离世、离婚。

假如你的父母常常让你感到内疚或者羞耻，久而久之，你会生出一种怨恨，这会破坏你们之间的长期关系。更糟糕的是，长此以往，这会削弱你区分自己的真实意图和父母对你意图的负面解读的能力——这本是自主权的核心组成部分。假如你是一个女孩，你可能会长期内疚，尤其是当你的母亲患有抑郁症时，你有可能会因为她的悲伤易怒、你的无能为力而心生自责。你的母亲也可能因为抑郁而不能对你做出回应而自责，这种自责的叠加反应只会使问题加剧。

即便是与他人共情，也需要你来平衡和调节。假如缺乏精神支柱的父母对你与生俱来的同理心加以操纵，而你又恰好是一个能干的孩子，那么过盛的同理心便会强迫你事事顺从父母，长年累月地消耗你的幸福感。假如你性格较为脆弱，对父母痛苦的过度共情可能会让你产生一种感同身受的蚀骨之痛，这模糊了你与父母的界限。

这种情况一旦形成固定模式，就会导致一种自我沉默——为了避免亲子之间的冲突，维持家庭内的和谐，你会内化自己的情绪。这种模式一般形成于童年中期，并一直持续到青少年期和成年期，让你很容易受到错误观念的影响，认为自己应该对他人的麻烦、人际关系中的问题负责，这种错误观念会伴随你一生，让你始终搞不清楚状况，弄得你疲惫不堪。

长期的内疚、羞耻和过盛的同理心会汇成一股强大的内心压力，让你四面受敌，而这种比外界压力还难以抵抗的恐怖力量有多种表现形式——抑制性焦虑、完美主义、严苛的自我批评、习惯性地想要获得认可、强迫症或者成瘾症。可怕的是，你不但会受到这些力量的控制，还有可能将其用来控制他人，从而管理自己长期压抑的内心状态。

做你喜欢做的事，做你必须做的事

处于幼儿期时，你开始受两种强大的激励系统的影响，而这两种激励系统在很大程度上决定了你的行为。

自主性是这两种激励系统发挥最佳功能的关键。

内在动机：你做某事，是因为你认为这件事本身就让你既感兴趣又觉得愉悦。

"胡萝卜加大棒"：通过奖励或惩罚来给予你激励。

内在动机堪称激励系统中的"劳斯莱斯"。假如你做某事不为别的，只是因为你觉得这件事很有趣，或者只是因为你乐在其中，那么这就是一种自主性的锻炼。然而，一旦有任何力量意图控制或改变你正在做的事情，你的自主性就会遭到破坏，锻炼也将功亏一篑，你会遭受巨大的损失。这是因为内在动机会优化你在生活各个领域的表现和成就，比如鼓励你在学校好好表现，激励你在工作中锐意进取。你的内在动机会促使你更高效地学习并掌握新知识，全身心地投入任务。内在动机是创造力、愉悦感、幸福感和强烈自我意识形成的关键。内在激励的状态是一种最佳的人类体验形式，更是你在人生每个阶段的乐趣与活力的主要来源。

但人生不可能事事如意，生活更不可能样样顺心，至少你得熬过开头。为了自己的安全和幸福，你不得不做一些事情；为了适应群体生活，特别是适应首个群体，也就是你的原生家庭，你不得不遵守一些规则。这就是第二个激励系统"胡萝卜加大棒"出现的原因。"胡萝卜加大棒"指你会受到外部刺激的驱动——你期待自己能获得奖励，或者想要逃脱惩罚、维持特权和压制反对。其中，体罚是最无效的"大棒"。

为什么体罚孩子没用

体罚会带来一系列的问题。体罚孩子看似起到了作用，孩子可能会哭着承诺不再做"坏事"，但他们的自制力正处于最弱的时候，在他们认识到可能出现的后果之前，任何诱惑、愤怒或者抵触心理都有可能引发不当行为。

而且，体罚会让孩子滋生出对父母的怨恨、恐惧和愤怒，所以孩子更不可能内化父母试图灌输的价值观。相反，他们有可能会将父母的攻击行为内化为自己的侵略行为，转而去欺负别的孩子、反抗父母、大闹学校，同时会导致长期的低自尊。

虽然体罚可能会起到立竿见影的效果，但这种病态的使孩子顺从的方式会严重损害孩子的自主性和自我意识的发展。无论是被打还是被粗暴对待，都是一种身体自主权的严重丧失。

"但是像打屁股这种轻微的体罚应该不会造成太大的伤害吧？"你可能会这么问。问题在于，父母可能认为这只是轻度惩罚，但当他们陷入极度的愤怒或者压力时，原本的轻度惩罚就会失去控制。

"胡萝卜加大棒"管用吗

除了体罚，外部刺激往往是强有力的激励方式。然而，"胡萝卜"同样"暗藏杀机"。一旦有外部刺激介入的可能，内在动机的生命力和创造力都将被大大削弱，甚至被摧毁得荡然无存。

一旦外部刺激介入，你将受到外力的驱动，失去对内心自主的控制权。现在的你受到了外部刺激的控制，变得意兴阑珊，丧失了原本对活动的兴趣，你的自主性便被扼杀了。而缺乏自主，内在动机就会崩溃。你就会自动地从关注过程转变为关注结果，变得目光狭隘、急于求成——只想快点儿完成任务，拿到奖励走人。由于眼界变窄，你很难横向思考并打破固定思维，从而难以创新和发挥创造力。

想要成为一个独立自主的人，关键是要拥有自我激励的能力，行事既要符合自我意愿，也要符合自然规律，能够言出必行，对所承诺之事积极采取行动。基于这种承诺，无论是在学校里、运动时还是工作中，你都会积极地参与各种活动与项目，从而拥有高质量的表现。曾经一度由外力驱使向前的你，已经焕然一新，不仅能够自己做决策，还懂得自我调节。当真正掌握自主权的那一天，你也为能力的提升奠定了基础。

控制型父母与脚手架型父母

在幼儿期，你开始学习如何成为一个有能力的人，为适应社会做好准备。想要做到这一点，你在很大程度上都依赖于你的父母。当父母试图帮助孩子学习某些东西时，他们会展现出两种截然不同的教育方式——控制型和脚手架型，其区别在于对自主的尊重程度不同。

控制型父母

控制型父母的教育方式往往伴随着对孩子各方面的"入侵"。

但这并不包括父母对你下达的正当要求、指示和警告，孩子非常擅长区分这些信号。控制是一种更具破坏性的入侵，父母引导你、控制你，无情地忽视你的意志和选择，扰乱你学习的自然流程。假如你有一个控制型的母亲，那么她对你说的很多话都是为了让你服从①。她会经常打断你的话，将她的理解强加于你的经历之上。她总是对你做事的方式挑三拣四。你犯了个错，她就大惊小怪。每当你嗅到失败的气息时，一种紧张感都会涌上心头，扰乱你的步伐，让你逐渐学会敷衍了事。控制型父母的教育会对孩子在各个方面的能力、动机造成破坏，从而产生适得其反的效果。一般来说，一个母亲的控制欲，与其说是对孩子需求的回应，不如说是对自己需求的回应。

在大部分情况下，基于这样一种信念，母亲会采用控制型的教育方式——她认为自己必须帮助你获得成功，必须介入你所做的事情。在母亲的眼中，你的每一次成败都是对她自身价值的评判——她是一个能干的母亲，还是一个无能的母亲？她是一个好家长，还是一个坏家长？当她的自尊受到威胁时，不管是插手你的事还是对你施加控制，她所做的一切努力都是为了维护她那可怜的自尊心。其中的矛盾之处在于母亲现在将注意力转移到了自己身上，既不怎么关心你，也不怎么关心你手头上的任务，所以她更不可能得偿所愿了。当母亲发现你忙着完成任务，或者她觉

---

① 这一领域的大多研究对象都涉及母亲和孩子，这反映出母亲最有可能是孩子日常的主要监护人这一事实。

察到你被其他成年人监督时，她会加强对你的控制，也更有可能介入你的学习，声称要对你指导一番。因此你可能会这样描述母亲："她总是告诉我该做什么，而不是鼓励我自己拿主意。"这种相处模式给你们俩都造成了很大的压力。

脚手架型父母

假如母亲采用脚手架型的教育方式，那么她会尽量降低自己"入侵"的欲望。她会鼓励你自己做出选择，鼓励你去尽情尝试。她会对你的需求和偏好更为熟悉，允许自己被你引领着走。这种母亲通常采用的沟通方式与控制型母亲不同。当你和她谈心的时候，她会耐心地倾听，不打断你的发言。你遇到困难向她寻求帮助时，她会提供对你有帮助的信息，或者提出建设性的意见。

这种母亲往往会问你一些具有开放性、启发性的问题："你觉得怎么样？""我能帮你什么忙吗？"她认可你的观点，能够站在你的视角看问题，表扬你的行为。但一般情况下，她仅会在知道你已经付出了努力，并完美达成了目标的情况下给出表扬。无论如何，你们之间的互动总是在轻松积极、相互成就的氛围之中进行。

当你步入幼儿期后，脚手架型父母的教育方式能够提高你的深度学习能力。研究表明，压力会降低孩子的学习质量。在一项研究中，一群学龄期孩子被要求阅读某本书中的一段话。他们被分为压力组和轻松组。测试之前，研究人员要求压力组的孩子回忆自己读过的内容，并回答相关问题。而轻松组的孩子并未收到任何要求。在随后的测试中，两组孩子回忆出的内容相差无几，只是轻松组的孩子对这种概念化的学习表现出了更为透彻的理解，他们能够深度理解所读内容的要点。几周后，轻松组的孩子记住的信息要多于压力组的孩子。这说明了在"你得好好表现"的压力之下，你只会着眼于学习内容的一些细枝末节——这反倒损害了你深入思考的能力。我想强调一下，这种在人生早期接收信息的经验，很有可能会塑造你今时今日的生活。

第八章

幼儿期：自主的馈赠

即使步入幼儿期，依恋仍是一件半成品。回想婴儿期，你的依恋任务是发展安全的亲密关系，你不仅要对自己有基本的信心，还要至少发展一位基本信任对象。因此，你在幼儿期的依恋任务就是运用亲密关系去发展一种安全的自主，从而赋予你树立信心、自力更生、探索未知、应对挑战、居安思危、防患未然的能力。亲子依恋关系为你提供了学习的场所，亲子依恋类型也决定了你自主发展的质量和为人处世的能力。

自主性不仅仅是对外界的探索，到 3 岁时，你也要开始探索自己的内心——探索自己的情绪，尤其是消极情绪。作为幼儿，想要做到这一点，你往往需要依赖家长，尤其当你碰到麻烦时，你更需要家长为你排忧解难。对大多数人来说，这个家长很有可能是自己的母亲，因为孩子们通常认为母亲对这种亲子的情感调节更为擅长，也更感兴趣。

为了让自己不被堆积如山的沮丧和不满压垮，你需要母亲的帮助。在母亲的介入下，你的依恋系统收到提示，暂停探索任务，转而寻求亲密和安全的体验。假如这种情况成为一种固定模式，那么自主需求与亲密需求之间形成的最佳动态平衡就会遭到破坏，进而影响个人能力的发展。

假如你与母亲建立了安全型依恋关系，那么你就会充满热情、全身心地投入游戏，并且能够保持长时间的专注。[①]

假如你与母亲建立了回避型依恋关系，那么你们之间就会缺乏持续性的互动，于是你便学会了独立探索和玩耍。因为缺乏满意的亲子关系，所以你经常利用玩耍来分散自己的注意力，以排遣悲伤和愤怒的情绪。

假如你与母亲建立了焦虑型依恋关系，那么你的探索和玩耍便常常带有一种消极倦怠、漫无目的的特征。你往往会选择那些不需要复杂认知就能进行的活动。你在碰到困难时也更容易轻言放弃。母亲总是过于专注自我需求，从而没能注意到你何时需要帮助，或者对你所做的事情缺乏兴趣。假如她对你的需求做出了回应，那么她的关注点通常放在你的沮丧和痛苦上，而不是鼓励你去解决问题，甚至她会以自己为中心，向你传递负面情绪。她会抱怨你的小题大做，说出这样的话："哦？既然你这么不高兴，那你以后别玩积木了。"她很少鼓励你去探索，而是频繁地对你发

[①] 此处对安全型、回避型和焦虑型依恋的描述都是基于代表性案例，很多孩子和母亲的互动方式其实并没有那么单一。敏感程度、对自主的干扰和拒绝程度是区分安全型依恋和恐惧型依恋的关键。

出警告，约束你的言行举止："你肯定做不了这个，到时候又要叫我帮忙，没看到我这儿正忙着吗？"她对你的回应既没有起到鼓励的作用，也不会提升你的能力，她只是以她的需求为中心，让你把注意力放在她身上。

"危险"的父爱

当你和母亲还在全力应对自主的挑战时，你的父亲寻到了一个合适的时机，在你生命中扮演了一个全新的重要角色。父亲与你在心理上越是接近，他在与你交流时便越是积极热情，你也越是受益良多。

在很多方面，父母与你的互动方式并无分别。和母亲一样，父亲也会疼爱你，参与你的成长，关心并回应你的需求，表扬你的进步，也乐于教你做事的道理。同样，父母都会向你展示充分的合作意愿，他们都会站在你的角度去看待问题，提供与你认知发展水平相当的信息，提出在你接受范围之内的建议，从而对你加以激励。然而，父母的自私自利在某种程度上也有些相似，他们会通过干涉、控制和施压来达到自己的目的，对你的努力冷嘲热讽，对你或冷酷无情、或漠不关心、或疾言厉色、或要打要骂、或冷漠拒绝。

尽管父母有那么多的相似之处，但对比之下，父亲对你造成的影响却与母亲有着微妙的不同，他在你的生命历程中扮演着至关重要的角色，在你的发展道路上发挥着独一无二的作用。其中最重要的是，父亲会和孩子一起玩游戏。研究表明，当不同文化中的父亲和孩子待在一起时，父亲没有去照顾孩子的日常起居，而是和孩子一起玩游戏。和母亲与孩子常玩的那种温柔、安静的文字类游戏不同，父亲总是爱带孩子玩那种吵吵闹闹的激烈游戏，这种游戏更具有挑战性、运动性，也更消耗体力。父亲喜欢直接下达指令，捉弄孩子，鼓励孩子竞争和冒险。[①]

精神分析学家常说，父爱是"危险"的。父亲对爱的表达常常让人捉摸不透，你需要加倍努力，才能理解父爱。当父亲看到孩子做得很好时，父爱就会洋溢在某种说不清道不明的骄傲与喜悦中。父亲似乎觉得，只要在他们在场的安全情况下，你可以放心大胆地做那些母亲可能会觉得过于粗暴和危险的事情，这样你就会觉得很是满足和兴奋。比起母亲，父亲与你的亲子关系好像更难解读，只有在你成年之后，其影响才可能显现出来。

你出生后前 3 年的依恋质量非常重要。假如你想要对自己童年中期和青少年期安全依恋做出最佳预测，便要先充分了解你在 1 岁时对母亲的依恋质量和你在 2 岁时对父亲的依恋质量。

假如父亲对自主表示支持，那么孩子在 4 ~ 8 岁的发展过程中就会取得更大的进步。这表明父亲与孩子之间的关系，是孩子适应从家庭过渡到社会的关键。假如父亲善解人意，能够充当孩子坚实的后盾和学习的榜样，那么孩子便会拥有强大的情感能力。

---

① 父亲总是鼓励儿子要像个男子汉一样。如今，许多父亲也会对性别问题更为关注，对女儿与生俱来的竞争意识表现出更多的支持。

9 岁之前，孩子的自立能力将显示出飞跃式的突破，孩子在阅读和数学方面也会取得更高的成就。

假如父亲对孩子非常了解，能够及时给予孩子帮助和支持，又富有挑战精神，那么在他的鼓励下，孩子就会变得独立自主。这种亲子关系对孩子在校的表现也有着显著影响，尤其是对男孩而言，在 9 岁之前，他的自立能力将取得极大突破。

独立自主还是自我怀疑

你即将走完生命的第二阶段，顺理成章地步入童年时期。现在你可以回答两个更加基础的问题。

- 我是那种有能力应对生活，值得支持和帮助的人吗？
- 我是否能够得到父母和他人的支持和帮助？

假如你能够对这两个问题做出肯定回答，那么恭喜你，你已经拥有了一个灵活安全的自主核心，这将赋予你面对未来挑战所需的自信心和适应力。

假如你的答案是否定的，那么这反映出你内心深处的自我怀疑。

假如你得到的唯一支持是以控制和入侵的状态出现的，那么你会退回到自给自足的孤独状态。或者，你会搞不清楚自己能力的界限，故而虚张声势、咄咄逼人、骄横跋扈、妄自尊大，然而，你总觉得做贼心虚，长期笼罩在噩梦带来的恐惧下，害怕有朝一日会被人拆穿，当众受辱。假如你既面对着被控制和入侵的危机，又受到了过度的保护，那么你可能会陷入身不由己的无力感。

假如有人培养你的自主权，尊重你的行事方式，鼓励你找到自己的人生方向，那么你就奠定了现阶段成长和发展的强大基础。你对自己的决定更有自信，能够掌握主动性、发挥创造力。面临挑战时，你能够发挥自我激励的作用，调动积极情绪。在父母的帮助和支持下，你学会了通过集中注意力、不断地探索和学习来消化自己的负面情绪，即使在心情不好的情况下，你也能坚持下去。你懂得如何把力气花在需要的地方，也学会了如何安全、大胆地采取主动。所有技能都将为你迎接童年中期和青少年期的挑战打下良好的基础。

自主的馈赠

自主就像信任一样，会带给你源源不断的惊喜。自主的益处良多，它能够在你未来的生命历程中提升你的生活质量，改善你的人际关系。

享受好心情。假如你的自主需求得到满足，即使你所处的生活环境艰难，你仍能每天拥有好心情。你在生活中会更加活跃、自尊心更强、身心更加健康、幸福感也更强。你更富有同理心，更加尊重他人的自主权，并会因此拥有更愉快的亲密关系。

体验到内心的自由。你可以无拘无束地思考，是否公开表达的选择权在你手中。你的情绪自控能力得到了显著提升。假如你碍于事后的内疚情绪，或者因害怕遭到他人反对而焦虑不安，在冲动之下放弃了自己原本的想法，那么你做出的回应就不是发自内心的，而是带有强迫性质的。

做事负责且投入。在自我引导下，你的归属感和主人翁意识会更强。一旦做出承诺，你就会合理分配自己的精力，全身心地投入任务。平日里，倦怠感和疏离感掏空了你对工作的热情，但只要你坚信团队的进步离不开你的个人贡献，你就会享受自己的工作。

有效学习。你的学习不仅更加有效，而且更加深入和概念化，你坚持的时间也更长。你的思维更加开放灵活，你解决问题的能力也得到了提升。

破茧成蝶。当你独立自主地行事时，你会付出努力来改变自己。例如，保持身材、戒掉各种瘾、养成良好的习惯，这样你就会变得更有毅力、更加成功。

形成灵活强大的身份意识。你能够豁达大度，随时准备质疑自我，常常自我反省，审时度势，根据自己的现状对人生做出规划。你不但能够融入群体，也懂得如何从中脱颖而出。你成了一个自我探索者，能够更好地制定人生战略，从而对生活主动出击。

回归本真。拥有自主才能回归本真。因为自主意味着内在和外在（自我和行动）的和谐统一。言行一致，才能使行动与真实的感受、信念和价值观保持一致。在某些情况下，你可能人微言轻，不得不掩饰自己的真实想法。但长此以往，你将付出高昂的代价。因为愤怒无处发泄，你会有一种深深的无力感，承受着自我背叛的煎熬，感到问心有愧。

发挥创造力。你不仅会拥有更强的生产力，产出成果的质量也更高，这在艺术、教育、体育、商业、技术等领域都得到了印证。举个例子，假如你是一名运动员，自主会给你带来更好的表现、更强的信心，尤其是在你遭受挫折后，自主也能让你坚持训练，保持积极的心态，精力十足、活力四射。并且，你不太可能表现出抑郁、饮食失调、精力耗竭等与压力相关的症状。你甚至还能长时间坚持运动。

承受群体压力。假如你发现自己在巨大的压力下做出了有悖于初衷的行为，或者你在群体中遭到了人身攻击、排斥或孤立，这时你的自主性越强，你就越能承受这种压力。自主就像道德罗盘的磁芯，能够帮你维持自我定力，让你在承受群体压力时依然心如止水。

拥有强烈的使命感。假如你独立自主，你会觉得自己不仅可以驾驭生活的方方面面，还把握着人生的总体方向。这是因为自主赋予了你生命的意义和目的，打开了你的人生格局。强烈的使命感让你追求某个目标、某种事业、某种信念与使命以及某种精神。

有效处理逆境。在人生历程中，你会面对许多不可避免的损失、挫折和危机，自主就是你的终极防线。心理学家维克托·弗兰克尔（Viktor Frankl）曾说过："生活的艰难困苦可以剥夺人类的一切，但唯独剥夺不了人类最后的一点儿自由，因为人类无论在何种境况下，都能做出自己的选择——选择自己的处世态度，选择自己的行事方式。"

假如你的自主意识薄弱，你会更容易被他人的期望影响，为人处世也总是遵循你所认为的"正常"标准。于是你的人生结构不能有一丝一毫的改动，你无法容忍任何不确定性和模棱两可的结果，常常回避问题，消极应对挑战。这些自我防御的策略并不能让你在自我导向的全新生命历程中茁壮成长。

我们可以在幼儿期学到什么

表 8-1　幼儿期过好人生的原则			
人生阶段	时间表	发展任务或危机	心理学原则
幼儿期	2 岁至 6 岁	独立自主还是自我怀疑？	大胆自信

假如你在幼儿期一切进展顺利，那么在完成第二个发展任务的过程中，你学到的关键心理学原则就是大胆自信。

无论你的自主性有多强或多弱，它都会将你置于特定的发展道路上。但就像在人生各阶段中前进一样，你在发展的任何阶段都可以改变路线。你的身份总是与你和重要之人特定的互动模式紧密相关。只有在一些条件保持不变的情况下，你才会维持原样。假如你的父母对你的自主表示支持，那么你就会走向另一条发展道路。假如你发展出一种安全的自主，那么即使你在童年时期拥有令人不愉快的亲子关系，情况也会出现其他的转机——尤其是在青少年期和成年中期，你都有机会做出改变。

自主和冒险

既然世事无定数，想活出真正的自我，唯一的方法就是万事俱备后去冒一次险。否则，你的生活将被焦虑和自我怀疑左右，你会错失一个接一个的良机，并且，你永远也学不会如何管理自己的生活。

那么，冒险是否会让你感到焦虑不安、脆弱不堪、无处可藏呢？的确如此，但冒险也的确是把你从逃避的孤岛或精神的泥沼中解救出来的唯一方法。否则，用自主做抵押，换来一块远离失望与批评的荒地，就值得了吗？人生最大的遗憾并不是事与愿违，而是痛失良机、追悔莫及。

迈出第一步。向你信任之人敞开心扉，特别是那些乐于助人的朋友，或者预约几次心理咨询。你是否会陷入焦虑？答案是肯定的，借用一句俗语："感受恐惧，然后大胆去做吧。"极度的焦虑终将消解，压抑的渴望即将喷涌而出。有时你会忍不住啜泣，但大多时候，你会感到如释重负。

抵制他人的控制。有时你会受到自己所依赖之人的控制，他们会利用反对或强迫的方式来驳斥你的观点或者阻止你表达自己的感受。当你与控制型父母相处时，你会被他们的规则弄得束手束脚。当你试图打破规则时，他们会用拒绝或排斥来威胁你。作为幼儿，你对改变规则几乎束手无策，但步入成年，只要学会了"如果……那么……"的法则，你就有了改变规则的能力。

在每一段关系中，你都可以运用"如果……那么……"的4步法则。

- 如果我做了 ×× （A）。
- 他们会做出 ×× 反应（B）。
- 然后你会感到 ×× （C）。
- 于是你就会做出 ×× （D）。

举个例子，假如你说了一些让他们不高兴的话，他们就会做出生气的反应，然后你就会感到焦虑或者自我怀疑，于是你就会试图收回刚才的话——你正在被他们的愤怒和你对认可的需求控制。你不能改变A，除非你放弃自主权，你也不能改变B，同样，你对C也无能为力，但是你可以改变D——你可以做出抵抗，坚持自己的立场。这取决于在对方激烈的反应下，你是心如止水，还是因为害怕失去认可而备感焦虑。

一个控制序列就像一支精心编排的舞蹈，但探戈也得要两人配合才能跳得成。所以行动起来吧，精进自己的能力，学会郑重地表达不同意见，心平气和地抵制他人的控制，自信地维护自己的观点。无所畏惧才能有所突破。（此处的前提是没有危险因素，假如你的家人有暴力倾向或者曾虐待你，那么你需要做的是向外界寻求帮助。）

当你备感压力或自我怀疑时，想象一下那个真心关爱你、把你放在心上的人。这个简单的心理行动会立刻生效——你的积极性会增强、注意力更加集中，你能够坚持不懈地解决面临的问题。

尊重他人的自主。就像信任他人一样，尊重他人的自主也有一种魔力。你越是敏感地回应他人的自主需求，你就越能适应自己的自主需求。接受那些依赖者的挑战吧，这样他们就可以自由大胆地表达不同意见，对你敞开心扉。青少年常常抱怨父母不愿倾听，总是自以为是地给出建议。父母应该用心倾听青少年诉说自己的经历，同时从中获取有用的信息，帮助他们进行自我反思、培养道德意识，尝试问一些开放性的问题，允许他们做出符合自己发展阶段的决定。即使孩子做得不好，父母也要试着给出一些不带批评色彩的反馈。

最重要的是，别把孩子的反对放在心上。父母要把反对看作一场自己与孩子之间关于各领域影响力的竞争，竞争无可避免，但要合情合理，否则孩子将永远学不会自己做决定，难以形成自己的价值观。假如父母震惊于孩子居然开始反抗自己，并把这种反抗当成是对自己的排斥，对自己珍视之物的厌弃，这就不对了。父母应该耐心地听听孩子的理由，告诉他们："能不能不要这么想我，我正在努力做出改变。"孩子的反抗对父母而言正是一个大好的机会，父母能够借此检验自己的假设、信念以及价值观。

第九章

童年中期：加入同盟

3~5岁时，随着社交能力和认知能力的大幅提升，你开始在同龄人之间呼朋唤友，并交到了惺惺相惜的知己好友。同时，你也会玩一些更具社会性和组织性的游戏。你开始掌握友谊和归属的真谛。不论是建立"一对一"的友谊关系，还是加入小团体，你都更加得心应手。在这个过程中，你的思维会变得更加复杂、灵活，你会发展出一系列全新的认知、情感和社交能力。

现在，你可以很好地控制自己的情绪、想法和行为，做出有效而理智的行动。你可以与同伴一起制订计划、执行计划，但因你初出茅庐、资历尚浅，所以大多时候，你都是在碰运气。你会更多地认识自我，也会更好地控制自我。你学会拿自己和别人比较。随着想象力的发展，你的"超我"意识会让你的"自我"意识渐渐放大，在这段生命历程里，你往往会遇到一个比你更强大、更美丽、更擅长运动的人，或者说，这个角色过着比你更加精彩的生活。

你是否已经准备好过校园生活了？这取决于你的情感和社交能力的发展以及认知能力的提升是否足够。假如你能够培养好自己的情感和社交能力，那么不论是在幼儿园还是在往后的大学里，你都会好好学习、天天向上；同时，你能够很好地完成学校要求和日常任务，和老师、同学相处融洽，取得优异的学业成绩。

5～7岁时，你会表现出飞速的进步。7岁时，你会进入童年中期，尽情地驰骋在这片宽广宁静的平原上。

对大多数孩子和他们的父母而言，童年中期是人生的黄金时期。对于过去的人们而言，童年中期是"与世隔绝的"，但是现在随着科技发展的日新月异，你可以看电视了，如果情况允许，你还可以使用智能手机或者互联网。因此，不同于以往，你在童年阶段有更多的机会与外界交流。10岁时，许多孩子已经在幻想自己成为家喻户晓的名人了。

在童年阶段，随着成长，你身上会出现一种埃里克森所说的"勤奋感"。这个术语反映了童年阶段的特征，虽然孩子们总是忙得热火朝天，但他们只要能体会到自己的价值感，就会满心欢喜。

尽管成年生活对你而言，仍是遥远而模糊的未来，但你已经扮演起了学徒的角色，把自己当作半个成年人了。你喜欢和有见识、有经验的人待在一起。你会去了解他们、模仿他们。最重要的是，你想亲自动手做些什么，而且想做得尽善尽美。假如在户外，你就会利用一些木片和碎石来搭建一些精美的小房子。假如在室内，你就会用玩具创造出一个属于自己的小小宇宙。当你审视自己的"工作"时，你会油然生出一种自豪感和前所未有的满足感。等你再成熟些，你开始喜欢玩一些讲究策略、规则复杂的游戏，这时你不仅可以自己玩，还可以加入或组建一个群体。

你开始明白，你的情绪反应不仅源于事件本身，也关乎事件是被如何解读的。即使针对同一件事，人们也会产生不同的情绪反应。你开始意识到，自己会同时经历不同的情绪，所以高兴、悲伤、生气和紧张这些情绪可以同时出现在你的身上。你开始区分自己的情感，如哪种才是你的真情实意，哪种只是你的虚假表演。如果父母介入你和兄弟姐妹的争执，你可能会利用假哭来博得同情。但这也表示你越来越善于从他人的角度看待问题了。简而言之，你如今已经准备好加入一个"同盟"了。

同伴与朋友

"同盟"分为两类：同伴与朋友。同伴通常由年龄和性别所定义，是指那些你认为的"同类人"。而朋友则属于同伴的一个分支，指的是那些与你有着特殊的共同爱好与亲密关系的对象。

同伴与朋友在许多方面往往大同小异，两者都会给你一些金玉良言。对那些父母平时视如敝屣、严令禁止之事，他们都能娓娓道来。不仅如此，与这两者交往时，你将提升思维能力、社交能力，培养自己表达情绪和管理情绪的能力。你也需要与他们相互磨合，培养亲密关系、确定感情地位——每段重要关系都会存在这两种基本维度。

除了最为短暂的接触，在所有社交活动中，你的大脑都会自动监视两个因素：亲密和地位。对方与你的交流互动是否意在建立亲密关系，传达出诸如喜欢、理解、赞赏的信号，缩短了你们之间的情感距离？还是恰恰相反，对方想要把你推开？同时，你的大脑还在监视着这段关系中对方与你的交流互动是否传达出平等、尊重的态度，还是恰恰相反，对方显得蔑视不敬，凌驾于你之上。这段关系的价值越高，你的大脑对亲密和地位的监视就会越警觉。你做出的每一个判断都会立刻引发一系列的积极互动或者消极互动。过于频繁地做出判断会伤及亲密关系的质量。

　　在正常情况下，假如一切进展顺利，我们通常会给予他人信任。然而，假如你一而再、再而三地经历紧张的互动或失望的互动，积极行为与消极行为的比率降至3∶1以下，你的消极情绪便会加剧，你甚至会将一些本来难以界定的行为也列入消极行为。

　　一段友谊中，尤其是女性之间的友谊中，比起地位，你更重视亲密。你总是聚精会神地监视着亲密关系是否生变，两人是否有任何疏远的迹象，任何风吹草动都逃不过你的眼睛。对一段友谊中情感温度的变化，你心里一清二楚，比如朋友对你一旦变得些许冷淡，你就会立刻察觉到这种变化。但相处时，你们从不轻易显露彼此间的地位之争，只有在竞争加剧时，你们才会剑拔弩张。

　　然而，在同伴群体中，尽管亲密依旧重要，但每个人都更重视自己的地位。亲密的衡量标准是你在群体中是否拥有固定的位置、强烈的归属感。而地位的衡量标准则基于群体对你的看法，你是否受欢迎、受认可。同辈群体的社交意味着更强的较量和竞争。你会抓着互惠互利这个点不放。你会帮对方一些忙，但你也希望有朝一日能够获得回报。从严格的"交换恩惠"到大方的"互谅互让"的变化是信任不断加强的标志，表明你正在投资一段长期的亲密关系。在你成年并建立恋爱关系后，这一过程将变得至关重要。最关键的是，只有和知心好友在一起，你才能理解并学到互惠互利、相互依赖、相互影响和相互支持究竟有多么重要。这4个相互关联的因素一同构成了友谊的"深层结构"。

同类与异类

你在同伴那里学到的社交技能与你在朋友那里得到的收获不同。可以这么说，你从同伴那里学到的是群体技能，你将学到：如何解读社交信号并做出得体回应；如何融入新群体，学习其中的规则和暗号；如何避免社交尴尬；如何把握开玩笑的尺度；如何与人合作；如何坚定自己的立场；如何最好地发挥影响力；理解盟友的重要性和结盟的艺术。

随着社交网络的扩大，你学会了适应不同的群体规范、游走于不同的群体之中。你会发现有些想法应该秘而不宣，而有些想法应该分享出来，有些想法可以在家里说，有些想法可不能宣扬，管住自己的嘴不是件容易事。当你步入童年中期，你开始尝试在不同群体中展示不同的身份，这会对你找到自我身份起关键作用。

在同伴这一群体中，人们找到了自己的归属感，可以说，社交的本质就是找到同类，但同时，你也会对外来群体产生下意识的警惕，判断哪些人属于异类，非同道中人。在生命的每个阶段，根据实际情况和心理需求，我们都会出于本能，使自己融入"同类群体"。

假如某人与你有任何相似之处——性别相同、年龄相仿，或是来自同样的国家、省份、城市、乡镇，或是支持同个运动队，或是与你利益相关，或是与你遭受了同种委屈，你就会想要结交此人，或者默默在心里把他归为同类。只要你与他有一丝相似，你就有可能产生"抱团"的想法。举个例子，当乘客在机场发现航班延误，同航班的乘客就会放大自己身上所有有别于其他航班的乘客的细节，因为群体标准越来越严格，群体歧视也就越来越严重，他们可能会无条件地支持与自己同航班的乘客，也可能会无理由地讨厌其他航班的乘客。

诚然，在群体之内，你会拥有安全感，群体成员彼此团结一心，互帮互助，互相安慰。但问题在于，你常常会对群体之外的人抱有敌意。

男孩与女孩

在幼儿期和童年中期，儿童对同性别儿童的吸引和对异性别儿童的排斥比较明显。比如，从 2 岁开始，女孩就很喜欢和其他的女孩待在一起，到 5 岁时，这种偏爱愈发强烈。

到了上幼儿园的时候，超过 80% 的孩子会花上与异性朋友相处多 3 倍的时间和同性朋友待在一起。到 6 岁时，这个比例变为 11 ：1。即使没有同性朋友相伴，孩子们缺失了这种安全保障，他们也很少会冒险进入性别混合的群体。11 岁时，这种严格的性别疏离才会有所改变。

男孩和女孩之间的彼此疏离常常让人一头雾水，没有任何证据表明，父母或老师曾教育过他们需彼此回避，甚至长辈鼓励他们一起玩耍，他们依然会回避对方。因此，这种疏离有可能是一种避免过早产生性关系的生理方式，有可能是男孩和女孩对于性别化行为的一种学习与实践，也有可能只是反映了他们爱好不同这个事实。①

女孩不仅讨厌男孩的粗暴行为，也不喜欢男孩总要去追求支配地位。我们很快就会看到，女孩成功地互相影响并获得支配地位的方式并不适用于男孩。并且，当男孩与女孩共同争夺有价值的资源时，女孩往往会落败。

根据社会科学家的观察，虽然性别疏离的程度因文化差异而不同，但显然所有文化中都存在这种内群体和外群体的性别疏离。唯一的例外存在于因孩子数量不足，无法产生性别偏好的地区，在这种情况下，任何可接触的对象都可能成为孩子的玩伴。只要男孩或女孩形成自己的社会群体，他们就会巩固自己的群体，从而产生一种独特的群体文化。

---

① 在对男孩与女孩行为的观察中，无论是个体差异还是群体差异，都只能反映出行为程度的不同。大多数男孩和女孩倾向于集中在性别光谱的两个极端，但也有不少例外，性别化行为终归是一种概率问题。

男孩的文化

男孩会因为想要让另一方让步或退出，而制造出一种压迫式的互动风格，他们缩短了互动时间，或者完全破坏了互动。男孩的首要动机就是维护自己的身份和地位，他们不能示弱，不能"低人一等"，不允许有任何因素威胁自己捍卫的想法和领域。然而，尽管如此，男孩还是会享受彼此的陪伴，在团队中好好表现，高效地完成团队工作。比起女孩，男孩的朋友圈和同伴群体更为统一。男孩可能更容易在同伴群体中找到自己的朋友。

女孩的文化

女孩会与自己的两三个闺密组成小团体。她们会在更加狭小、更加私密的领域内玩耍，她们的游戏充满着活跃的气氛，但并不粗暴。她们更喜欢一对一的互动。她们希望维持亲密关系、寻求相互依赖。她们常常使用"我们"或"让我们"这种词语来表示团结和平等。与男孩相比，她们提出的意见更多、对彼此的认同也更多。为了让互动持续下去，她们会展现出相互帮助的互动风格，从而拉近彼此的距离。

女孩会试图影响彼此，但更多靠的是说服，而非强迫。她们很少向对方直接下达命令，因为这种行为可能会招来指责，让别人对她们形成"专横跋扈"的印象。当一个女孩对另一个女孩怀有敌意时，她往往不会直接攻击对方，而可能会在背后讲对方坏话，企图孤立对方。

无论是在男孩群体当中，还是在女孩群体当中，地位最高的孩子往往掌握了话语权、领导权、管理权和决策权。在男孩群体中，地位最高的孩子往往处于其他男孩不可及的顶端，而在女孩群体中，女孩们往往会众星捧月地簇拥着地位最高的孩子，赋予她至高无上的影响力，同时，这个孩子还拥有群体中最多的"好朋友"。

作为女孩群体中最被信赖的对象，阿尔法女孩 [①] 常常为大家指点迷津。而对于群体中的其他女孩而言，她们需要依附阿尔法女孩才能在群体里争得一席之地，所以她们需要与阿尔法女孩增进联系、培养感情。然而这种情感和社交亲密感太过微妙，令人捉摸不透，所以女孩群体的结构并不像男孩群体的结构那般稳定。群体中权力和影响力可以增加，也可以在没有明显外部冲突的情况下减弱，这可能是一些女孩痛苦的来源，也可能是一些女孩幸灾乐祸的原因。对支配地位的追求也让女孩之间的关系比男孩之间更为紧张。

支配地位的代价

研究人员曾在一项实验中观察了一组 4~5 岁的男孩和一组 4~5 岁的女孩，每组孩子只会拿到一个可以播放卡通电影的玩具电视，而且每次只允许一个孩子看电影，这就意味着一个孩子

[①] 许多方面的能力和表现都在同龄男孩之上的女孩。由于这些女孩非常优秀，故人们以希腊文的第一个字母"α"形容她们。——译者注

需要保证其他孩子不和他争抢观看权，他才能看电影。没过多久，男女两组中都出现了一个"阿尔法领袖"，并且他们获得了最长的观看时间。然而，男女两组中阿尔法领袖"称霸"的手段却截然不同。

大多数情况下，男孩会动用武力把对手推开。女孩也会争夺观看权，但她们却只动口不动手，尽管这些女孩想看电影的决心一点儿也不比男孩弱。

此外，又一个有趣的差异出现了。男孩中的阿尔法领袖除了获得更长的观看时间以外，在其他方面与其他男孩并无太大的分别——所有男孩都表现得十分强势，也不怎么听从阿尔法领袖的指挥。相比之下，阿尔法女孩不仅想看卡通电影，还想独揽大权，试图控制其他女孩。因此，男孩组的氛围反倒没有女孩组那么紧张，他们虽然在争夺观看权的时候表现强势，但过后他们的脸上常常洋溢着笑容，群体里也常常爆发出阵阵笑声，总的来说，男孩组看起来拥有更多的乐趣。

那么，为什么会出现这种差异呢？这是因为支配地位的争夺对于女孩来说是个更为焦虑的话题，而男孩群体则对这种竞争习以为常，觉得合情合理。比起区区围绕卡通电影的竞争，踏入社会，男孩和女孩将面对更多、更残酷的竞争，到时女孩可能会痛苦地重新感受这样的争夺。

差异化的行为方式

对于男女行为差异的根源，至今仍然众说纷纭，反倒是诸如个人性格、"阳刚之气"或"阴柔之气"的刻板印象等与男女行为差异无关的因素更加深入人心。

生物学理论下的性别化行为。人类在行为和偏好上的性别差异可能反映出以人脑为基础的差异，人类为了生存下来，必须适应环境并进化，于是两种性别的人各司其职。男性的首要任务就是寻找并捍卫自己的领土；与其他男性竞争配偶，与其他群体争夺稀缺资源。男性会组成自己的群体进行狩猎和战斗，他们会建立等级体系以提高群体效率、防御侵略和竞争，并在紧张的局势下维持秩序。女性的首要任务就是待在群体中生育和抚养孩子，促进亲密的合作关系的形成，让大家相互团结、相互依赖、相互支持。

值得注意的是，先天行为并不能表现性别差异，性别差异往往表现为某个特定环境下的行事倾向或偏好——存在很大的个体差异。并非所有女孩都会合作，也并非所有男孩都会竞争。性别光谱的两端往往只有少数人，其余人都处在更加适中的位置。

家庭教育下的性别化行为。在某种程度上，家庭教育会影响性别化行为的差异。有的孩子出生在一个过度强调性别差异的世界里。从出生的那一刻起，社会观念就在暗示他，女孩的世界是粉色的，男孩的世界是蓝色的。这些强大的文化线索潜移默化地影响了父母与孩子的社交互动，尽管从某种程度上讲，这种情况因不同文化和家庭而异，且并非所有研究都支持父母会影响孩子的性别社会化这一观点。

一般来说，在日常互动中，大多数母亲都能够做到对孩子一视同仁。父亲则会对女儿和儿子差别对待，比起女儿来说，儿子更加好斗，总是受到父亲的严厉管教。母亲则不同，她们不会因为儿子淘气的行为而改变自己的态度。假如男孩在年幼时受到母亲过度的控制，那么他们在成年后就会对女性滋生出一种怨恨。

当孩子步入童年中期时，父母的行为也会随之改变。母亲开始像对待其他女性那样与女儿进行互动，母女关系变得更加亲密。渐渐地，父亲也开始像对待其他男性那样与儿子相处，他们会进行友好的竞争，也会常常彼此打趣。父子俩喜欢一起做一些"男子汉"爱做的事情，比如运动、看体育比赛，但随着女孩也越来越积极地参与运动，情况发生了变化。

先天习性和后天培养有着复杂的联系，目前我们还不清楚，父母究竟是导致性别化行为的主要原因还是影响因素。

环境作用下的性别化行为。有一致的证据表明，男孩通常比女孩更有竞争力。但也有越来越多的证据表明，性别化行为的差异，比如冒险、谈判和竞争意愿，都会被当时环境的细微暗示影响。当这些暗示发生改变时，性别化行为的差异就会缩小，甚至消失。

发号施令和听取建议

女孩们大多会礼貌地给其他女孩提出建议，而男孩们则喜欢直接发号施令。大部分女孩都能听取男孩的建议，但男孩往往只会听取男孩的建议。这种差异会在孩子 3 ~ 5 岁时不断加剧。在男女混合的群体中，男孩"能做出大多数群体决定"的能力愈发精进。甚至在女孩直接下达命令时，男孩也不予理睬。比如两个蹒跚学步的男孩或两个蹒跚学步的女孩争夺一个玩具，只要玩具的主人下令，争夺玩具的其中一个孩子就会停止拉扯另一个孩子怀里的玩具。当争夺的对象变成一个男孩和一个女孩时，争夺玩具的女孩听到男孩的命令就会放手，但抢玩具的男孩却不会听从女孩的命令放手。这一切都发生在 3 岁前。

在今后的生活中，你会看到这种性别差异是如何发生的。男孩所经历的每一次竞争都能帮助他们离自己想达到的位置更近一步。男性还试图在家务方面做得更少，这往往是造成家庭关系长期紧张的根源。女性受够了没完没了的争吵，最终只好自己做完了所有家务。

无论出于何种原因，在如何玩游戏、如何进行社交活动方面，大多数男孩和女孩都表现出不同的偏好，而且更喜欢跟自己同性的朋友一起行动。

为什么说友谊和归属很重要

可以这么说，你与朋友和同伴的相处时间将占据童年中期的大部分时间，你们之间的关系质量将会对你的快乐和幸福产生重大影响。当被问及有哪些事情让孩子们每天感到有压力时，他们常常说起自己被朋友和同伴取笑、没有好朋友、被同伴孤立等有关友谊和归属的问题。假如孩子受到同伴的排挤，那么他们的皮质醇水平（压力状态）将明显高于那些更受欢迎的孩子，并且皮质醇水平的上升也并不符合正常的节奏——早上升高，在接下来一天中逐渐下降。一整天下来，他们的皮质醇水平都会处于较高的状态，这扰乱了正常的压力调节模式。这种破坏会削弱他们的免疫系统，干扰他们的学习和记忆。

假如你没有什么亲密的朋友，或者连朋友都没有，那么遭到同伴的排挤会对你造成更大的影响。你会更容易陷入孤独、焦虑和沮丧的情绪中。你更有可能会行为失常，试图逃避上学。

假如你比较内向，待在自己的小天地里就很满足，那么你还能稍稍适应同伴排挤带来的孤独和压力。假如你天生善于交际，性格外向，那么你会发自内心地渴望同伴的陪伴，难以忍受孤独的感觉，会想要排解这种寂寞，舒缓自己内心的不安。

第十章

童年中期：为未来铺好路

当你步入童年中期，虽然你待在学校、花在游戏上的时间越来越多，相伴父母的时间越来越少，但父母仍是你的安全基地。你就像一个战士，经历一天的战斗后回营，在精疲力竭的情况下投入父母的怀抱，补充能量、养精蓄锐。因此，无论是家里发生的事情，还是你与父母关系的质量，都将在你的情感和社会发展中发挥决定性的作用，并影响你对待朋友和同伴的方式。当然，你依然需要父母随时向你敞开心扉，听你分享每天的故事。母亲会凭借对你的了解，敏锐地察觉到你的情绪不佳，及时地与你沟通："宝贝，你今天怎么这么安静？发生了什么事吗？"接着，你忍不住将一切告诉她，虽然你只是将事情原原本本说了一遍，毫无条理可言，但你知道她会帮你理清脉络，讲明道理。

父母能够帮助你锻炼社交能力，更好地处理你与朋友和同伴之间的分分合合。尤里·布朗芬布伦纳（Urie Bronfenbrenner）曾是研究儿童发展的领军人物，在他漫长的职业生涯结束后，他得出了这样的结论：每个孩子都需要一个或多个成年人和他们共处并对他们进行长期的非理性照顾。简而言之，必须有人为这个孩子变得"疯狂"。

正如第九章所言，在童年中期，你会增强自己的情感能力和认知能力。你开始明白，自己和他人的情绪反应不仅源于事件本身，也关乎事件是如何被解读的。即使在同一个情景里，不同的人也会产生不同的情绪反应。也就是说，你拥有了站在他人视角看问题的能力。

你的情绪教练

在你的情绪发展中，你的父母扮演着非常重要的角色，他们不仅是你处理情绪的榜样，更是你的情绪教练，帮助你解读和应对自己和他人的情绪。往往在你出生前，父母就能够成熟地看待情绪、处理情绪。

一些父母认为自己没有必要去过多地关注情绪，他们避讳甚至反对对任何形式的情绪进行表达。但你明白他们永远会做你坚实的后盾，默默地、坚定地支持你，以免你受到任何伤害。然而，这种沉默其实对你探索自我情绪造成了一定的限制，导致你不仅找不到情绪的根源，也找不到应对情绪的方法。

另一些父母很重视情绪的价值，看重每一次公开的情绪表达。他们不仅关注自己的情绪，也会观察他人的反应。对你而言，重要的是父母对于情绪处理的熟练程度。举个例子，假如你的父母能够得心应手地识别与表达不同情绪，并鼓励你这样做，那么这会为你带来巨大的优势。尤其是当你出现消极反应时，他们将会借此机会拉近与你的距离，教你审视自己正在经历的事件，并帮助你想出建设性的解决方案。他们通过这种方式来支持你的情绪发展，并最终收获成效。

父母提供的训练质量、你处理负面情绪的能力、你与朋友或同伴的关系质量——三者之间存在很大的联系。如果三者处于平衡的状态，那么当你受到带有破坏性负面情绪的潜在控制时，当你感到沮丧、愤怒、悲伤、失望时，你能够更好地调节自己的生理应激反应；你能够安全地控制、调节并安抚自己的情绪，很快冷静下来，集中注意力，专心倾听，清晰思考，并有效地解决冲突。

假如你接受了这种训练，到 8 岁时，你的社交能力将会更强，你会拥有更加深厚的友谊以及融洽的同伴关系，你的身心会更加健康，在学校的表现也会更好。

任何事物都有其最佳平衡点，情绪训练也不例外。假如你获得的情绪指导和支持太少，一旦压力过载，你很有可能会不知所措。假如你获得的情绪指导和支持太多，那么父母对你的过早干预或过度安抚，将会剥夺你学习利用情绪挑战管理自我情绪的机会，并削弱你的自主性。适度的情绪指导和支持是最有效的——父母应该采取一种冷静的移情办法，让你重新恢复平静并对沮丧的情绪做出自我管理，只有在你显然无法自控的情况下，他们才介入。这种方法将帮助你建立自信，增强你的应对能力。

8～11岁时，女孩们开始意识到，来自文化和社会的巨大压力要求她们做"好女孩"，对于她们来说，这意味着她们需要培养一种善良的品格和自我牺牲精神，而这与在亲密关系中坦陈自己的真实想法的愿望往往会产生冲突。而男孩也苦不堪言，外界要求他们吃苦耐劳、坚韧不拔、从不示弱，但他们却渴望在受伤时可以表露自己的脆弱，在逞强时可以倾诉自己有多努力、过程有多不易。

父母教给你的情感能力和社交能力并不是用来应对你与朋友、同伴关系的公式，这种帮助带给你的优势是一种更为全面的社交能力——你更能熟练地处理自己的情绪，更能适应各种社交场合。假如父母能够敏锐地觉察到你所经历的"像别人一样"的愿望和"做自己"之间的冲突，并及时提供帮助，你将增强自主性并能较好地迎接即将到来的青少年期，在面对更大的文化和社会压力时也能游刃有余。

"困难型"气质

假如你有着"困难型"气质[①]，容易产生焦虑、担心、内疚、悲伤和愤怒等消极情绪，那么你就更需要情绪指导和支持。你很难集中注意力、容易走神，只有在你真的对某事产生兴趣的时候，

---

① "困难型"气质可能会让你更容易患上多动症，这是一种遗传性极强的神经系统疾病。这种疾病的患者注意力涣散、缺乏耐心，很难分清事情的轻重缓急，难以有效地管理时间。

才会高度集中自己的注意力。在童年中期，这种气质会表现为不同形式，大部分表现为焦虑、为一些鸡毛蒜皮的小事而忧心忡忡，甚至你还可能出现睡眠问题。或者你易怒易暴躁，总是对挫折过度反应，当你出现强烈的情绪并试图控制情绪时，你的大脑就会飞速运转。

多动症可能不是由基因突变引起的，一些科学家和作家认为，多动症表现出的症候与人类进入农耕社会前，原始狩猎社会的游牧猎人遗留下来的生存技能相关。在游牧民族以及频繁经历环境变动的人群中，人们发现一种与多动症相关的基因变异[①]。据推测，拥有多动症的超聚焦[②]能力，以及追求更好机会的特质，会赋予你"猎人"的优势，让你四处寻找最佳"猎物"。然而一旦脱离特定情况或特殊背景，拥有这些能力却并不能让你很好地适应高度结构化和受规则驱动的环境。

举个例子，假如你拥有高度专注的能力，那么你能够临危受命，甚至一气呵成地完成任务。你做事全神贯注，几乎废寝忘食，不惜忽略了自己的其他需求。但假如你经常高度集中，那么你的健康、人际关系都将受到影响。

也许拥有这种特别的能力也能带给你其他的优势。负面情绪

---

① 《多动症商业猎人》的作者汤姆·哈特曼（Thom Hartmann）是一名美国电台主持人，曾成功创立多家企业，也曾是一名多动症患者。他将多动症和企业家特质相结合提出了一种假说，叫作"多动症猎人假说"，意思是多动症患者携带了远古时代猎人的基因，此假说为看待多动症患者提供了一种独特的视角。——译者注
② 多动症患者很难专注于无聊的日常任务，但可以极度专注于他们感兴趣的活动。实际上，当执行对他们来说很有趣的任务时，他们会兴致勃勃地投入其中，这一现象被称为超聚焦。——译者注

的出现是为了昭告危险或威胁的来临，所以可以想象，对于群体来说，那些拥有极端情绪的人就像一个高度敏感的警报系统。他们可能经常会"不告而别"，但他们也是一个家庭或群体中最令人提心吊胆的人。那些伟大的诗人、艺术家和演员并不都是"困难型"气质的人，但他们往往会表现出这种气质。这种气质赋予他们与生俱来的敏感，这种敏感赋予他们艺术创造力，让他们能体察人世间的悲伤与残忍、生命的美丽与脆弱，让他们将对生活的感受融入创作。

尽管如此，这种气质会让你很难处理与朋友和同伴的关系。有时其他孩子会认为你吵闹聒噪、攻击性强、心思复杂，这些负面反馈会让你手足无措。当你交友被拒时，你要么会打退堂鼓，要么会做出愤怒回应。这种态度会让你更难结交朋友，也更难维持友谊或融入同伴群体，也会让你在童年饱尝痛苦与不幸。结果是不仅你自己深受其害，父母也会为你忧心忡忡、担惊受怕。但只要父母能给你情绪指导和支持，你就能更好地处理事情。

依恋关系对交友的影响

你对父母的依恋贯穿你的一生，持续影响着你的自我感觉，以及亲密关系的质量，包括你与同伴和朋友的关系。

安全型依恋

假如你与父母一方建立了安全型依恋关系，那么你就拥有了一个良好的开端。假如你与父母双方都建立了这种关系，那你的开端就更完美了。[①] 无论是对待自己还是对待他人，你的思维模式都牢牢地建立在信任及其相关的一切的基础之上。你在情绪上更加积极，这一点使你像磁铁一样吸引着其他孩子。你希望受到其他孩子的喜爱和善待。但这并不意味着你接近自己不认识的孩子时不会感到紧张，只是意味着你愿意鼓起勇气尝试一下。你能够采取主动，相信自己能够应对任何挑战，假如你遇到困难，你会向父母寻求支持和建议。你愿意与他人合作，能够敏锐地觉察到自己与其他孩子在各自的需求、偏好和意见之间需要达成一种良好的平衡。在面对那些强势的孩子时，你也能更好地承受住他们施加的压力，保持真实的自我。[②]

还有更为具体的原理能够解释安全型依恋和社交能力之间的联系。举个例子，假如你在 3 岁时就和母亲建立了安全型依恋关系，在 4 岁时你提升了自己的语言能力和社交能力，那么到了 7 岁的时候你就会拥有更加亲密的友谊。这是为什么呢？因为在与母亲建立早期的依恋关系时，基于母亲对你的身份、喜好和面对的困难的深刻了解，你们之间的交流是开放流畅、毫无戒心的，这会使你获得高质量友谊的核心——自我表露和坦诚开放的能力。

---

① 众所周知，孩子对父亲的依恋不如对母亲的强烈。但这可能是因为学者们很少做有关孩子 - 父亲的依恋对孩子社会能力影响的研究。
② 虽然社交能力和认知能力是由天生的智力、特殊的才能、学校的质量及其他许多因素塑造而成的，但安全型依恋确实是一个重要的独立因素，无论你的智力水平、所处的社交环境如何，它都能帮你充分发展自己的社交能力和认知能力，甚至使其达到相当高的水平。

恐惧型依恋

与拥有安全型依恋关系的亲子间的开诚布公的亲密对话相比，恐惧型依恋关系中的母亲使用的是一种封闭化、控制化的互动模式。母亲无法接受并容忍你的负面情绪，这意味着你必须自己去弄清事情的原委——没人能帮你分析为什么那个孩子让你心烦意乱，也没人向你解释为什么那个孩子不愿和你一起玩。一次次糟糕的经历摆在那里，你无法独自消化，久而久之，你也就陷入了负面情绪。这些负面情绪会潜移默化地影响你与其他孩子的互动，使你们的关系恶化，尤其对男孩与其朋友、同伴的关系有着极为不利的影响。男孩也需要母亲理解自己，帮助自己处理焦虑、愤怒和悲伤等负面情绪，这样男孩才能与朋友、同伴建立和谐的关系。

在一项研究中，研究人员向一组孩子展示了一系列图片，图片中呈现了模棱两可的社会情境，例如：一个孩子绊倒了另一个孩子，一个孩子用球击中了另一个孩子，一个孩子把果汁泼到另一个孩子身上。每个孩子都被问及他们对图片中所发生的事情的看法。

那些与母亲建立了安全型依恋关系的孩子更倾向于将图片中发生的一切解释为意外，而不是某个孩子有意使坏。

相比之下，那些与母亲建立了恐惧型依恋关系的孩子则更有可能将图片中的行为视为带有明显敌意的故意伤害。这种将敌对动机加在其他孩子身上的倾向源自他们与母亲相处的亲身经历。母亲常常误解他们的意图，认为他们的动机充满敌意。其实这些孩子只是觉得很孤独，想要有人陪伴，然而他们为了获得关注而做出的幼稚努力却往往被母亲解读为故意惹恼大人，这些母亲甚至将孩子称为"麻烦精""自私鬼"。

假如你缺乏安全感，那么你就更难交到朋友。你会在维持信任和自我怀疑中苦苦挣扎。你的自主性和自我意识摇摇欲坠。你害怕自己和朋友走得太近，害怕自己对朋友过于依赖，害怕他们一了解你是什么样的人就会拒绝和你往来。你会因为太过渴望被人喜欢而允许他人予取予求，对自己吹毛求疵。在你爆发愤怒、强迫性地想寻求关注，从而把其他孩子吓退时，你可能也暴露了自己的不安全感。假如你经常看起来不高兴，这可能会让其他孩子感到困扰，从而有意避开你。

假如你缺乏安全感，那么你的情绪、举止通常会更加消极。你给其他孩子留下的印象是"不友好"——他们对难相处、好争论、爱生气、好表现的总称，所以他们很可能会讨厌你，不和你一起玩。你容易和其他孩子发生冲突，当你陷入冲突时，你更难脱身，也更缺乏同理心。雪上加霜的是，就连老师也可能对你做出更多的负面反馈。

假如你与母亲建立了回避型依恋关系，那么相比安全型依恋关系中的孩子，你玩的游戏没有那么复杂，甚至在更为极端的情况下，你只能玩一些几乎无其他人参与的幻想游戏。你会提醒自己不要过于依赖朋友、同伴，更喜欢做一些开放性选择，让其他孩子觉得你捉摸不透。你常常感到自己与人疏离，孤单寂寞。

假如你与母亲建立了焦虑型依恋关系，那么你很容易感到紧张不安。你的情绪更容易失控，你的反应会映射出你的无助和依赖。在校园霸凌中，回避型依恋关系中的孩子更有可能成为施害者，焦虑型依恋关系中的孩子更有可能成为受害者，而安全型依恋关系中的孩子则不太可能参与这类事件。

友谊与归属，或是孤独

在童年中期即将结束时，在你第一次尝试走出家门时，你已经有所改变。假如一切顺利，你会更加自信，在认知、情感和社交方面的能力会有很大的提升。你进一步强化了自己的个性、性格和身份。你有一个稳定可靠的朋友圈，在朋友、同伴中也混得如鱼得水。你经历了一种不同于家庭亲密关系的亲密关系，并从中受益匪浅。你的情绪更加稳定，你能够通过不断地探索、学习来化解负面情绪。你有了一种全新的满足感、自豪感，也获得了一种掌控感。在面对挑战时，你知道自己有能力组织、调动认知和情感资源来解决难题。

你会觉得一切尽在掌握，浑身上下充满了积极向上的冲劲，充满了活力。当你为了实现某个宏大的目标不得不打一场持久战时，你不会气馁，而是暗自下定决心、坚持到底，并享受这个过程，你的变化常常会让父母对你刮目相看。你现在知道该如何寻找值得奋斗的目标，学会了如何安全大胆地采取主动。你站在童年的最后关口，整装待发，做好了充分的心理准备去迎接青少年期。

但对于一些人而言，童年可没有那么顺利。他们的童年可能充斥着压力、父母争吵、家人酗酒等问题。他们早上去学校时，可能就在担心晚上回到家会发生什么可怕的事情。其中一些人还曾遭受过身体虐待，缺失父母的支持，他们只得在毫无心理准备的情况下独自进入同龄人的世界，然而他们最终可能发现，自己依旧被这个世界孤立，形单影只。

他们可能还在挣扎着寻求本该从父母那里获得的亲密和支持，继而拥有自主权。这也使得他们不得不在发展能力上做出让步。他们的自我感觉并不好。当对掌控的需求得不到满足、难以结交朋友、很难在同龄人中找到一席之地时，他们会深感失望，生出一种空虚感，总觉得有什么东西不见了，或者自己缺少了什么。在童年即将结束时，他们会动摇对自己的信任，动不动就埋怨自己，他们会自轻自贱，觉得自己一无是处。面对青少年期，他们虽然没有做好充足的准备，但也未放弃希望。

我们可以在童年中期学到什么

表 10-1　童年中期过好人生的原则			
人生阶段	时间表	发展任务或危机	心理学原则
童年中期	7 岁至 11 岁	积极融入还是形单影只？	慷慨大方

在童年中期，你开始懂得对他人和周遭世界宽容以待，学习结交朋友、与同伴和谐相处。这些积极融入的做法让你终身受益。

也许你在童年中期就学会了如何周旋于朋友和同伴的世界中。但假如你没能学会这种交往方式，并且对此很是担心，那么也无妨。在人生的任何阶段，你都能够学习如何交友，最基础的准则就是，以积极的方式做好准备。

- 准备好发起一场社交互动，或者积极回应"潜在朋友"发出的倡议。

- 做好自我表露的准备。一开始，你可以先简要地介绍自己，但不要暴露过多的个人信息，接着停留一会儿，也给对方一个自我介绍的机会，但不要控制局势。想要发展一段真正的友谊，你必须褪去自己的坚硬外壳，抛开自己的公众形象，展示你更为柔软的内心和真实的情绪，包括你的恐惧和焦虑。

- 做好提供帮助和请求支持的准备。朋友在做重大决定时，你要帮他们理清思路和想法；朋友因为诸事不顺而愤懑之际，你要耐心倾听，适当表示自己的遗憾和同情；朋友情绪低落时，你要知道如何让他们振作起来；你要学会共情，尝试站在朋友的角度看问题；你要学会委婉地提出自己的意见；你要学会运用言语或行动来表达对朋友的感激和关心。同时，既然你帮了朋友这么多忙，你也必须懂得向朋友求助，否则你们友谊的小船将会变得不平衡。

- 做好坚持自我的准备。朋友也是人，有时也会越界。假如他们做了让你生气的事，或者说了难听的话，这时无论是人身攻击还是愤怒指责都无济于事，你必须弄清事情的原委，和他们说清楚，提出建设性的意见。当你倾听他们的解释时，你必须将个人恩怨暂且放在一边，准备好接受与你不同的观点，同时要坚守自己的原则。你得以己度人，换位思考——毕竟你也会有犯了错误需要朋友原谅的时候。

以上只是友谊最基本的结构，友谊和归属的深层结构建立在平等和互惠的基础上。在每一段关系中，当一方比另一方更需要支持时，暂时的不平衡就会出现。但总的来说，你希望得到的是一段对等的友谊——你的付出和回报能成正比。

亲密关系中有很多干扰因素：两人发生误会；好心办了坏事；老是惹恼对方，让对方失望；偶尔嫉妒对方，生出艳羡之心；等等。想要消除这些干扰因素，唯一的也是最好的方法就是宽容大度。当你对待朋友慷慨大方时，对方会觉得你是真心想交朋友，而不是为了牟取私利，从而也会对你慷慨相待，你也会变得乐于助人、热爱合作，这便是互利共赢的良性循环。在这个过程中，你与朋友都提升了自己的身心健康水平。这条绝妙的策略不仅适用于你的友谊，也适用于你的恋爱关系。

第十一章

青少年期：寻求自我同一性

11 岁时，青少年期的强大力量为你的童年画上了句号，随之而来的是生理、心理和情感这 3 个维度的改变。

青少年期总共不到 10 年的时间，虽然跨度不大，但人生议题却不少。在这一阶段，你必须完成中学的学习任务，你必须变得更加独立自主，你必须在全新的同伴群体中搞好人际关系，管理愈发不稳定的情绪，调整好自己的心态，了解一切关于约会和性爱的知识。假如这一切对你接下来的发展还远远不够的话，你会生出一种想要变强大的紧迫感，无论是在家庭、学校还是社会中，能者居上的风气都是你前进的动力。毫无疑问，你在青少年期的经历于你而言十分重要，将直接关系到你在成年期的选择权。虽然这种意识看似对青年人思维的影响微乎其微，但当下社会竞争激烈，面对巨大的竞争压力，你很难置身事外。

现在你迫切地想要获得自主权，乘风破浪。在青少年期，全新的性驱动力是你的生理需求，全新的自主权是你的心理需求，二者不但强度相当，重要性也一致。你能够更加得心应手地行使自主权。你会更加深入地探索自我，你会更加独立地思考行动，你会变得更有可塑性。你的所做所言常常让他人惊诧不已，有时甚至连自己都始料不及。事实上，通过这种方式，你能免于被他人的期望摆布，从而获得自主权。

在经历这些变化的同时，你必须弄清楚一个问题：我要成为什么样的人。这也是你在青少年期的主要发展任务。

创作你的故事——真实的自我

想要跨越童年和成年之间的巨大鸿沟，你在青少年期的首要发展任务就是形成一个更加复杂的新身份（身份认同）。童年时期因年纪尚小，你还不会产生关于身份认同的疑问。但到了现在，你的身份需要经过重新审视和改造，才能满足你在青少年期的需求，因此，你必须回答以下基本问题。

- 我是什么样的人？
- 我要如何完成新我和旧我的融合？
- 我与他人有哪些异同？是什么让我脱颖而出？
- 我真正改变了什么？又有什么没变？
- 我的核心身份体现出了哪些关键品质？
- 我生命的意义从何而来？

- 我梦想中的人生是什么样的?

你的身份是一个连贯的整体，由你的经历、信念、价值观、抱负这些有关自我的不同部分组合而成。埃里克森将其称为人格，它代表着自我意识的一致性和连续性，也代表着做出改变的能力。你会用自己的身份作为内在模板来审视自我的行为:"我这样的行为符合我的身份吗?"身份会引导你的选择和行为，让你履行自己的承诺;会推动你稳步发展，激励你行事符合自我认知，追求自我目标。

> 14 岁时，我真正迎来了自己价值观的首次觉醒，那时我住在寄宿学校，校园霸凌现象频频出现，我虽对此恨之入骨，却不得不保持沉默，因为我害怕自己也会成为霸凌者的目标，害怕大家会讨厌我。但我的坐视不理却与我内心深处的想法背道而驰，我感到无比羞愧。我对自己说:"我不是这种自私的胆小鬼，我也不想成为冷漠的旁观者。"所以，我开始反抗霸凌行为，虽然这让我在学校里一度受到冷遇，但我的自我感觉却变好了，我也变得更坚强了。
>
> ——芭芭拉，54 岁

你会生出一种新的冲动，想要有意识地将自己与父母、兄弟姐妹和朋友、同伴区分开来。这种意识与你在 2 岁时的经历有着惊人的相似之处，这就是为什么青少年期也被称作人的第二童年。

在 2 岁时，你怀着好奇、期待、惴惴不安的心情开启了探索童年世界的旅程，与此同时，你时刻留意着亲子间的亲密关系和安全距离。在童年结束的时候，你会抱着同样的心情，重复相同的步骤，开启探索青春世界的旅程。

在童年时期，你会通过不断的探索、尝试来认识这个世界。你会通过表达拒绝和反对、突破自我极限、考验自己和他人的耐心来维护你初显的自我，这也是你了解事物的运作方式，以及考量你的能力的局限和极限的唯一方式。在青少年期，你会继续这个过程，不同的是，你的意识更为清醒，行为也更加成熟。孩子只会说"不"，而青少年会表现出自己的叛逆、反抗和好辩。即使你仍不确定自己想要什么，但你已经懂得自己不想要什么。你试图摒弃那些堂而皇之的"生活哲学"，做出一些"离经叛道"的举动。

你既渴望出类拔萃，也渴望广交朋友；既渴望在同龄人中占有一席之地，也渴望与家人保持亲密关系，回到家中能享受一丝温暖。那么你必须想出一个解决方案来维持这种平衡。假如你总是尖锐而犀利地陈述自己的观点，那么你很有可能会和对方不断发生摩擦，会被边缘化，会被拒绝和孤立。假如你总是不敢表达自己的观点，那么别人很有可能会理所当然地忽视你，最糟糕的情况是，你会变成一个无趣的人。

身份的过渡绝非易事，你往往要经历一场大混战。你会在新旧自我意识之间摇摆不定。你常常感到自己无依无靠，既看不到成年的目的地，也回不到童年的安全海岸。你偶尔会被笼罩在落后的恐惧下，但这种情绪会鞭策你奋力前进。

假如青少年期一切顺利，那么最终你会受益良多。你将刻画成年的自我模板，找到自己人格的核心。在这个过程中，你会经历强烈的自我认知，有时在纠正自我的过程中，你会生出一种沮丧感，但在多数时候，你会发现生活中处处是惊喜，处处有乐趣。然而，面对发生的一切，你只有模糊的概念，并不明白其中的意义，毕竟归根结底，你还只是个青少年。你只需要知道，在某些关键时刻，你的内心发生了变化，这种变化会推动你在生命历程中乘风破浪。

忙碌的大脑

在青少年期，你的大脑仍在发育。你的前额叶皮质出现了变化，这块大脑区域的工作任务涉及生成动力、寻找新信息、设定目标以及认知控制——基于这些神经生物学的基础，你才能形成自己的身份。

同时，你的认知水平也有了质的飞跃——现在的你不仅拥有可能性思维，还拥有全套的认知手段。你可以在一片前所未有的广阔天地中尽情地质疑、推测、假设、幻想……你可以构建更加复杂的理论框架来诠释爱、人生、道德，当然，还有你自己。如此你便能打破童年中期的思维局限，冲破现实的种种束缚，涉猎更加令人兴奋、更有警示意义的一些领域，思考其中的可能性。

你可以随意抛开对现实的认知，运用可能性思维，做出更多假设。假如你对世界有一番不同的设想，你就会陷入无尽的争论中，这种思考过程让你精疲力竭又兴奋不已。你可以对自己的观点进行反思，出于辩论之故，你甚至可以暂时不顾及自己的利益。假如某个论据说服了你，你可以改变自己的立场。换句话说，你现在正愉快地沉浸在思考世界的游戏中。

当你的思维闪烁着认知的火花时，随之而来的是一种向内的吸引力——你会花更多的时间独自思考，更加注重自我反省，你思考的视角往往转向你内在私密的一面，你的思维也更加抽象。你会更加包容，更加容易接受他人对你的看法，这让你更加现实，但也更为脆弱。

你会越来越以自我为中心。你精心编织了一个美好的幻想：没有琐事缠身，没有各种要求，前方是康庄大道，是锦绣前程。在你美好的幻想中，你大步流星地走向社会，你就是舞台上独一无二的焦点，你的一举一动都备受观众瞩目。因此你不再只是简简单单地走个过场，而是闪亮登场，华丽退场。在青少年期，你第一次能够运用策略，进行一番经过深思熟虑的自我陈述。无论是想象中的观众，还是精心编织的幻想，都是为了使你达到一个真正的目的：开拓一个全新的领域。在这个领域内，你可以尝试新的身份，创作一个属于真实的自我的故事。

不同自我身份的故事

在青少年期，你会形成更加复杂的认知，最终意识到你有许多不同的自我身份。你与母亲在一起时是一个身份，与父亲、兄弟姐妹、朋友、老师在一起时又是另外的身份。正如你私底下的自我不同于你展示给外界的自我一样，你现实的自我也不同于你理想的自我。在青少年期，你得把这些不同的矛盾自我缝合在一起，形成一个稳定而连贯的身份，一个复杂而有差异的"真实的自我"。

诚然，这种自我建设的过程是相当私密的。然而，这也体现出你与重要之人进行社交时对自我的反思、塑造和肯定。虽然这种需要频繁修订的自我建设反复无常，但它拥有坚不可摧的核心。

现在，你不但明白凡事皆有因果，发生在自己身上的事件绝非偶然，还能看到事件之间的前后联系，以及它们的深层含义。

> 我曾与父亲亲密无间，但他在我 7 岁时就去世了。在我心里，我失去的不仅是父亲，还有部分自我：一个拥有父亲的、独一无二的"我"。在父亲走后，这个"我"便销声匿迹了，直到而立之年，它才改头换面，再次与我融为一体。我常常幻想，假如父亲还在，我的成长之路会不会有所不同？我会活出另外一种人生吗？
>
> ——内尔，65 岁

你既对世事颇有一番见解，也明白有一千个读者就有一千个哈姆雷特的道理。回看半生往事，追忆似水年华，在你的人生故事中，你会发现自己每一次的经历和决断都在反复强调某些宏大的主题。因此，你可以塑造自己的人生经历，创作你的传奇小说。

即便与那些古老的人类故事相比，你的人生传奇也能称得上前无古人，后无来者。

你经历的所有改变都让你能够更加详细地描述自我，这是自我构建不可或缺的一部分。

在童年中期，你开始构建属于自己的故事，描绘自己的身份特征，讲述自己的独特品质。到了青少年期，故事情节更加复杂。你第一次能够连贯地讲述自己的人生。现在，通过回顾过去、立足当下、展望未来，你会逐渐发现自己的心路历程，推测自己未来的样子。纵观人生，你可以更加准确地定位各个阶段发生的大事，更好地了解事件的起因和动机，以及这些事件对你和他人产生的影响。你开始意识到，在你的生命里，有一些反复出现的主题，有一些刻骨铭心的转折，珍藏在你的记忆深处，至今仍历历在目。

故事的连载构成了一个稳定的空间，你的经历、你的境遇、你的见识在这里错落有致地分布着。这让你从中获得启示，让你站在另一个角度去理解自己的动机、想法、感受以及行事风格，将你个人和生命的连续性与非连续性合为一体，让一路走来的"旧我"与羽翼未丰的"新我"合二为一。

情绪，情绪！

到了青少年期，你会接连经历高度焦虑、烦躁易怒、极度悲观、无精打采和眼红嫉妒等消极情绪。你会感到自己不堪重负、百无聊赖、焦虑不安、注意力分散。接着你就会尝到积极情绪的甜头，你会心情愉悦，满怀兴趣和热情，全力以赴地应对挑战。你会让事情变得妙趣横生。当你出色地完成一件事时，你会沉浸在骄傲中。在商业浪潮的席卷下，你也被消费热情冲昏了头脑，有时你冲动消费，但很快就会喜新厌旧；有时你情有独钟，总是购买同一款产品。

青少年期对你的自我管理能力和生活组织能力都施加了沉重的压力，同时也会打击你的自尊，降低你的幸福感。你会觉得自己逐渐失去对生活的掌控，讨厌别人对你提要求。你会动不动就觉得难为情、尴尬或孤独。你常常顾此失彼，手头的任务还没完成，就开始做下一件事。对于挫折和失败，你会做出极端的反应。偶尔你会莫名地情绪低落，变得沮丧、悲观。

你的情绪容易波动，你很难冷静、客观地看待问题，一遇到难以预料的事情，你的情绪就会失控。你常常会被一些在成年人看来微不足道的事情搞得心烦意乱。犯了某个愚蠢的错误、和某人相处时的尴尬、说了某些不该说的话，这些事情会威胁到你本就岌岌可危的自我意识。假如你再次搞砸了某件事，那么你将很难调动自己少有的积极情绪使自己坚持下去。若是期望落空，你会生出一种强烈的失望感。你常常感到不知所措。你偶尔会情绪爆发，高调宣布"我受不了了"，这是你对当下感受的有力陈述。到了青少年期的中期，这种消极情绪会达到顶峰，但随着你逐渐游刃有余地待人处事，这种消极情绪就自然而然地减少了。

但你依然拥有属于自己的高光时刻。在情绪高涨时，你会深信自己体会到了他人从未有过的感觉。你见解深刻、信念坚定，但接着，就像冰川在刹那间消融一样，你的内心也在一瞬间崩塌，被某种存在性焦虑①取而代之，你被笼罩在虚无主义的阴影之下，觉得一切都是不确定的。然而，尽管你很容易沮丧，但你更有可能生出愉悦欢欣之感，某些时候，你也会相信世间美好、人间值得。

意识到理想自我和现实自我的差异，意识到理想世界的完美不同于现实世界有瑕疵，你就会生出悲观失望之情。家长和学校的强硬态度更是持续地对你造成刺激。但是，当风暴结束，一切回归平静，或生活本就风平浪静时，你又会害怕自己虚度光阴。尽管如此，对于大多数人而言，这种不稳定的情绪和走钢丝般的戏剧人生并不意味着你不快乐和不适应。

上课、做家务……当你做这些稀松平常的事时，你会感到有些沮丧。你很难集中注意力，也不愿意调动精力。与童年时和成年时的你相比，青少年期的你可能做什么事都心不在焉，总想做点儿特别的事情。成年人做一件事时，在较长的时间内会充满动力和兴趣，而青少年只在较短的时间内如此。

那么在什么地方，你才能找到动力和参与感呢？你可以和朋友出去玩、在学校走廊散步、在咖啡屋里谈心、在公园里欣赏美景。你和你的朋友就像一个地下活动团体，只有远离"专制政权"，和同样受"压迫"的朋友待在一起，你才会真正感到快乐和放松。

---

① 一种因人的自由意识与责任感而产生的消极感觉，简单来说就是因人的能力有限，所以人必然会产生可预期的焦虑和失望。——译者注

·

站在十字路口的女孩

你在童年时期对异性关系和自身压力的处理方式会在青少年期得到强化，从而对你后半生的快乐和幸福造成难以忽视的影响。[①] 对于女孩而言，青少年期的压力会变得特别大。哈佛大学心理学家卡罗尔·吉利根（Carol Gilligan）认为，对于女性而言，青少年期就像十字路口，女孩与女人在此交汇，在这个阶段，女孩会面临"被淹没或消亡"的风险。

在童年中期结束时，女孩能够坦诚直率地说出自己的感受。她们会将自己学到的知识运用到实践中去。但当她们进入青少年期，试图与父母、朋友建立更加成熟的新关系时，她们第一次碰了钉子，陷入两难的境地——如何在亲密关系中既关心他人也照顾自己。而这个问题会在她们刚刚成年时再次出现，始终困扰着她们。是选择做社会所期望的善良、无私、牺牲自我、成全他人的传统女性，还是变得"自私自利"、独善其身（尽管这会危及亲密需求，伤害到自己在乎的人），她们在这两个选择中摇摆不定。

女孩试图通过关心他人来摆脱这种困境，希望有朝一日自己也能得到他人的关心。这些昔日"倔强的抵抗者"，如今也准备好敞开心扉，她们童年晚期的那些无忧无虑的真实感也开始渐渐消散。当她们对自己的情感和经历没有信心，只能通过探索和了解亲密关系中的自我来获得身份认同感时，她们就会产生自我疏离

---

① 正如前面章节所提到的，性别光谱范围广阔，故而每个人的性别化行为程度各不相同，并且还会受到特定环境的影响。举个例子，男孩家庭中唯一的女孩受到环境影响，其说话方式会偏向"男性化"。

感。她们害怕暴露自己真实的一面，也不愿意坦诚相对。这也就造成了更多的冲突和回避。

假如你是女孩，那么在青少年期，你自尊水平的下降幅度会是男孩的两倍，直到你 20 多岁它才开始恢复。对于早熟的女孩而言，这种趋势尤为明显。女孩的身体形象成为其在青少年期的关注焦点。你会敏锐地意识到，你的外表在很大程度上会影响其他男孩和女孩对你的评价。因此，你对自己外表的满意程度可以算是衡量你在青少年期的自尊水平的最主要的指标。

假如你非常害怕被人否定，看到他人的痛苦，你会感到无比焦虑，那么你可能会出现"自我沉默"的状况，为了保持亲密和谐的关系，你会压抑自己的想法和感受，尤其是愤怒的情绪。假如你长期经历这种自我沉默，那么久而久之，你会生出一种无力感和愤怒感，你感到自己被束缚、被压抑、被背叛。渐渐地，这种感觉会侵蚀你的自我意识，破坏你对自我经历的控制权和表达权，最终削弱你的自主权。

向朋友倾诉是女孩应对压力的方式。当你面临压力时，你会向朋友寻求帮助和支持，反过来，你也会习惯倾听她们诉说自己的压力。你不仅关心自己的朋友，还会对同龄人圈子里那些正处在困难时期的女孩保持关注，你会和其他女孩讨论她们面对的困境。女孩往往会这样处理压力——打开话题、表达感受、展开讨论、猜想起因、推测后果、给出大量的建议。这种互相支持的开放讨论会拉近彼此的距离，使彼此建立某种特殊的亲密感，造就高度信任和高质量的友谊。

然而，当你目睹他人的悲伤和痛苦时，你也更容易将这种负面情绪内化，在自己脑海中重演那些你所目睹的悲伤和痛苦。你会更喜欢沉思，独自一人或和朋友在一起。独自一人时，你会一遍又一遍地回想同样的问题，绞尽脑汁地思考其中的细节，沉浸式地体会其中的负面情绪。和朋友在一起时，这种共同反刍会使问题放大，随着一次又一次的讨论，你会感到越来越痛苦，且面临着更高的内化问题的风险，从而导致自尊水平降低、焦虑不安和郁郁寡欢。

屈从于同伴压力的男孩

假如你是男孩，那么到了青少年期，你在与朋友、同伴相处时会变得更加自主，同时你也更加愿意向对方吐露心声，讨论自己面临的问题（但这种交心很难做到完全袒露自我）。表露自己受伤的情绪在他人眼里难免会有显得"幼稚"的风险，所以脆弱感通常会被压抑，这便是男孩的自我沉默。你有时会陷入沉思，但没有女孩那么频繁。有些时候，你与朋友进行的激烈讨论可能会转变为共同反刍，与女孩不同的是，这样并不会产生上述负面后果。有可能是因为这种情况在男孩中很少发生，所以男孩的共同反刍象征着一种男孩之间的高度亲密和信任。

面对压力，你可能会做出战斗或逃跑的反应。当局势紧张、冲突不断时，你会宣泄愤怒，甚至与朋友断绝关系。随着男孩睾酮水平的提高，群体中可能会出现更多的嘲笑模仿、恐吓威胁，甚至拳打脚踢的行为。不同于女孩，男孩很少会对自己的负面情绪进行认知加工，因此你往往将受伤、失望或不安全感都化为一腔愤怒。

你也更有可能通过和朋友开玩笑来缓解自己的压力。男孩善于制造乐趣、寻找刺激，这是影响你与朋友和同龄人的关系的一个重要因素。然而，分散注意力可能会让你逃避问题，任由事情发展恶化而不做出回应。这种应对压力的通用方案会让男孩更容易将问题外化——发泄自己的情绪，展现出攻击性，做出反社会行为，在学校制造麻烦。

在青少年期，遵从刻板印象的压力进一步增加。男孩依然会受到"男子汉准则"的约束——面对压力，要保持意志坚强、坚忍克己、无懈可击的形象。这种情况正在开始改变，但这种改变非常隐蔽且进度缓慢。一些男孩开始承认自己产生了失落感和疏离感，希望自己能够表达不确定和脆弱的感觉，且不被别人当成"娘娘腔"。但随着你进入青少年期，面对强大的同伴压力，你会慢慢地接受这种"男子汉准则"。假如父母中的一方对你投入感情，为你创造一个安全的空间，与你讨论想法和感受，那么你就能更好地应对这种压力，降低患抑郁症的风险，拥有更高的自尊水平和高质量的友谊，在学业上也会表现得更加出色。

朋友是你的首席听众

在你努力打造身份、构建自我故事的过程中，朋友扮演着不可或缺的角色。他们超越了你的父母，成为你的首席听众。你与朋友讨论自我时往往更加容易敞开心扉、更加轻松自在，讨论的内容也更为详尽。你会向朋友寻求认同感，证明自己虽然是独特的但并不是奇怪的。作为你的听众，朋友做出的反应越快，表现得越是随和体贴，你就越有信心去扩展你的自我意识。与父母相比，朋友在倾听你的故事时，会提出更多问题，对你表示同情，更加愿意跟随你的叙事节奏，而不是反客为主，夺走叙事的主导权。

对于父母而言，他们可能会选择性地回应你的诉求。因为你能够摸清父母的回应风格，所以在和父母交谈时，他们的反应都在你的意料之中，而由于有的朋友对你的人生不甚了解，所以他们会在一些场合回应你，但在另一些场合，他们可能无法对你做出回应。在这一方面，女孩往往更有优势，她们中的大部分人作为讲述者都能够娓娓道来，作为听众也能积极回应。这也就是为什么男孩和女孩都喜欢和女孩谈论个人问题。

假如父母或朋友对你始终不做回应，你自身的某一部分就会因此"沉默"，假如你还是找不到能够回应你的倾听者，那么这个部分可能就会彻底消失，从而阻碍你的成长，让你无法成为真实的自我。你会因此无法探索自己初显的自我意识，也不能将这种宝贵的经历与人分享，只能将其中的事实细节藏在心里。

第十二章

青少年期：情感转移的时期

到目前为止，你有两条满足亲密需求的途径：从父母那里满足依恋需求，从朋友那里满足陪伴需求。依恋和陪伴是两种不同的亲密系统，其规则不同，节奏也不同。但从童年中期开始，这两种系统开始融合，某些依恋逐渐转移到亲密的朋友身上，而后又转移到恋爱关系中的伴侣身上。这种渐进的转变会从青少年期一直持续到你认真建立一段恋爱关系才会结束。这种情感转移包含以下几个步骤。

- **渴望身体亲密和情感亲密**：从童年中期开始，你会花越来越多的时间与朋友、同伴待在一起。到了青少年期，这种行为会更进一步，你与朋友、同伴的友谊、情感也更为深厚。
- **抗议分离**：在青少年期早期，假如离开朋友太长时间，你会感到忧郁烦躁；而当你愉快地与朋友重聚时，悲伤的心情便会一扫而空，你会感到重逢的喜悦。到了青少年期中期，友谊的破裂会对你造成极大的打击。尽管如此，与朋友别离却很少会像父母长期缺席那样，给你带来痛苦和混乱。

- **找到新的避风港湾**：渐渐地，朋友成了你的避风港湾。如何维护你的形象、如何不显得怪异或无趣、如何处理约会中的难题——当你面对这些问题时，你会觉得比起父母，朋友更能理解你的想法，能贴心地为你提供建议和安慰你。
- **建立安全基地**：最后，依恋很少会转移到朋友身上，在一段长期的恋爱关系中，你的伴侣才会成为你全新的安全基地。即使是在成年早期，假如你没有值得依赖的对象，那么父母通常仍是你默认的安全基地。

你的情感会在家庭、朋友和恋爱关系中流转，你将自己在某个领域中学到的经验运用于另一个领域。因此，你的亲子依恋类型会影响你的友谊质量，二者也将对你的恋爱质量造成影响。

这种依恋的转移意味着亲子依恋的功能发生了变化。你不再像童年那样依赖父母，也不再像以前那样急切地去寻求父母的帮助。你会尝试自己应对压力，或者求助于朋友。这种对情感自主性的追求是青少年的标志。但假如你与朋友发生冲突，或遇到感情问题，你会感到脆弱或有些失落，这时你依然会依赖父母的帮助，他们会根据自己的经验以及对你的了解，给你提供合适的建议。因此，父母仍然是你至关重要的安全基地。

青少年期的依恋变化

依恋的本质在青少年期发生了变化。在童年中期的尾声，或在青少年期这个过渡阶段，你的亲子依恋关系经过整合会发展成更加全面的依恋心态，这与你在婴儿期的主要监护人的心理状态相匹配，反映出你们当时的关系的安全程度。

安全型依恋

假如你拥有安全型依恋，你就会保持强大的自我意识、坚韧的心理防线，能够灵活地应对青少年期的全新历程。你的情感是开放的，你随时准备探索自己的情绪和动机。你既能更好地站在他人视角看问题，也能够坚守自己的立场。你将自己视为一个独立自主的个体，有权拥有自己的信念、观点和对待事情的看法。

假如你拥有安全型依恋，你的自我意识将会更加坚定，无论是对待自己还是对待他人，你都会报以最大的信任，这是你在青少年期的一大意外收获。你会更加充分地内化自己的价值观，因此你可以更好地承受那些无法避免的压力，尤其是来自同伴的压力。你既不会因为恐惧或内疚而做出违心的决定，也不会为了顾全大局而息事宁人，因此你较少经历内心斗争。你会更加擅长激励自我，能够更加轻松地完成从"强制"到"自愿"的转变。心中的那颗为你指引方向的北极星也从未失去光芒。

尽管你在青少年期早期的情绪波动很大，但总体来说，你的情绪是积极的。与拥有恐惧型（焦虑型或回避型）依恋的人相比，你处理积极信息和消极信息的方式不同，在压力大的情况下更是如此。举个在青少年期常见的例子，假如你和亲近之人发生冲突，那么你很快就能回忆起你们一起度过的美好时光，相比之下这些冲突就显得不值一提了，于是你努力和解，让一切回到正轨。这种积极的偏见属于扩展与建构策略 [1] 的一部分，能够帮助你为应对未来的挑战积累情感和社交资源。

恐惧型依恋

假如你缺乏安全感，那么青少年期对你而言则尤为煎熬。在青少年期，你的自我意识薄弱，尤其是在亲密关系中，你会透露出更多的防备之心。你的情感储备越来越少，不足以应对塑造独特身份的新需求。对于自我发展、建立并维持亲密关系、帮助他人等行为，你不但觉得困难重重，也提不起什么兴趣，这给你的亲子关系和友谊都增加了障碍，让你和家人朋友们都感到沮丧。

除非情况有所改变，否则你的父母很可能无法察觉你不断变化的需求（尤其是自主需求），他们会继续保持对你的入侵和控制，强迫你按照他们的需求和动机来思考、行动并做出决定。假如你做出反抗，那么在你们之间爆发的冲突可能会使本已岌岌可危的亲密关系继续恶化。旧伤未愈，又添新伤，每天都处在无休止的争论之中，你就会失去控制、失去信心，觉得没人愿意倾听

---

[1]　积极情绪与心理生理学实验室主任芭芭拉·弗雷德里克森（Barbara Fredrickson）曾提出扩展与建构理论，解释了积极情绪对于个体向上发展的作用机制。她认为积极情绪能够拓展个体注意、认知和行动的范围，促使个体面对情境采取创造性行动。——译者注

自己。

你经常对母亲发火以表达自己内心的强烈不满，即使她试图以自己的方式来帮助你，你也拒绝与她合作。假如你对父亲总是缺乏安全感，那么有时你对他的不满会引发激烈的冲突。与父母中的任何一方发生冲突后，你会发现自己难以恢复平静。这种受伤和愤怒的情绪历历在目，令你久久不能释怀，潜移默化地影响你对亲子关系的整体感受，甚至使家庭关系越发紧张。在这种情况下，任何人都无法纾解这些愤怒、受伤和无助的情绪。

面对这种持续的压力，你很难调节和管理自己的情绪，调动自己的精力。相反，你的精力会因为你试图管理长期焦虑、愤怒和悲伤等负面情绪而被消耗殆尽，为了抵抗这些情绪，你会陷入一些糟糕的事情中。这便是缺乏安全感的一般后果，但也存在一些特殊情况，在这些特殊情况下你会面对一些更加具体的问题。

- **回避型依恋**：假如你是这种依恋类型，你会生活得战战兢兢，在情感上过于保守，不敢宣泄自己长期以来压抑着的情绪，害怕自己会失控。你试图摆脱愤怒和悲伤，但在生理唤醒的强烈冲击下，你又退缩了。你的友谊和恋情往往充斥着冷淡、疏离和交易。你总是在无意间显露自己压抑着的愤怒。你会冲朋友和恋人发火，指责他们怀有敌意，久而久之，他们也可能会将你视作敌人。

- **焦虑型依恋**：假如你是这种依恋类型，你就会陷入困惑不已的矛盾情绪，常常被无助的愤怒压倒，在不和谐的亲子关系中越陷越深，无法逃离，你还会将这种依恋带入你的友谊和恋情中。你会对暗含拒绝的任何反应都保持高度紧张，会对每个挫折都产生过度反应，这让你在情绪上不堪重负，极度需要情感支持，并最终陷入忧虑重重又动荡不安的亲密关系。

青少年期的风暴与改变

虽然你处在动荡不安的青少年期，但你也要知道依恋的类型并不能决定你的命运。面对青少年期的压力，即使那些原本拥有安全型依恋的青少年也会暂时缺乏安全感，那些原本就拥有恐惧型依恋的青少年更觉得惶恐不安。举个例子，假如你的父母离婚，或者你的家庭面临其他压力，你会没有安全感。然而，问题的根源并不在于事件本身，而在于这种恶性事件让父母不再适应你的需求，或者父母将你卷入了他们的心理暗流中。

然而，有些父母在经历离婚风暴时，会想方设法地保护孩子，更有甚者会通过离婚，让曾经没有安全感的孩子拥有安全型依恋。那么他们是怎么做到的呢？尽管处于一片混乱之中，但这些父母还是找到了一种方法，这种方法既能平衡家庭中每个人的需要，又能维持家庭的运转——他们让每个家庭成员都没有顾虑地表达自己的情绪和看法，同时团结合作，有效地完成家庭任务，这样一切都会回归正轨。

除了家庭生活的变化，青少年期还提供了一个积极改变的机会。在童年时期，你沉浸在家庭的互动模式中，从未对此产生怀疑，你觉得所有家庭都是这样的。即使你注意到了家庭与家庭之间的差异，你也无法对此做出分析。这种情况在青少年期发生了变化。如今你能够将自己和父母分别看作独立的个体，从更全面的角度思考你们的亲子关系。你会越发意识到他们的脆弱和矛盾之处，也会敏感地意识到他们说的话和你看到的事实之间的差异。

假如你缺乏安全感，那么这些新的能力会帮你做出积极的改变。你在青少年期会遇到更多的知己好友和人生导师，他们会帮助你看到另一个自己，重新考虑自我思考的方式和亲子关系。你如梦初醒，第一次正视"事情是有可能发生改变的"这一事实。如今，你遨游在自主的海洋中，拥有更多的机遇、勇气，能够改变他人对你的看法，改变他人与你的关系。当你做出改变时，你能够更好地接受现实，理解父母，应对亲子关系中的问题。

如今你觉得自己更加独立自主，也更有安全感。但这意味着你将安稳有序地度过青少年期吗？很遗憾，出现这种情况的概率很小。但在这不到 10 年的时间里，在你成年之前，你可能会更好地理解父母，至少在心里欣赏他们在面对生活中的困难时表现出的韧性。尽管因被他们拒绝而受伤和困惑的你仍需安抚自己，但那是另一码事了。

讨厌的家庭生活

如果说青少年期的生理信号是身体的发育，那么相对的社会信号就是家庭冲突的增加。站在你的视角，青少年期揭开了父母的面纱，暴露出早年生活中你出于某种原因而没能注意到的深层问题。现在，你看不惯父母的一切，讨厌他们说话的方式，讨厌他们的穿衣打扮，甚至讨厌他们吃东西时发出的声音。

假如有人问你，和家人在一起时你在想什么，那么你脑海中消极想法的数量大约是积极想法的 10 倍。但最让你烦恼的是，父母会无限地侵犯你的隐私，这让你无法容忍。

> 父母总是管着我——我的母亲尤甚，她会一直对我的穿着指指点点："你不会就穿这件衣服出去吧？"或者评论我的心情："你今天怎么回事？"你能相信吗？我的父亲非常在意我洗澡的时间，"你已经在浴室里待了整整 25 分钟了"，就像这样，他甚至会计算这段时间。而我就回道："我喜欢，又怎样呢？"
>
> ——盖尔，14 岁

家庭冲突的背后，隐藏着你为寻求自主而进行的斗争。但总的来说，父母与你的目标一致——你能够更加独立自主，亲子关系能更加平等、和谐。然而除此以外，你们的关注点并不相同，你想要独立自主，而父母则着眼于履行自己的职责。

此时，你需要理解一个关键问题：在自主的作用下，你可能会变得独立可靠，但也可能会感受到压力和受到控制。重要的是，你要关注自己做决定的时候感受如何。

父母对你的影响

面对家庭冲突，父母会按照一系列步骤进行处理。一般来说，随着青少年的成长，父母会逐渐给予孩子更多的自主权。一开始，父母掌控所有的重要决定。等你成熟一些，他们就会在与你讨论后再做决定。接着，你会和父母一起做决定。再过些时候，你有了进步，能够在与父母讨论后做出决定。最后，你终于能够独立地做出决定。

获得充分自主权的进度取决于你的年龄和自我激励的程度，同时父母也会对此产生极大的影响——这体现在他们通常如何回应你的自主需求，他们的育儿观是保守的还是开明的，他们的依恋类型是安全型依恋还是恐惧型依恋。

在开明的家庭中，你会获得鼓励和支持，从而积极地追求自主，以协商、民主的方式去决策。协商、民主的方式及其影响如下。

- 青少年期的孩子有权参与家庭决策，争取自己的权益，甚至在决策中发挥自己的专长。
- 家庭中的每个成员都应该发表自己的观点，为自己的选择辩护，勇敢地提出不同意见。
- 家庭的最终决定或计划应该包含每个成员的想法。
- 在家庭会议的进行过程中，母亲喜欢直接表达自己的想法，做好组织协调工作，让每个人都有机会表达自己的观点，就分歧进行协商。

- 相比之下，父亲往往不会先提出自己的观点，而是对他人的意见发表评论，同时准备好提出不同意见。
- 对女孩而言，假如父母都鼓励她们尝试不同的选择、坚持自己的观点，她们就会拥有更多的自主权。
- 对男孩而言，父亲对分歧的处理方式会对他们造成特别的影响。假如父亲愿意容忍或鼓励他们坚持自己的观点，那他们会受益良多。

当自主受到鼓励，家庭关系将会变得更加亲密，家庭氛围将会变得更加温暖、更加开放。你可以毫无顾虑地和父母谈论任何与自己相关的事情，也更愿意接受父母的指导，考虑他们的建议。这些关于亲子关系的自主经验也会转移到其他的亲密关系中。当你与朋友或将来的恋人爆发冲突时，你会用更多的温暖来修复你们之间的关系，最终与其重归于好。相应地，你会拥有高质量的友谊和恋情。

另外一些家庭则表现出了专制的特征。如果你的家庭就是这样，你的父母会表达出强烈的控制欲，掌控你的决定，而你的反应则是反抗、服从或脱离（或三者兼而有之）。假如你的反抗出于对自主的强烈渴望，那这自然没有问题，但假如你利用反抗来掩饰自己对父母的依赖，总是感觉有一股强迫力量驱使着自己和父母对着干，那么这种反抗就很危险；服从或者脱离可以作为缓兵之计，让你从某人那里获得资源或支持。但假如你长期服从某人，就会产生问题，你会滋生出一种怨恨的情绪，从而破坏亲子关系的长期发展。与此类似的是，若将脱离当作长久之计，那你很容易养成一种强迫性的自给自足的心态，这会危及将来你的其他亲密关系。

更关键的问题在于，过多的控制会影响你完成青少年期的发展任务——寻找并形成你的自我身份。从根本上说，想要获得自主，你就必须拥有表达不同意见的自由，能够毫无顾虑地表达自己的观点。这是你和家长的第一道界限。同时你需要确认，在成为你自己的过程中，你依然能够安全地使自己的亲密需求得到满足。假如你坚持自主，但代价是家长反对，那么你将面临一个两败俱伤的局面：长期疏远的亲子关系，更加混乱的心理状态和情感纠葛。

即使在最具有安全感的家庭中，青少年与父母的关系也不总是亲密无间的。这无可厚非，但是，亲子关系的疏远有时可能会导致母女或父子之间爆发一场身份危机。

假如你是男孩，那么一个强势好胜的父亲会破坏你的自我身份的塑造，你无论取得了什么成就，都得不到他的肯定或赞扬，仿佛世上的赞美有限，而他必须有所保留才能巩固自己的身份。

假如你是女孩，同时拥有极为亲密的母女关系，那么你就会更加迫切地想要拥有独立的身份，情况也会变得更加复杂。面对曾经的亲密关系和母亲眼中的自己，你会产生强烈的抗拒，而母亲却大为不解，觉得你就像变了个人一样。

　　面对大女儿，我以为自己早已做好了心理准备。我们曾经亲密无间，所以我觉得自己能够应对她在青少年期的变化，接受她的喜怒无常。但在女儿 15 岁那年，她开始无缘无故地对我大发雷霆，碰到一点儿小事就会情绪失控。有一天，我实在是受不了了，就问她："西莉亚，你究竟怎么了，你以前从来不是这样的！"然而她竟然说："妈妈，你对我一无所知！你以为你很了解我，但其实你什么都不懂。"说罢，她便号啕大哭，我当时目瞪口呆。但好在我们没有放弃沟通，渐渐地，我终于明白她发脾气的原因，她就是想要摆脱我对她自以为是的了解。当然，我发现自己确实只是自以为很了解女儿，随着她不断成长，她在发生改变，我必须重新认识她。我们现在相处得很好，但在当时，我们母女俩的关系十分别扭。

——斯蒂芬妮，57 岁

多子女家庭有利有弊

可以这么说，你和你的兄弟姐妹的关系将是你一生中最持久的关系。在人生的各个阶段，兄弟姐妹之间的关系围绕着两个极端展开：一端是支持、爱和忠诚，另一端是竞争和冲突。支持的程度不同，冲突的强度不同，也就构成了差异。手足之争是在所难免的，这是你们在童年时期争夺最宝贵的资源——父母的关注——而留下的后遗症。

在青少年期，你的手足关系仍然对你很重要，但你们之间渐渐没有童年时期那么亲密了，你们的地位也会变得更加平等。

尽管你不再像童年时期那样被哥哥姐姐牵着鼻子走，但他们仍试着以身份压制你。对于父母的严苛管教，你和你的兄弟姐妹可以偶尔联合起来奋勇抗争。你也会从哥哥姐姐那里学到一些经验，让自己更顺利地度过青少年期。

坏消息是，你与兄弟姐妹的关系也变得更令人担忧，手足冲突甚至要比亲子冲突来得更频繁、激烈。冲突的焦点主要是父母在家如何分配资源、特权和空间。无论事实如何，你们常常会指责父母偏心，觉得自己受到了不平等的对待。

你的依恋类型会影响你的手足关系质量，这是童年时期亲子关系的溢出效应。假如你拥有回避型依恋，那么在与兄弟姐妹的互动中，你会表现出更多的逃避和防备，很少表达出善意和温情，也很少公开表达自己的感情。假如你拥有焦虑型依恋，那么你的手足关系就有着不稳定的特征，你与兄弟姐妹之间常常爆发冲突。

独生子女的快乐

那假如你是独生子女呢？人们普遍认为，独生子女可能会很孤独，家长对独生子女的过分保护和溺爱，很可能让他们成为娇生惯养、适应能力差、自私自利的不快乐的孩子。父母常说，他们想要二胎的原因之一就是不让第一个孩子成为独生子女。实际上，几乎没有心理学证据能够支持人们对独生子女的这种负面看法。

在大多数情况下，与有兄弟姐妹的同龄人相比，独生子女在心理健康、性格或社交能力方面没有什么不同。

他们之间最普遍的差异如下。

- 独生子女的智力水平可能更高。

- 独生子女有强烈的动力去实现目标。

- 独生子女在学校表现更好，接受教育的时间更长。

- 独生子女在成年后的工作地位更高。

因为没人能分走父母的时间和注意力，也不必承受与兄弟姐妹的冲突和竞争，独生子女会懂得感恩，他们珍惜童年时期的独处时间，认为自己玩的游戏更富有创造力。在童年时期，独生子女与父母的关系通常都很亲密，因此他们觉得自己会比有兄弟姐妹的同龄人更加成熟。

性身份

随着青少年期的推进，童年晚期独有的性别模糊意识逐渐消失，当异性同伴或同性同伴开始散发性魅力时，你的性欲目标也随之变得更加清晰。当你投入其中，你就开始为自己的身份增添一个新的重要层次——你是一个有性需求的人，也是一个浪漫的伴侣。为了达到这个层次，你必须探究自己的性欲。你必须学会融入这个竞争激烈的青少年世界，让同龄人眼中的你看起来像个"正常人"，能够为群体接受，做一些符合身份的事情。

也许有一天，你会坠入爱河。恋爱除了会给你带来种种乐趣外，还会巩固你的性身份。女孩会觉得自己成了女人，并为自己的女性气质感到高兴，而男孩则会为自己更加明显的男性气质感到骄傲。恋爱需要双方相互鼓励，彼此契合才能进行。

我们可以在青少年期学到什么

表 12-1　青少年期过好人生的原则			
人生阶段	时间表	发展任务或危机	心理学原则
青少年期	11 岁至 18 岁	身份认同还是身份困惑？	回归本真

在青少年期，你能够成为真实的自我。虽然你会经历暴风雨，但当一切风平浪静，你就完成了青少年期的发展任务。你将顺利上岸，为迎接成年生活做好准备。

拥有强大的身份认同会让你安稳、平静地度日，但假如在生命中的重要时刻，实现自我的过程因受到某些因素的干扰而突然中断了呢？这些因素有可能是外部环境，有可能是父母对你的期望，也有可能是家庭关系或亲密关系中某位性格强势之人对你的影响。

生命不息，进步不止

身份的塑造是一条永无止境的道路。从出生到死亡，你的自我意识和自我身份都在不断变化。因此，假如你实现自我的过程突然中断，你可以给自己一个重来的机会，在全新的生命历程中自由、开放地探索自我，发现渴望，进行必要的试错。要知道，金无足赤，人无完人，错误也是你塑造身份的一个不可或缺的元素。

不活在别人的设想中。自我身份的发展源于你拥有否定的自由。你第一次发现自己的身份和喜好是通过对自己否定的身份和喜好进行对比而实现的。确立身份分为两步：第一步，你要赋予自己否定的权利，"我没有这种感觉，我不是这样想的，我不是这样的人"；第二步，你要赋予自己争辩的自由，这样你才能发现自己的感受和观点有多么重要。假如你以前从来没有说过"你可以不要对我妄下定论吗？"这样的话，那么你现在就可以大胆地说出口。这种话伤人吗？也许吧，人们一开始可能会对你的反常感到吃惊，但后面就会慢慢习惯了。每次这样维护自己的身份都能增强你的信心和自我认同感。

倾听内心的声音。你在实现自我的过程中，曾一度受到外在条件的限制，而如今，这些限制成了你内心的阻碍。因此，想要实现自我，你必须先倾听自己内心的声音。当你和他人交谈时，总是会出现一种切合实际的内心声音，这是你心里的想法，但因为害怕自己的想法会遭到反对和否定，或者别人听了不感兴趣，所以你就没有把它说出来。

每个人都曾这样将自己的想法过滤掉，但如果你的身份感很弱，或者你对自己的身份本就困惑不已，那你就更有可能隐藏自己的想法。假如你不去发表想法，或者不敢表达自我，总是逃离那些让你沮丧或者不快的讨论，那么就想想最近一次这样的讨论，然后试着做下面这个练习。

准备一两张纸，纵向对折，折出 4 列。

第四列：尽可能准确地写下对方说的话。

第三列：写下你说的话。

第二列：写下你想说但没有说出来的话。

通读内容，把实际对话和内心声音中不一致的地方都标出来。

第一列：创建一段虚拟对话（想象自己处在真实情景当中），你在自信、有力地表达自己内心的想法。

现在，试着问自己这些问题。

- 为什么我没有说出自己的想法？
- 我的目标是什么？
- 我的目标实现了吗？
- 我对别人做了哪些设想？
- 我是在面对某个特别的人时会这样，还是一直都这样？
- 我收获了什么？
- 我失去了什么？
- 这种经历值得吗？

如实回答以上问题，有助于揭示你在早期生活中建立的内在模式，你的内心声音实际上反映了很久以前你与你依赖之人的对话方式。但你现在已经长大了，你的对话对象也不再只是你的父母。改变这种模式需要时间和练习，但回报是值得的——你会更有安全感，更有身份认同感。

坚定自我的立场。克莱顿·克里斯滕森（Clayton Christensen）曾在哈佛商学院担任教授，他认为，100% 地坚持自己的原则比

98%地坚持要容易得多。强烈的身份认同感、信念感和正确的价值观是指引你稳定前行的明灯。

在青少年期，你已经大致回答了你在这个阶段伊始提出的重大问题。现在，你将自己的答案拼在一起，就能形成自己新身份的核心，或者至少确定：这就是我，我属于这个地方，这就是我想要的。简而言之，你找到了全新的自我。虽然你的成就并不特别，你看起来平平无奇，但对你而言，这依然是一种奇迹。

在青少年期即将收尾的时候，无论你觉得自己状态如何，形成自我身份的进程都未结束。接下来，你将迎接新的人生阶段：成年初显期。你会在成年的广阔天地中更加深入地探索自我。

第十三章

成年初显期：自由的滋味

愿我的心灵四处流浪，无知而无畏，渴望而敏锐。哪怕在礼拜天，我也会犯错。什么时候人们正确了，他们也就不年轻了。

——卡明斯

正如心理学教授杰弗里·阿内特（Jeffrey Arnett）所言，这是一段"随心所欲的岁月"。在这段时间里，你可以自由地选择个人身份、理想目标以及生活方式。在你安定下来之前，你想要尽情品尝生活的滋味——完成学业、独立生活、旅行、工作……阿内特将这个人生阶段称作"成年初显期"①。

成年初显期的定义如下。

---

① 阿内特在其专著《长大成人》中提出，成年初显期既不同于青少年期，也跟成年早期有所区别。工业社会中的大多数年轻人的婚龄和育龄大大延后，他们利用十八九岁到二十八九岁这段时间，探索不同的职业和关系，努力让个人得到最好的成长。——译者注

- **夹缝中的时期**：这是一段既不属于青少年期，也不属于成年早期的时期。

- **自我同一性的探索时期**：你会在各方面（特别是在恋爱和职业上）尝试做出多种选择，站在成年人的角度去看待自己和世界，并不断取得进步，努力做出更长远的选择。

- **不稳定的时期**：在这段时期，你的教育、工作、恋人和生活都处在频繁的变化之中。

- **自我关注的时期**：你会拥有更多的自由，相对不为社会机制所控制，这是你人生中从未有过的体验。在你进入相对靠后的成年期后，你可能会再次拥有这种自我关注的体验。

- **充满可能性的时期**：即使现状并不完美，但现在是你最有可能对人生和未来抱有乐观态度的时期。

进入成年初显期最显著的表现就是，那些二三十岁的年轻人仍有可能和父母住在一起。相关数据显示，欧盟成员国里，有近 50% 的年轻人仍住在自己家里，但各地的比例却有所不同。① 所有发达国家和大城市都出现了这种情况。例如，受传统美国家庭观念影响，子女成年后，通常会脱离父母独立居住，现在美国的 18 ~ 34 岁的年轻人当中，大约有 34% 的年轻人会住在家里。在加拿大这一比例为 42%，在澳大利亚这一比例为 38%，在俄罗斯这

---

① 在欧洲南部和西部，与家人同住是极为悠久的传统，其比例也是最高的——意大利为 67%，西班牙为 65%。在英国，这一比例就下降到了 34%；而在丹麦，这一比例仅为 18%——或许是因为政府为年轻人提供了丰厚的补贴，这使他们能够独立生活。

一比例为 51%，在日本这一比例接近 50%。[①]

此外，"离开家"并不是过去那种狭义的离家出走。现在，你离开家通常有几种原因。比如，为了搬去和朋友或恋人同住；找到了一份工作，所以便搬出去独居一段时间；为了重返校园、接受培训，或者利用空档年旅行等。大约 40% 的人在"离开家"之后至少会搬回家一次。

这是为什么？原因有很多。在竞争激烈、不稳定的就业市场上，大多数工作都需要你有很强的能力，因此，你需要花费更多的时间去考取必要的资格证书、参与培训和获取经验。（事实上，大多数年轻人仍在接受教育——这个比例在欧盟超过 40%，而在美国则接近 70%。）

在你 20 多岁时，发展各种能力的需求日益紧迫。假如你还在上大学，那么你可能要经历艰苦的奋斗、激烈的竞争，甚至可能要背负大量的学生贷款。假如你提早退学，那么你很可能会从事一份低薪工作，这让你没什么安全感，也看不到未来。在欧洲，年轻一代的失业率是其他年龄段的两倍之多。即使你有了工作，工资也通常很低，加上大城市的房租高，所以大多数年轻人仍然无法做到经济独立，还得依靠父母的帮助。

你以为这就完了吗？面对整个成年期的诸多要求，你需要花更多的时间来做心理准备。在职场中，你比任何时候都要需要团队合作，处理团队中的人际关系也需要更高水平的社交能力和情

---

① 这些数据来源于各种官方机构，包括欧盟统计局、皮尤研究中心以及英国国家统计局。不同机构的数据可能不同，这取决于各机构使用的方法和研究对象的年龄范围。

商。同时，为了维持恋爱关系，你也需要付出努力。无论是在工作还是在情感领域，你都需要承担个人责任，推动关系的进展。你已经充分内化了这些新的期望，它们体现在你定义"成年人"的方式上。

成年的新信号

对于前几代人而言，一些外部事件通常标志着一个人已成年——大学毕业、找到工作、成家。而如今这些信号都比不上终极的成年体验——为人父母，这种体验会让你立刻生出一种"我已成年"之感。[①] 事实上，成年的前3个标志都有关人的心理感受。

- 自我负责的勇气。
- 独立抉择的自信。
- 经济独立的底气。

在成年初显期，现实的经济需求和变化的心理焦点相结合，成为你发展的动力，让你变得更加成熟，探索更加广阔的成人世界，为你以后能够做出有约束性的承诺打下基础。因此，假如你住在家里，你会更加自由、灵活地去完成这些事情。

---

① 虽然对于成年初显期的成年人来说，为人父母相对其他信号而言并没有那么重要。但阿内特指出，对于处于成年初显期的成年人而言，这通常足以标志着成年期的到来，因为这不仅限制了他们探索多种选择的机会，还将他们的生活重点从对自我负责转移到对他人负责上。

成年初显期的首要发展任务是对自己和自己的人生负责（自力更生）。只有做到这一点，你才能兑现自己的约束性承诺。在青少年期，你会设想自己的未来，在成年初显期，你就会尝试把设想变为现实。但首先，你想先享受一段独立自由的时光，通过不断地试错，找到自己热爱并擅长的事，做出合理、切实的人生规划，并思考其可行性。

　　通过这种自我探索的方式，你会深化对自我的认识，巩固你在青少年期建立起来的自我认同感，为你以后的发展道路奠定基础。你已经蓄势待发——你的自主驱动力激增，这为你日常生活中的思想和行为带来源源不断的能量和热情。

　　自我探索的目的是寻求正确的发展道路，确保你在成年后能够安稳立足，不断提升自我。假如你的探索范围过于狭隘，那么你的未来之路可能就不那么尽如人意了。因为过早做出的选择可能会阻碍你的发展，限制你的潜力，在以后的生活中你可能会因当初的选择后悔。但若你的探索范围太广，探索时间太长，那么你将借此来逃避在成年生活中你原本应承担的责任。

　　无论在哪个年代，成年初显期的经历都十分重要。在未来的生活中，假如让你回忆人生的每个阶段，那么你脑海中浮现次数最多也最为鲜明的往往是你 20 多岁时的记忆，因为这个时期的经历对你有着重大意义：选择多种多样，未来变幻莫测。在这段时期，你会巩固自己对身份的认识，进行自我革新。但直到成年中期，你才会重新认识自己所做的选择，意识到它们的重要性和它们带来的后果。

朋友圈

亲密的知己好友，可靠的同伴——你的社交圈子就像你的稳定器一样，让你从青少年期不知不觉就过渡到了成年期。同龄人的朋友圈为你提供了你所需要的广泛社交关系，让你看到自己与这个世界的联系。你的亲密好友则以一种更加私密的方式帮助你做到这一点。

在成年初显期，你的友谊和社交关系质量将在很大程度上影响你的幸福感。假如你对友谊和归属的需求得不到满足，你就会生出焦虑、抑郁、嫉妒和孤独等消极情绪，而这些情绪会危害你的身心健康。

孤独寂寞和社交孤立是两回事。你可能在与同龄人社交，但假如你没有可信赖的朋友与你保持亲密关系，那么你依然会感到孤独寂寞。虽然你很享受与恋人的亲密关系，但你仍感觉自己孤立于世，那是因为你没有可以共同聚会、玩耍的朋友和同龄人。长期的孤独寂寞或社交孤立容易使你产生焦虑或抑郁情绪，可能会让你在学习或工作中无法集中精力。最可怕的是，这种感觉会阻碍你完成当前阶段的发展任务。

在相处中，你与朋友既要做彼此的倾听者、安慰者，也要当对方的知心顾问。遭遇失恋、挂科、上司刁难、家里出事等麻烦以及更大压力时，你会和朋友互相帮助，共同思考并解决问题。朋友虽好，但他们也有自己的压力，所以他们也会占用你的时间，搅得你心烦意乱。通常来说，你很难平衡自己的归属需求和自主需求，也很难在亲密的朋友和大量的同龄人之间保持平衡。

社交的旋涡

假如你性格外向，那么你会拥有强烈的社交动机，拥有很多朋友和同伴，随时准备好建立友谊和社交关系，加入组织和活动。你能够保持充足的活力，在社交中表现得游刃有余。

极度外向的表现是运用某种软实力。你喜欢掌控全局，用社会影响力扩大你的人际关系网络。你希望其他人都依附于你，这样你就可以主导事情的一切流程，制订计划、组织活动。尽管你在试图管理群体时，可能会抱怨工作繁多、挫折连连，但总的来说，你享受这一切。假如朋友觉得你控制欲太强，那么你可能还会不得不忍受他们偶尔对你的抱怨和抵制。看到你忙于社交应酬，连你最亲密的朋友可能都会觉得受到了你的冷落。

假如你性格比较内向，那么你对社交的需求就相对较弱。你也喜欢交友，但这种活动必须适度。你珍视自己独处的时间，假如参与过多的社交活动，你就会受到过度刺激，感到不知所措。你建立友谊的过程相对缓慢，你可能会需要更加外向的朋友帮助你牵线搭桥，或者说服你参加社交活动。虽然你会强烈感觉自己不需要某些社交接触，但当你被迫变得外向时，你往往会发现它能让你的情绪变得更好。

假如你极度内向，那么社交于你就更加困难。在社交场合，你会更容易感到拘束和紧张，并产生生理反应——你的手心可能会出汗，或者你很容易脸红，这会让你变得更难为情。你很少会主动与人交好，当你参与其中但无法克服焦虑时，你会很快退出，这让你的互动对象心生疑惑。但当你成熟了一些，学到了一些重要的社交技能后，这种社交焦虑会相应地减轻。当你的恋爱关系稳定下来，尤其是当你寻到一位天生比你善于交际的伴侣时，你便会在伴侣的社交圈子中愉快地生活。

极度内向的表现并不是对社交感到紧张，而是对社交根本就不感兴趣，所以你可能会避免出席一些社交场合。

想要处理好你与朋友、同伴和恋人之间的关系，你需要掌握一些基本的社交能力。

- 适当地暴露自己的小秘密。
- 提供有益的情感支持。
- 利用正确的方式维护自己。
- 采用有效的方式建设性地处理冲突。

除了你个人的气质，你的自尊也会影响你交友的能力。在正常情况下，当你遇到一个新朋友时，你本能的反应就是把自己最好的一面展现出来，给人留下好印象。但如果你的自尊水平很低，你就不会这么做。相反，你会尽力隐藏自己的缺点，而不是让别人注意到你的优点。这种自我保护的防御姿态会给人留下你很冷漠或傲慢的印象。

自我封闭的干扰

在一段关系中，想要了解对方，两人都需要进行渐进式的"自我暴露"，向彼此透露自己的私事和要事，但这个过程必须是相互的。任何一方的自我封闭都会对此造成干扰。

假如你很孤独，那么你会呈现出一种特殊的自我暴露模式。当你与一位你不甚了解的同性交谈时，你往往一开始就会过多地袒露自我。比如，你们才刚见面，你就给对方讲了一段令你不开心的私人经历。这在短篇小说中可能是一个很好的开头，但在现实生活中却不然，因为你的这种自我暴露可能会给人留下你缺爱或古怪的印象，这会让对方难以向你袒露自我，从而阻断了你们进一步交流的可能性。这种不稳定的开头对你们的交谈毫无帮助。

当你与异性交谈时，你的表现截然不同。一开始，你的自我暴露程度会过低，你几乎不分享任何关于自己的信息。你会坚持谈论一些非常中立的话题，对方会给出同样中立的答复。这种糟糕的开头几乎毁掉了整个对话，接着你又停止发言，让对方自说自话，于是交谈逐渐结束。虽然在互动结束时，你会觉得对方更了解你了，但是对方可不这么认为，你并没有意识到你们之间亲密感的缺失，这种意识差异将会对你们未来的互动造成负面影响。

成年初显期的依恋类型影响

在成年初显期，你的依恋类型决定了你如何应对自己面临的主要挑战：对自己的人生负责，建立并深化自己的亲密关系，独立自主，有能力经营自己的生活。

安全型依恋

如果你是安全型依恋的人，面临以上挑战时，你会拥有强大的优势——具有强大、稳定且连贯的自我意识。这种内在的力量和韧性会让你自信地探索内心世界和外部世界，准备好承担预估的风险，规划人生，追求梦想。因为安全感会推动你走向幸福，所以你能够充分利用自己年轻、好奇和乐观的优势。你深知，幸福感是一种宝贵的资源，能助你在未来的旅程中自信地乘风破浪。

积极情绪不仅能反映你良好的心理状态，还能让你对机会保持一定的敏感性。假如你觉得自己很快乐，那么你会更愿意接受新想法，接触新朋友，体验新经历。你会有更多的想法，更加动力十足地行动。你的格局更大，你看到的可能性也更多。因此，你能够与他人建立更多的联系，尝试更多的事情，创造更多的可能。在这个过程中，你会建立自己的人际关系，收获许多帮助——这在人生的任何阶段都很重要，在成年初显期，这尤为关键，能够帮助你安稳立足于当下的生活。

在充满爱和支持的环境中长大，你会适应丰富多彩的生活。你常常挂在嘴边的词是快乐和满足。对你而言，爱和被爱都很容易。你懂得感恩，无论是自己取得的成就还是你在意的人取得的成就，都会让你发自内心地感到高兴。面对手头的事情和自己的梦想，你能够合理分配自己的精力，而不是怀疑自己，打退堂鼓。

这种情绪调节能力对你而言是一种关键的资源，即便面对挫折、退步和失败，你的情绪也不会失控。[①]你能够轻松唤醒自己的美好记忆。你清楚期待和信任在一段良好关系中有多重要。假如朋友或恋人让你失望，你也不会逃避，而是尝试去修补你们之间的关系。这样，你就能避开许多痛苦的经历或毁灭性的打击，避免陷入长时间的反思或怨恨。因此，你会乐观地看待这个世界，理性地看待威胁和机遇，能够更加轻松地应对成年初显期这个阶段的模糊性和不确定性。

回避型依恋

如果你是回避型依恋的人，你的自我意识会更加薄弱，只有抛弃自己的脆弱情绪和记忆中的痛点，你才能提升自尊水平。你总是保持警惕（尤其在亲密关系中），因此很少有放松的感觉。你的自我评价往往比那些了解你的人对你的评价高得多。假如你发现自己有缺点，你也会认为那些缺点都无关紧要。你试图通过夸大自己的成就和幻想手握权势的完美自我，来维持你的自我形象。

你会竭力避免参与亲密和自我表露的场合，因为这会威胁到你的自我防御。你试图压抑自己对拒绝和分离的担忧。然而，你的负面情绪总是不让你如愿。当你描述恋爱关系中产生的问题或

---

① 假如你的性格不利于自我调节，那么面对越来越高的能力要求和繁杂的生活，你会产生沉重的情绪负担。所以，在亲子、友谊和恋爱关系中，你需要找到可靠的安全基地，帮助你缓解压力。在无组织、无秩序的环境中，你会遇到很多困难，所以你需要在日常生活中养成良好的习惯。

者实现梦想过程中的阻碍时，浮现在你脑海中的是孤独、恐惧和愤怒等负面情绪。但在你的意识深处，你深知自己没有表现出这些情绪的原因。

当你在学习、工作或人际关系方面遇到挫折时，去激活策略[1]会帮助你应对日常的压力。然而，当你的日常生活、计划和期望被迫调整时，去激活策略就会完全失效。你会迅速表现出血压升高等生理反应，体会到其他随压力而来的症状，你的心脏会因此受到干扰，无法获得足够的氧气，从长远来看，你会更容易患上心脏病和高血压。即便如此，你的大脑也会缓慢地激活你的依恋本能，驱使你向自己最依恋的人寻求帮助。

你的幸福感也会成为去激活策略的牺牲品。压抑消极情绪会抑制你充分体验积极情绪的能力。为了防止自己陷入某段危险的亲密关系，你会进行自我保护，抵抗情感的冲击，抑制自己对爱的向往。你在自我探索时会处处受限，变得顾虑重重，因此你往往浅尝辄止。同时，你追求成功的动力也会受到限制，你会生出一种不情愿也不快乐的被强迫感。

焦虑型依恋

为了得到所需的照顾和安慰，你会夸大自己的痛苦。你的自

---

[1]　去激活策略，就是采取和运用一系列行为或思维来遏制亲密感发生。美国作家阿米尔·莱文（Amir Levine）和蕾切尔·赫尔勒（Rachel Heller）在《关系的重建》中讲到，看似自由独立的回避型依恋者，不是对亲密关系没有需求，他们只是比常人更加害怕面对分离，因此不断地用去激活策略，下意识地对这些需求进行遏制。——译者注

我意识会更不稳定，你的自尊水平也较低，你更加渴望他人的认可，依赖即时的成就感。这种对自我价值的不确定，是你长期以来遭受不可预测的沮丧经历的后遗症。父母太过专注于自己的需求，从而疏于对你的照顾，这让你很容易进行自我怀疑和自我批评。作为一个独立自主的个体，这种经历削弱了你的自我意识，削弱了你掌握自己人生的权利和能力。在发生冲突的情况下，你甚至会怀疑自己的感受和经历的真实性或有效性，并试图抑制它们，以防遭到反对。

假如事情出了差错，你很容易被痛苦湮没，很难调整心态或调节压力反应。当你感受到爱意或希望时，你会拼命抓住这些感觉，但过去那些深刻的失望、那些失落的记忆会同时侵入你的意识。然而，在人际冲突中，除非感受到极致的痛苦，否则你表现出的痛苦水平并不会通过你的心率反映出来，这说明你夸大了实际的痛苦。在成年初显期，管理这些糟糕的情绪会占用你大量的资源，使你难以承担风险，进而难以应对这个阶段的挑战。

强烈的情感体验对依恋类型的影响

在成年初显期，安全型、回避型或焦虑型依恋依然奏效，在你的亲子、友谊或恋爱等亲密关系中发挥着作用。相应地，你在这些关系中的经历也会影响你的依恋类型。来自家庭的沉重负担、与恋人分手的消沉情绪、在工作中处处碰壁，都会对你的安全型依恋类型造成暂时的破坏。

你可以利用矫正性情绪体验①重新强烈体验过去的恐惧或创伤，但这一次，你会改写结局。你不再害怕面对恐惧，而是会找到自己想要的东西。矫正性情绪体验可能会发生在某段你认真对待的恋爱关系中，也可能发生在某段能够给予你帮助的亲密关系中——相关的对象可以是那些在某种程度上比你更为年长而睿智的朋友、导师或治疗师，他们会将你的利益放在心上，从而真正帮到你。

压力与依恋类型

到了成年时期，安全型、回避型和焦虑型依恋类型的人的主要区别在于面对威胁或压力时使用的策略不同。假如你是回避型依恋的人，你会试图抑制自己的压力反应；假如你是焦虑型依恋的人，你会过度强调自己的压力反应；假如你是安全型依恋的人，你能很好地避免做出以上两种反应。

安全型依恋下的压力

假如你是安全型依恋的人，那么你主要会使用默认的首要依恋策略——当你感到脆弱时，你会向自己最依恋的人寻求安慰和鼓励。当情侣在机场道别时，你能够看到这样的场景：相比同行

---

① 矫正性情绪体验是指在不同于原先的、较为积极的关系条件下，当事人再次经历其过去不能处理的情感体验的过程。——译者注

的夫妻，他们会靠得更近，凝视着对方的脸，交谈时更加专注，并更多地触摸对方。

你不仅知道压力和痛苦都是可以控制的，还懂得那些你依恋之人可能会给予你帮助和支持。在亲密关系中，你能够探究那些让你感到烦恼和麻烦的事情，而不是让它们不受控制地影响亲密关系的其他方面。假如你发现自己处于严重的压力之下，你可能会暂时采取去激活策略，但不会像恐惧型依恋的人那样，自动或被迫地采取这种策略。

回避型依恋下的压力

假如你是回避型依恋的人，面对压力，你会采取去激活策略。你试图抑制冲动，抑制自己的痛苦，通过做一些其他的事情来转移注意力，从而在精神和行为上都远离压力的来源。这种策略会让你在经历任何焦虑、愤怒或悲伤等消极情绪时，都无法追究深层的缘由。因此，每当你回忆起让你感觉到有压力的事情时，你总是想不起来到底发生了什么，或者漏掉了一些关键细节，这使你的回忆总是停留在肤浅的情感层面，从而使你缺乏洞察力。

焦虑型依恋下的压力

假如你是焦虑型依恋的人，那么无论是面对压力，还是感知到任何威胁，你都会采取过度激活策略。在你的亲密关系中，你对任何被拒绝的迹象都保持高度警惕，并通过夸大由此产生的焦虑和痛苦来做出回应，从而引发一个快速的负面反馈循环。你的脑海里充斥着担忧和怀疑，以及关于此前痛苦经历的记忆，一段消极的记忆会以一种混乱的方式自动触发另一段记忆，扰乱你的情绪平衡，加深你的痛苦。

你会竭尽全力，反复尝试，向对方寻求支持，希望对方立即对你发出的极度痛苦的信号做出回应。即使你没有得到想要的回应，你仍然非常执着，试图不断地提出恳求和要求。你甚至会时不时地恼羞成怒，以此来控制对方，并缩短你们之间的生理和心理距离。你试图通过以结束关系来威胁对方，进而重获控制权，但随后你会被痛苦压倒，只能试着通过其他方式来获得支持，但这会进一步降低你的地位。

为什么依恋对于应对压力如此重要

在成年初显期，威胁和烦恼无处不在——与亲近之人发生冲突、多年恋爱以分手收场、家里总是麻烦不断、考试结果令人失望、工作业绩非常糟糕，你甚至会无缘由地抱怨，总觉得事情有些不对劲，生活没有按照你想要的方式进行。无论威胁的来源是什么，一系列特定的记忆、情绪、想法、生理反应和行为反应已经在你的大脑中生成。这是一种超出了意识知觉的集合体，融合了你的感官体验、生理反应和自动反射。

"快看！"你的大脑在说，"这些数据记载了你在早期生活中向你最依恋之人寻求亲密和安慰的所有经历。""这些数据闪现在你的脑海中，呈现出具体而又生动的图像和感觉，包括你最依恋之人的名字或形象。你会自然而然地生出一种迫切的欲望，想要以某种形式与那个人接触。"这种反应通常有 3 个阶段。

第一阶段：这个阶段并不是发生在你的意识中，而是发生在你的前意识[①]中。这种前意识过程在一些实验室的实验中一再得到印证。

想象一下，你正看着计算机，屏幕上出现了一连串的字符，你必须尽可能地快速识别出每串字符所组合成的单词，你的反应速度表明了你对那个单词的理解程度。有些单词与亲密有关，比如"爱"或"拥抱"，有些单词与亲密缺失有关，比如"分离"或"拒绝"，有些单词则是中性的，比如"帽子"。

在你看清一串字符之前，与威胁或压力相关的单词（比如"失败"或"损失"）会飞快地出现在屏幕上，出现时间仅有 20 微秒。

相较于其他单词，你对与亲密相关的单词反应更快，并会在脑海内形成相关图像，这个图像可能是你最依恋之人的形象。除非你有一个交往很久的恋人，否则你第一个想到的人通常是你的母亲。

换句话说，当你碰到任何威胁时，无论你是安全型还是恐惧型依恋的人，你的依恋系统都会立即被激活。假如你是恐惧型依恋的人，那么你会明白，当你向脑海中出现的那个人寻求支持时，你可能会得不到回应。但即使这样，也不能阻止你在面临威胁时

---

① 前意识介于意识和潜意识之间，它会阻止潜意识中不好的想法进入意识，也会允许部分能被接受的想法进入意识。——编者注

自动向其寻求帮助。

第二阶段：有意识的阶段，你开始思考自己该如何做出回应。

第三阶段：行动的阶段，你出现生理应激反应。

当你还未成年时，你经历的每个阶段连接得都很紧密。成年后，除非遭遇非常严重和痛苦的经历，否则成年早期和成年中期将推迟一段时间到来。相较于孩子，你有更多的选择，你可以退而求其次，向那些自己平常不那么依恋的人寻求安慰和指导。在万不得已的情况下，你可能会陷入一段短暂的依恋关系，求助于那些看起来有能力、有爱心的人——医生、护士、消防员、警察，或者在当时的情况下任何你认为"更强壮、更聪明"的人。只要他们陪伴在你身边，你就会感到安全。

第十四章

成年初显期：恋爱的季节

也许你曾经历过青涩的早恋，品尝过爱情的滋味。但到了成年初显期，你会真正进入恋爱的季节。你的性系统全速运转，就像在塞伦盖蒂大草原上迁徙的角马一样[①]，你和你的同伴开始寻找配偶。你想找到那个能够与你共度余生的人，但你却不着急结婚。

恋爱的过程分为以下 4 个阶段。

· 彼此吸引。

· 开始约会。

· 坠入爱河。

· 形成依恋。

[①] 每年 6 月，角马会在坦桑尼亚的塞伦盖蒂大草原上开启一场浩大的迁徙之旅，雄性角马会在自己的领地内等待，发情的雌性角马到来后会看雄性角马的领地情况，如果满意就会与其进行交配。之后，雌性角马会继续去下一站，寻找新的伴侣。——译者注

在每个阶段，你的恋爱经历将决定这段爱情的发展走向，如究竟是渐入佳境还是挥手告别。

情不知所起，一往而深——爱上一个人，你往往会全身心投入，把对方看得比生活中的任何一件事情都要重要。人们对恋爱经历的描述往往大同小异。恋爱会让人无法自拔，这并不奇怪。在恋爱中，大脑的奖励中心超速运转，使你的身体和情绪都处于一种高度兴奋的状态。你的感官变得敏锐，你会注意到最轻微的声音、触碰和气味。你的身体和情绪都会变得躁动不安。你会减少自己对食物和睡眠的需求。你有时会因为激素分泌过多而产生轻微的幻觉。你相信自己拥有特别的恋人，拥有独一无二的恋爱体验，拥有天长地久的甜蜜爱情。

此外，爱情还会激活你大脑中与强迫症相关联的区域。你会因此变得痴迷，想要了解关于心爱之人的一切，想要完全占有自己的伴侣。恋爱中的情侣会对彼此有着热烈的感情和性的迷恋。你在坠入爱河时，尤其是初次恋爱时，会体验到生命历程（除婴儿期）中从未有过的强烈的身体和情感亲密，这段经历会在你的脑海中久久萦绕，挥之不去。

最终，你的大脑习惯了在"相恋"阶段产生的化学混合物，而在"相爱"阶段产生的内啡肽随即将其取而代之。热恋之后，爱情逐渐变为亲情，你和你的伴侣会彼此关心，相互陪伴。这与亲密友谊中的情况大体相似，但又略有不同。你会情不自禁地想要付出，想要给对方最好的一切，想要保护对方，想要照顾对方，觉得对方格外惹人疼爱。

寻找你的避风港湾

想要与伴侣完全形成依恋关系，通常需要花上两年的时间。在第一个阶段，你们在身体和情感上会越来越亲密，同时伴随着成年版的分离焦虑——你们中的一方会对另一方的无故缺席表示抗议，就双方各自陪伴朋友的时间等问题进行协商。随着你们的关系逐渐稳固，伴侣会成为你的首选避风港湾，成为你在感到担忧或脆弱的时候最想求助的对象。到了最后一个阶段，伴侣会代替你的父母，成为你的安全基地、你的依恋对象。

你的三大本能系统（依恋、呵护与性）逐渐融为一体，构成了你们之间的爱情纽带。你和伴侣的依恋类型将会共同决定依恋关系的质量。你们都有各自的故事，那是你们寻求亲密的过往经历。在所有的暧昧关系以及大部分的约会中，你的故事会影响你与对方的互动基调和质量。在你们对彼此了解不多的情况下，你们会用自己的依恋经验来填补空白。

安全型依恋

事实上，安全型依恋不会让你或你的伴侣变得完美。生而为人，你在爱情中一定会有某些弱点和令人讨厌的坏习惯。但总体来说，安全型依恋会赋予你巨大的恋爱红利。你会对爱情充满乐观，相信自己有可能找到真爱，你们将两情相悦，你们的爱情将会天长地久。你随时准备回应自己的伴侣，这反映了你在情感亲密上的舒适感和身体亲密上的安心感。最重要的是，你有信任他人的能力。对你而言，信任是一件很容易的事情，你不但愿意信任他人，也有能力成为值得信任的人。总而言之，你已经做好在恋爱关系中建立信任的准备了。

恐惧型依恋

假如你缺乏安全感，那么你会给自己的恋爱关系造成沉重的负担：你的忧虑情绪根深蒂固，害怕失去亲密之人和依赖之人；你会一直忧心自己是否被人利用、拒绝或抛弃；你缺少安全型依恋带来的纯粹和相互合作的体验。你的情绪通常很低落，这会让你更难达到伴侣的期望，更难应对恋爱关系中不可避免的冲突。[①]

回避型依恋。假如你是回避型依恋的人，那么在恋爱的任何阶段，你对情感亲密的厌恶都会对你和伴侣之间的关系造成负面影响。即使在普通的社交中，你也会与他人保持安全距离，严守自己的个人空间。你会抗拒他人的接近，尤其在谈论个人问题时。每当有人跨过那无形的界限，你的身体就会不适。然而，你很有一番自己的见解。例如，你会意识到自己可能给人留下了不友好或冷漠的印象，因为你的朋友们可能会这么描述你。但你认为这与安全感无关，只是你做出的选择不同。你会感到孤独，但你往往没有意识到这种感觉就是孤独，而是将其描述为无聊或冷漠。

---

① 这里描述的恐惧型依恋的人虽然缺乏安全感，但他们也能适应这个世界，心理问题不大。而那些心理确实有问题的人不仅可能会表现出这里描述的行为，还有可能会显示出其他不适应的迹象，难以应对生活中的种种挑战。

甚至即便你承认自己是孤独的，你也相信这就是一种生活的方式，因此你可能永远不会真正接近任何人。你对自己的这种定义，可能就会成为自我发展的预言。

你怀疑真爱的存在。即使你认为世间有真爱，那也只不过是昙花一现。对你而言，调情和浪漫只不过是一场恋爱游戏。

最重要的是，你很难信任别人。假如你的伴侣试图与你建立亲密和信任的关系，你会怀疑对方的意图，常常将对方的行为视为对你的操纵，试图强迫你进入你不想进入的亲密关系。你不愿表达自己的感情，因此你会严格控制自己的情绪。你在情感上更注重隐私，很少分享关于自己的实质性内容，也不愿意讨论任何深入的个人问题。假如你与他人的对话逐渐变为寻求安慰，对话气氛变得更加亲密，那么你会迅速结束这次对话。

在恋爱的初始阶段，你可能不怎么愿意做出承诺，倔强地守卫着你的个人空间和独立领域，比起伴侣对恋爱的期盼，你反倒希望你们之间见面的时间再少一点儿。

当你们待在一起的时候，你经常会感到紧张、无聊，不在状态。当你们开始定期约会时，你会抱怨恋爱冲突爆发得太过频繁，对方要求过多、过于情绪化，你们的关系过于紧张。当你陷入冲突、心烦意乱时，你会坐视不理，选择逃避。即使你曾做出承诺，但为了规避风险，你不会认真对待这段关系；几个月过后，你的承诺未得到任何兑现，任何有可能发展起来的亲密因素都被你扼杀了。

焦虑型依恋。假如你是焦虑型依恋的人，那么你会坚信"真爱"。你不仅很容易坠入爱河，而且你会经常坠入爱河。你会爽快地承认自己很寂寞，但你始终满怀希望：相信自己总有一天会进入一段亲密关系，不再寂寞孤单。你非常容易对他人产生信任，但你的信任会给你带来危险，让你上当受骗。你渴望那总是与你失之交臂的安全感，每当开启一段新的关系，你总是痴迷地寻找这种安全感。你从上一段感情造成的伤害和焦虑中逃离，幻想着下一段完美的爱情能满足你所有的需求。你可能已经意识到，你会给人一种要求苛刻、情绪不稳定、无法保护自己的印象，因此你很容易被人利用。

在最初的恋爱阶段，你会对伴侣产生过高的期待，这会让你无法对伴侣形成任何准确的印象。你的情绪摇摆不定，只要察觉到蛛丝马迹，你就会急着下积极或消极的定论。你会陷入"理想化—崇拜—绝望"的怪圈。你会认为对方给你的任何支持都很重要，觉得这是关系变好的兆头，然而一旦这种支持经常失效，你就很容易失望。你在感情中无法放松，担心自己一旦放松警惕，伴侣就会对你丧失注意力和兴趣。即使在你最为温柔的时刻，你的脸也总是紧绷着。当你们发生冲突时，你会感到六神无主、坐立难安。

你以为你们之间的关系已经足够亲密了，可你的伴侣并不这么觉得，于是你倾向于过早地透露太多关于自己的事情，然后试图通过问一系列侵入性的私人问题来迫使对方更多地暴露自我。假如对方沉默不答，那么你会觉得自己遭到拒绝和伤害。

你内心的各种情绪可能会交织在一起。举个例子，你有一种强大的积极欲望推动着你，但你又会生出一种强烈的焦虑感，所以你的积极欲望就会被消磨殆尽。你非常想要发展某段关系，但又担心自己应付不来。甚至在这段关系刚刚开始的时候，你可能会违背自己的意图，做出前后矛盾的事情，让人觉得十分困惑。你可能有机会开启一段成功的关系，但你往往会错失这个机会。

你非常重视激情的力量，因此你很快就会对所爱之人着迷，甚至上瘾。但你的矛盾心理一直在作怪。你在太过迁就和苛求之间摇摆不定，担心因为缺少持续的要求和审视，你的伴侣会对你减少关注，甚至可能会出轨。可你也担心坚持自己的欲望和要求会惹怒对方。日复一日，这种矛盾心理会造成频繁的情绪波动、无休止的争吵，还会使你们的恋爱关系经常处于崩溃边缘，这令人十分担忧。

恋爱中的依恋冲突

恋爱是一段双向奔赴的关系。你和伴侣的依恋类型都会影响这段关系。大部分人，无论自己的依恋类型如何，都会被一个温暖亲切、信任自己、真诚可靠、宽容大度并准备投入恋爱关系的伴侣吸引。安全型依恋的人最有可能符合这些条件，所以他们是你首选的合作伙伴。然而，你也很有可能会暂时或永久地和一个没有安全感的人在一起。为什么？从最简单的层面上来说，只有 2/3 的成年人属于安全型依恋的人，所以并不是每个人都能找到合适的伴侣。

当然，你是恐惧型依恋的人也并不意味着你就没有吸引力，你也可以讨人喜欢，也会迷人，也会有趣，也能散发自己的魅力。在情感上封闭的人会激发伴侣的保护欲，伴侣会努力打破他们的防御，了解他们内心真实的自我。这种想要拯救伴侣于孤立或痛苦之中的欲望在女性身上表现得尤为强烈。

> 初次相见时，他是一个相当冷淡疏离的人，我不知道他在想什么，但那种神秘感让我着迷。我曾经觉得他很孤独，需要有人来爱他。但我们刚交往不久就开始吵架，随便一件小事都可能让我们吵得不可开交。很长一段时间内，我一直觉得这是我的错，我打小就容易内疚！但在内心深处，我也说服了自己——他会与我争吵，说明他是在乎我的。我以为我们迟早会解决这个问题，但很不幸，经历了 4 年的恋爱长跑，我们最终还是分手了，那时我已经 34 岁了，我非常担心自己青春不再，错过了合适的对象。最终我很幸运，遇到了那个真正爱我的人。
>
> ——埃莉诺，40 岁

事实上，身体上的吸引和性欲望也可以战胜你对安全型依恋的人的有意识偏好。例如，在恋爱的最初阶段，假如你觉得对方非常漂亮或英俊，那么这种容貌上的优势可以抵消或模糊你与恐惧型依恋的人交往中的消极方面。

迎接成年初显期的信心

成年初显期结束，将近70%的人会觉得自己终于真正成年了。假如一切顺利，那么你会拥有更加稳定的自我意识、更加全面的自我了解和人生规划。你不但思想开明，还善于自我反省，敢于直面人生的不确定性，拥抱变化，拥有明确的人生目标。因此，你会得到某种强大的过渡能力，认为自己已经准备完毕，即将进入人生的下一阶段。

但假如事情并没有那么顺利，假如你在成年初显期一直蹉跎岁月，你在自我探索时受到限制或不够专心，你可能会觉得自己无法承担成年人的责任。你既无法摆脱童年时期那种被动依赖的状态，也无法像青少年期那般自由自在。你被自己的惰性压得喘不过气，你似乎无法让自己继续前进，无法自信地面对下个人生阶段的种种要求。但请不要绝望，这并不是人生的终点，记住，生命不息，进步不止！

我们可以在成年初显期学到什么

表 14-1　成年初显期过好人生的原则			
人生阶段	时间表	发展任务或危机	心理学原则
成年初显期	18 岁至 30 岁出头	自力更生还是依赖他人？	积极主动

主动出击，自我负责——你需要学习以下 3 个步骤。

首先，为了找到合适的发展道路，你需要尝试不同的选择。选择与现实之间存在微妙的平衡。假如你什么都想尝试，那么你可能会迷失在漫无目的的探索中，你的生活就会频繁变动。假如你既缺乏深刻的自我了解和认识，也无法确定自己的人生目标，就草草确定了自己的发展道路，你就会觉得自己受到了束缚，无法展现出真正的自我和创造力。这种困境不仅会出现在成年初显期，还会出现在人生中的任何一个过渡阶段。

其次，为了迎接爱情和事业，你必须掌握一些基本的技能。

最后，在成年初显期，面对不可避免的挫折和打击，你既要懂得如何调节自己的情绪，也要学会游刃有余地处理问题。

想要实施好这3个步骤，你必须充满主动性。假如你能够主动迎接任何事情，那么你将变得特别有进取心，这会赋予你不断前进的动力。在试错的过程中，你不会盲目地选择，而会考虑自己的未来规划。你不会因为他人的进度而分心，想着如何超越对方，而是会更加专注地坚持自己的计划，执行任务。假如遇到了挫折，你可能会回想起自己的初心，并专注于迄今为止取得的进步，一鼓作气地解决问题，而不是遥望终点，陷于沮丧情绪无法自拔。因此，在成年初显期过好人生的关键在于积极主动。

主动管理你的恋爱关系

当你坠入爱河时，性吸引、兴趣和友谊等都很重要。这些因素虽然能够让你和某个人成为情侣，但无法预测你们未来的关系进展。最有力的预测指标是，当你试图解决分歧时，你会表达出多少消极情绪。

消极情绪和积极情绪的影响并不是等同的——强烈的消极情绪所带来的影响是积极情绪的数倍。可见，消极情绪的破坏性之大。

为了维持恋爱关系，双方都必须负起责任来，管理好积极情绪和消极情绪的比例。当消极情绪加剧时，双方必须努力让一切都回到正轨。但不要被动等待伴侣示好——你要主动出击。在恋爱中，你要认识到，表达强烈的消极情绪和说伤人的话语有着极大的风险。相比之下，积极情绪的影响却没有那么大。然而，积极情绪并不是不重要，它会保护你的恋爱关系，只是消极情绪的影响更大而已。

因此，请先对自己许下承诺，并对伴侣郑重发誓："我绝不会伤害你。"

为应对工作环境中的压力做好准备

想要在职场中生存下去，你必须兢兢业业地做好本职工作。要想在职场中出人头地，你就必须把目标定得更高。初入职场时，你便要设定宏远的目标，全身心地投入下定决心终身为之效力的领域。

进入心流状态。 你需要设定一个恰当的挑战目标——这个目标刚好高于你当前的水平，能够提高你的能力，但不会给你带来太大的压力，这为你进入心流状态[①]提供了关键的先决条件。

---

① 心流状态在心理学中是指一种人们在专注于某行为时所呈现的心理状态，此时个人将注意力完全投注在某种活动上。心流产生时人会有高度的兴奋感及充实感。——译者注

面对挑战时，你首先需要进入一种非常自律的状态，保持专注，但你不用刻意为之。因为一旦进入这种状态，你就会自动按照节奏行事。此时，你就像神枪手那般枪法精湛，换弹上膛如行云流水，开枪便能百发百中；你就像运动员那般动作娴熟，掌控整场比赛的节奏，同时密切关注着场上的每个机会和威胁。这样你就能在工作和娱乐之间找到最佳平衡点。你所经历的心流体验越多，你对自己所做的事情就能越投入，你就越能维持这种投入的状态，从而再次获得心流体验，享受进步的过程。

掌握技巧，保持巅峰状态。当你意识到自己日常表现的波动时，你会发现，在很多时候，你发挥的都是平日里的水平，而有时你的表现会远远低于你平日里的水平，但有时你也会达到巅峰状态，发挥出自己的潜能。要想达到巅峰状态，你必须掌握以下8个行动要素。

- 集中注意力。
- 积极思考。
- 勇于挑战。
- 下定决心。
- 坚定信心。
- 控制自己。
- 及时休息，补充营养，获得足够的能量，恢复状态。
- 达到最佳唤醒水平，为任务分配合理的精力。

想要掌握这 8 个要素中的任何一个，你都需要学会在压力之下管理自己，因此，你需要掌握 6 种心理技巧。

- **合理地控制生理和情绪唤醒，从而完成任务**：知道如何让自己平静下来，又如何让自己充满活力，有时这两个过程的转化只在瞬息之间。
- **认知重组**：你需要适当停止自我反思，从而增强信心，改掉坏习惯，保持专注，调整好状态，为接下来的表现做好准备。
- **意念想象法**：你需要做好心理准备，在脑海中模拟各种可能性，想象自己处于巅峰状态，展示最佳表现。
- **设置阶段性目标**：你需要设定"结果目标"和"过程目标"，关注每个阶段的重点目标。
- **要有思维的敏感度，能够弹性地看待问题**：你要懂得什么时候该宏观地看问题，什么时候该注重细节，实现注意力的平衡。
- **形成"惯例"和"仪式感"**：在身心和情感方面遵循一套可预测的行为模式，能够集中精力，调动认知资源，专注于任务本身，在任务的前、中、后期保持合适的心态。

压力下的自我管理

你的生活管理能力与你的压力调节反应以及你使用的压力应对策略密切相关。表 14-2 列出了一系列常见的压力应对策略，前 7 项是积极的策略，后 6 项是消极的策略。

策略	具体内容
	表 14-2　常见的压力应对策略
策略	**具体内容**
做出规划	想出一个策略或计划，处理你必须完成的任务，应对当前面临的挑战
积极应对	采取行动，解决问题
集中精力	推掉其他活动，专心寻找解决方案
找准时机	寻找合适的行动时机，不要操之过急，以免把事情弄得更糟
寻求实际支持	向他人寻求建议或实际帮助
寻求情感支持	向他人寻求理解或支持
建设性思考	活学活用，复盘经历，学习经验，不断成长
接受现实	接受已经发生的事实
寻求精神支持	向神灵寻求帮助
发泄情绪	发泄沮丧、烦躁等消极情绪
行为转移	放弃解决问题
情感转移	转移注意力——工作、看电视或睡觉
依赖酒精	通过酗酒来缓解压力

　　最糟糕的策略就是依赖酒精，采取这种策略不能解决你面临的问题，甚至会滋生新的问题。发泄情绪也没什么用，发泄情绪并不能驱散它，只会放大你的痛苦。

　　没有最佳的策略。一般来说，只要你积极地处理问题，能够在一定程度（无论程度如何）上控制住情况，这个策略就是有成效的。假如你无法控制情况，那么你需要使用不止一个策略，所以你要集中精力，保持冷静，应对自己所面临的问题。

　　总的来说，由于生活总是会向你抛出一系列不可预知的挑战，所以你最好准备各种各样的应对策略。重新审视一下那些你不习惯使用的应对策略，并在面对日常生活中的烦恼时试着使用它们。这种练习将培养你应对问题的能力。你的情绪唤醒水平越高，你就越容易遭受过度刺激和产生过大压力，学习调节压力反应也就越重要。这对你在生命历程中实现个人价值和解决问题都有好处。

第十五章

成年早期：人生的高峰期

曾有人问弗洛伊德："'正常人'应该做些什么？"他答道："精神健康的人，总是努力地工作及爱人，只要能做到这两件事，做其他的事就没有什么困难。"这个回答基本概括了成年早期的双重发展任务：建立亲密关系、培养能动性（主动出击）。事实上，成年早期是唯一一个包含双重发展任务的人生阶段。它之所以包含双重发展任务，是因为亲密和能动相互依赖，同样重要。建立亲密关系的过程并不是被动的，而是能动的——你主动地改造客观世界，控制事情的进展，从而推动生活前进。反过来，强大的能动性也依赖亲密关系提供的支撑。

人生高峰期的号角已然吹响。你开始陷入忙碌的状态——你总是觉得自己"没时间""太忙了"。你最大的压力来源是你有太多的事情要完成，却没有足够的时间。在成年早期，你要同时面临来自工作和生活的压力。你可能会第一次试着在一个工作岗位上待 5 年或 5 年以上，所以你必须要提高自己对工作的投入程度和热情。

假如你希望拥有伴侣，却仍然孑然一身，那么你必须要认真起来了。在 30 多岁的时候，恋爱可不像年少时那么容易了，你不像以前那样有充足的时间和自由。假如你有一个正在交往的恋人，你可能会希望尽快结婚。然而，一旦踏入婚姻，你会不可避免地承担起更多的义务，你需要与伴侣共同做出决定，共同商讨计划，共同参加活动，而这会给你带来更大的压力。此外，你还面临着巨大的经济压力，尤其是首付和房贷带来的沉重负担。

一旦你为人父母，你就会体验"日理万机"。突然之间，你的生活中充满了大大小小的组织——家长教师协会[①]、游泳委员会、学校基金会、青少年指导团队、志愿组织。你的社交次数会在而立之年急剧增加，直至不惑之年达到顶峰，随后逐渐减少。

你必须与伴侣共同商定孩子的抚养方式以及家庭的分工问题。如今，夫妻双方面临一个尖锐且旷日持久的问题——工作与生活难以平衡，尤其是对双职工家庭而言，这往往会导致夫妻关系日益紧张。

诚然，你无法以同样的热情去追求每一个目标，那会耗尽你的精力。大多数人都能够很容易地选出人生中最有价值的是什

---

① 在美国，家长教师协会（Parents and Teachers Association，PTA）是家长们非常熟悉的家校互动组织。PTA 的家长们经常联合学校老师，运用各种优势资源，有组织、有计划、有主题地为孩子提供各种培养综合能力的系列活动。在国外，PTA 对于加强学校与家庭的联系，充分发挥家庭、学校、社会的力量来促进学生进步具有重要的意义。——译者注

么——家庭、朋友、工作、健康……然而，你意识到自己在同时面对不同领域的竞争需求的情况下，常常顾此失彼，这时，你的麻烦就来了。通常情况下，紧急之务要比重要之事来得关键。从本质来看，养育孩子无非就是那些事，但现实生活中又会出现种种无法预料的情况。因此，大多时候，你感觉自己就像个救火队长，按照压力来决定做事情的优先级，以便第一时间响应紧急需求。你总是被事情追着跑，常常觉得自己的时间和精力都不够，无法照顾到生活的方方面面——工作、家庭，以及你自身。

有一个专业术语可以解释这种忙碌的状态——"角色沉浸"。在这种状态中，你会更加全神贯注、专心致志地完成计划，从而有效地解决当务之急。然而，尽管你如此沉醉于当下，却又不得不关注随之而来的新压力。值得注意的是，你并不会因为这些压力而变得痛苦不堪。

全新的视角

在成年早期，你的自我意识变得更加稳定，你能够更好地思考自己此前的人生，回顾塑造自我的经历，从而做出自我改变，重新选择发展道路。在这个阶段，你会很容易回忆起自己的童年经历，你不但能够更加完整、更加自主地描述这些经历，还可以站在自己的角度去看待问题。因此，你能够将自己记忆中的童年经历和父母口中的你的童年经历区分开来，但如今的你已长大成人，自然也会站在他们的角度看问题。

假如你曾留意过自己孩子的成长，你会挖掘出内心长期压抑的记忆和感受。假如过往经历令人痛苦不堪，你会学会理性地看待问题，坦然面对这一切。假如你拥有伴侣或亲密朋友的陪伴和支持，那就更好了，这意味着有人听你诉说，帮助你理清自己的经历。

> 小家伙今年 5 岁了，我常常鼓励他自主行事，为他取得的小小成就鼓掌喝彩。看到他如此依赖我，我不禁回想起了我与父亲相处时的痛苦，他总是对我没什么耐心。虽然他非常聪明，但如果我犯了错，他就会狠狠惩罚我。尽管我觉得他的本意并非如此，但他的手段太过残忍。小时候，他曾当着我所有朋友的面取笑我，这件事情摧毁了我的自信。即便到了现在，每当我犯了错误，我仍然会有种撕心裂肺的痛感；每当我回忆起父亲，心中仍会生出一股怨气，虽然我明白，他是想用自己的方式帮助我成长，但他根本不了解自己的孩子。我想我这一代的父亲应该不会像他那样不通情理，我也希望孩子们永远不会碰上这样的父亲。
>
> ——詹姆斯，40 岁

总的来说，在你的日常生活中，比起如山一般的压力，你总能遇到更多的快乐。这个阶段的你，心态更加稳定，不再那么以自我为中心，不太会陷入焦虑沮丧的情绪之中，也更懂得知足常乐。正因你全身心投入自己的生活，所以你也不怎么会陷入生存危机①。因此，你对自己的生活充满乐观和期待。

然而，并非所有人都那么幸运。有多达30%的人在艰苦挣扎，但人们依然心怀梦想，坚信自己终有一天会实现人生目标。

邂逅亲密体验

什么是亲密关系？从狭义上来说，亲密关系通常是指成年男女之间的情感，泛指恋爱或婚姻关系。但从广义上来说，亲密关系有着更深层次的含义，即能否相互依存，埃里克森将这种能力称为"慷慨的智慧"——在亲密关系中，你不求回报的付出深深打动了对方，这会让你们成为默契的合作伙伴。亲密是一种温暖而治愈的感觉，而与之相对的疏离会让人感到孤独寂寞、压抑束缚。但正因疏离带给你孤独，才激发了你对亲密的渴望。

在亲密关系中，我们总是倾向于向对方袒露自我，走进对方的内心，看到对方内心中的隐秘世界，尽管你的内心深处总是藏着一座神秘的孤岛，连自己都未曾踏入半步。但也许是那一丝来自母体的残存记忆，激发了你生而为人的追求——渴望突破自我界限，渴望与他人产生亲密关系。因此，在深度亲密的时刻，你会实现某种自我超越。

知我者，谓我心忧；不知我者，谓我何求。有熟悉之人相

---

① 生存危机是指与个人、家庭生存目标、责任、独立性、自由和承诺等有关的内在冲突和焦虑。例如，年过四十一无所成、婚姻生活矛盾不断等因面临家族或社会的关切而产生的内在冲突和焦虑。——译者注

伴身旁，无须语言表达，你就能按照日程节奏行事，恣意表露自我，这便是一种亲密体验。然而，当你致力于完成某些任务时，你有可能会在朋友甚至是自己不太了解的人身上邂逅另一种亲密体验。同时，亲密体验也可能是一种日常生活中独一无二的珍贵体验，你会长久地将其铭记于心。因此，亲密体验拥有以下显著特征。

- **超越语言的默契**：一个手势或面部表情就胜过千言万语，彼此不会因为语言而产生误解。
- **意识到对方的"存在"**：对方就在你心里，为你付出、奉献。
- **对亲密体验记忆清晰**：对于彼此从第一次亲密接触到正常互动都有清晰的记忆。
- **界限消失，心门敞开**：彼此探索对方的经历。
- **身体的亲密接触**：你能够敏锐地察觉到自己和他人身体上的变化。
- **没有心理负担**：身心放松。
- **有命运转变的预感**：察觉到好事将近，你将悦纳那些足以改变自我或改变亲密关系的见解，对于这些改变，你既期待又兴奋。
- **冥冥之中的惊喜**：这种自然而然的经历、命中注定的体验能够唤醒你内心深处的感觉。

守护彼此的孤独

只有抓住亲密关系的纽带，婚姻①才会幸福美满。在一段婚姻中，亲密和信任共同作用，从而协调夫妻二人的复杂欲望和需求，缓和二人共处一室之下不可避免会发生的摩擦。假如缺少亲密关系，你可能会变得自私自利，陷入孤独寂寞、自我放逐②的状态。

然而，亲密的悖论在于，没有自主，亲密也将不复存在。除非你拥有强烈的自我意识，认为自己是一个独特而独立的人，否则你很难敞开心扉，接受亲密关系。假如你缺乏自我意识，那么在一段亲密关系中，你不仅会觉得自己受到了侵犯，还会感到处处是危机。诗人赖纳·马里亚·里尔克（Rainer Maria Rilke）认为，两个人相处，守护彼此的孤独就是他们的最高职责。精神分析学家唐纳德·温尼科特（Donald Winnicott）将这种在亲密关系中保持自主的能力称作"镇静/沉着"，他认为，最完美的亲密关系就是窝在爱人的怀里孤独。

婚姻对亲密关系的要求向来很高，如今更是如此。在过去不

---

① 大多数年轻人结婚或拥有一段稳定而长期的关系，我用"婚姻"一词来指代这两种状态。

② 自我放逐是一种双方磨合失败的产物。我们都渴望亲密关系，当现实伴侣无法满足自己的需求时，我们会产生沮丧感，进而走上两条不同的路：第一条路是无止境地追逐自己的需求，如果有必要就操纵他人，并在采用所有方法都失败后选择妥协；第二条路是了解真正的自己，放弃期望，用沟通达成双方都满意的结果，永远把自己与伴侣的快乐一并当作优先的选择。大部分人不会从一开始就选择一条路走到底，而是会在两条路之间来回变换，选择当下对自己最有利的一条路。但是也有的人会选择第一条路，他们注重个人需求，并不断要求伴侣顺应自己的需求，在这期间会与伴侣发生争吵或者控制对方。如果经过长时间的磨合与改造，对方依旧未能变成自己理想中的样子，那么自己内心会产生一种怨恨，甚至自己会主动结束这段关系，这就是自我放逐。——译者注

到百年的时间里，沧海桑田、世事变迁，婚姻已然出现了革命性的变化。曾经，结婚是一个人真正的成年礼，意味着人们自此成家。而如今，人们往往选择先有所建树，再步入婚姻的殿堂。约翰·霍普金斯大学的社会学家安德鲁·切尔林（Andrew Cherlin）将这种婚姻称作"顶石婚姻"——顶石是建拱门时安放的最后一块砖。过去，结婚是成年后的第一步。现在，结婚往往是最后一步，是夫妻经过共同努力之后展示成就的一种方式——彼此成熟理智，拥有忠诚的亲密关系，以及拥有足以维持家庭生计的经济保障。如今的你并不会为了顺应社会期望而结婚，而是先构建好牢固的婚姻基础，再将婚姻作为人生的落成典礼。大多数人都渴望拥有这样的婚姻，并为之奋斗、努力。

同时，人们对婚姻的评判标准也发生了翻天覆地的变化。传统婚姻受到经济状况的严格制约，伴侣之间不得不做出取舍，取舍结果通常是丈夫赚钱养家，妻子照顾家庭。婚姻的成功与否在很大程度上取决于双方是否能够扮演好自己的角色，尽到相应的义务，而情爱不过只是婚姻圆满的赠品。但后来，爱情、浪漫、陪伴都是婚姻中必不可少的一部分，人们也不再画地为牢，将自己紧紧束缚于责任和义务之中。事实上，配偶不应当只是你的爱人，也应该是你的朋友。如今，人们希望在婚姻中实现更多的平等，更好地分配赚钱和顾家的任务，并进一步地提高了自己的要求。

判断一段长期关系成功、幸福的标准如下。

- 持续的亲密。

- 许下承诺。

- 在身体上忠诚于对方。

- 建设性地解决问题。

灵魂伴侣的婚姻革命

近年来，一种新的婚姻形式悄然兴起，即认为结婚对象应该是自己的灵魂伴侣，双方拥有同样的人生理想，一起为理想而奋斗，鼓励彼此激发自己的潜能。这样一来，你们都能在各自的领域中有所建树，你们是亲密而独立的。因此，灵魂伴侣的婚姻革命将与对自主和亲密的渴望融为一体。

这既是一个崇高的目标，也是一个艰巨的任务。美国西北大学的研究人员伊莱·芬克尔（Eli Finkel）表示，假如你追求拥有灵魂伴侣的婚姻，其结果要么是皆大欢喜，要么是惨淡收场。现在，普通的婚姻饱受诟病，而最好的婚姻则往往意味着非常温馨的家庭氛围，以及非常平等的伴侣地位，并且要比以往任何时候都让伴侣双方满意。这些更高的期待并不是华而不实的东西，它在很大程度上决定了婚姻的质量，进而影响个人的幸福感。相比前几代人，如今的伴侣更能体会到这种联系。然而，这种婚姻更需要精心呵护——双方守望相助，洞察彼此的内心世界，全情投入并为之付出心血。可问题就出在这里，不可抗拒的高度期待正与现代社会中的另一种看似不可改变的现状——缺乏时间产生冲突，大部分人都分身乏术，尤其是年轻人。

在生孩子之前，父母那一代每周有大约 35 小时享受二人世界，他们或是共同进餐，或是休闲放松。而到了年轻一代，这样的时间只有 26 小时。有了孩子后，父母那一代享受二人世界的时间便缩短到了每周 13 小时，而年轻一代享受二人世界的时间就更少了——每周只有 9 小时。换句话说，作为年轻一代，你每天只能享受连 90 分钟都不到的二人世界。现在，失去的时间大部分都转移到了工作上，尤其是在伴侣双方都全职工作的情况下。同时，育儿方式也变得更加复杂，需要伴侣双方投入更多的时间。

这不仅仅是时间的问题。你的心智带宽[①]也在降低——由于注意力分散，认知资源和心理资源分配不均，你无法密切地关注对方的需求。因此，无论是在职场还是在家里，受到信息过载的影响，以及社交媒体的持续干扰，你经常要同时处理多项任务。当你在与灵魂伴侣的婚姻中努力攀登高峰时，你会难以获得所需的"氧气"。因此，维持这种婚姻并不容易。然而，假如你心中的婚姻标准就是这么高，那么一旦寻到灵魂伴侣，你在婚姻中会非常幸福。

---

① 心智带宽是哈佛大学行为经济学家塞德希尔·穆来纳森（Sendhil Mullainathan）在其著作《稀缺：我们是如何陷入贫穷与忙碌的》里提出的概念。心智带宽，就是心智的容量，它支撑着人的认知力、行动力和自控力。心智带宽一旦降低，人很容易丧失判断力，做出不明智的选择，或者急于求成，做事缺乏耐心，难以抵挡享乐的诱惑。——译者注

第十六章

成年早期：两种依恋类型的融合

当你进入一段婚姻关系时，你会把自己的依恋类型带入这段关系。你的依恋类型是一种内在模式，决定了你的行事风格以及亲密关系。因此，毫无疑问的是，你与伴侣的依恋类型，以及在你们之间形成的安全纽带，几乎决定了你在婚姻和育儿中的每一个要素。①

无论是分离还是相聚，你的依恋类型都会影响你们对彼此的回应，以及你们之间的纽带是否安全。而反过来，这条纽带也可以重塑你的依恋类型，尤其是在过渡期。比如，在刚进入婚姻前两年这样的过渡期、从怀胎十月到为人父母这样的过渡期，夫妻双方可能都会拥有更多的安全感。相反，假如你在过渡期承受了极大的压力，那么这会让一段曾经安全的关系变得不那么安全，

① 成年时期的依恋类型比例与童年时期的大致相似，约有 60% 的人属于安全型依恋类型的人，20% 的人属于回避型依恋类型的人，剩下 20% 的人属于焦虑型依恋类型的人。

至少暂时不那么安全。然而，生活总是悲喜交加，所以，大多数人仍有机会拥有更多的安全感，你也不例外。

安全型依恋的人的伴侣关系

安全型依恋的人很容易唤醒自己在童年时受到关爱的记忆，你会更加积极地看待关于伴侣的信息。你不仅会敏感地察觉到伴侣的支持，也会坦然地对此表示感谢。你能够信任自己的伴侣，即使你们刚刚爆发重大冲突，你对伴侣的看法也不会轻易改变。你可能会暂时表现出生气和失望的情绪，但你不会轻易改变对伴侣的积极看法。

当你准备迎接亲密关系时，你会以一种更深入的方式敞开心扉，积极鼓励你的伴侣表露自我，但你不会表现出侵入性的风格，而是习惯使用潜移默化的暗示，以便更好地见机行事。假如你的伴侣缺乏安全感，却仍然愿意与你建立亲密关系，那么你会逐渐改变对方，让对方卸下防御。在亲密关系中，安全型依恋意味着思想开明。举个例子，假如伴侣的行为方式让你感到十分惊讶，或与你的预期并不一致，你虽然会怀疑这种反常现象，但更倾向于做出积极的解读，修正自己的看法。

纵观你的婚姻关系，你的情感亲密和性爱亲密都显得十分放松，就算你在其中一个领域发生了一点儿小问题，这也不会破坏另外一个领域的平衡。当你与安全型依恋的伴侣发生性行为时，你们通常会满足彼此的欲望。

恐惧型依恋的人的伴侣关系

恐惧型依恋会让你与伴侣的关系雪上加霜。你很容易唤起自己过往痛苦不堪、遭受背叛的回忆，也很容易感受到伴侣传达出的消极情绪，并很难容忍这种消极情绪的存在。因此，当你们产生分歧的时候，你很容易陷于压力之中无法自拔。你会更加谨慎多疑，不愿相信他人，也不擅长判断对方是否值得信任，所以你与伴侣分享日常的次数也会与日俱减。

缺乏信任是恐惧型依恋的人最为严重的后遗症。你的焦虑无处安放，让你心烦意乱。你试图通过自我控制来管理这种焦虑，这种方法似乎在短期内会奏效。在婚姻的早期阶段，你依然相信爱情，充满希望。当婚姻出现问题时，你的伴侣可能会试图通过服从你的要求来得到你的信任。然而，若你与伴侣始终无法建立起相互信任的关系，那么对方也会不可避免地滋生出一股深深的怨恨，最终产生退缩的情绪或者你们之间会爆发激烈的冲突，这会让你不得不加大自我控制的力度，付出更多的努力。这种不正常的伴侣关系会让你们遭受巨大的痛苦，滋生大量的婚姻问题，激化旷日持久的矛盾。

假如你缺乏安全感，那么你的情绪常常十分低落，这会影响你的性唤起和亲密感程度。由于你不怎么与伴侣交流自己的性需求，你的性满意度会因此降低。

回避型依恋的人的伴侣关系

假如你属于回避型依恋的人，那么相比那些安全型依恋的人，你没有那么多的情感资源，也很难轻松获得积极体验。你往往会忽视伴侣的各种优良品质、友善意图以及积极行为，即使你注意到了这些信息，你的大脑也不会深层次地处理这些信息，所以你很容易忘记对方对你的好。因此，即便证据不确定，你也会对伴侣百般挑剔。

每当你的伴侣向你敞开心扉，分享内心的想法和痛苦的经历时，你会直言相劝——"那都是些过去的事了，忘了吧，算了吧，有什么大不了的？"表面上，你可能是在鼓励伴侣自信独立，又或者毫不关心对方的所作所为。但事实上，在这种冷漠之下，你掩藏的是自己的恐惧，甚至是绝望，你害怕你的伴侣会对你失去兴趣，甚至离你而去。

当你们谈论伴侣间的亲密关系时，你会表现出强烈的不安，躲避对方的目光，不去看对方的脸，你的面部表情也会透露出封闭和戒备。你往往对聊天提不起兴趣，于是提议结束对话，这常常会让你的伴侣感到沮丧和不满。

当然，他也确实会与我聊天，但他只谈自己感兴趣的事情，说一些不温不火的话。每当我想要让这段感情升温，提出某些建议时，他就会叹气抱怨："为什么我们总是要谈论这类事情？""这个话题太无聊了，根本没有意义！"因为他动不动就沉默以对，所以我们聊到最后，总是不欢而散。假如我坚持谈下去，结果就会变成我一个人在自说自话，而他早已神游天外。他知道这会让我很不爽，但他就是不想与我亲近，想用这种方式来惩罚我。

——特丝，29 岁

一方面，你对伴侣持消极看法，另一方面，你的自我防卫机制极强，你认为自己必须坚强而自立。为了维持这种自我形象，你必须想尽办法，排除任何可能产生威胁的信息。因此，遇到任何问题和冲突，你都将责任推到伴侣身上——你永远是对的，对方永远是错的。你总是不忌惮用恶意去揣测伴侣，说出带有人身攻击性质的批评话语。比起那些安全型依恋的人，你明显没有那么宽容。

你的性与爱更加分离。你进行性行为的频率低，产生性行为的动机也只不过是想要改善情绪。事后，你可能会生出一股疏远隔阂的感觉，对性爱失去兴趣。当你们之间爆发冲突时，你也不会想要通过性来修复关系。相反，你对伴侣的欲望可能会直线下降，你会产生退缩的情绪，这便是你在压力之下与对方保持距离的一种策略。

焦虑型依恋的人的伴侣关系

假如你属于焦虑型依恋的人，那么你的自我界限十分脆弱，你很容易被对方的个性和需求影响和吞噬。你觉得伴侣自主会对自己产生威胁，因此你会不断地提出要求，慌乱不安地审视对方，甚至肆意干涉对方的行为、思想和情绪。久而久之，你的伴侣会变得不耐烦，经常被你惹怒，指责你总是提出过分的要求而且控制欲太强。这会让你惊慌失措，感到更大的痛苦，然后时而愤怒攻击，时而苦苦恳求。你制造了大量的冲突，即使有时错不在你，你也要承担责任。你因此滋生出怨恨，更加躁动不安，从而引发更多的冲突。

当伴侣向你敞开心扉时，你却时常走神，想着自己的心事。你认为自己对他人的情绪非常敏感，但你的这种敏感却往往让你更加专注于自我需求的满足，而这会让你难以准确解读伴侣的需求。举个例子，假如你的伴侣向你敞开心扉，表示自己的担忧，你会急于表示自己的理解和同情，将话题转移到自己身上："哦，我也是啊！这种事情我也经历过一次呢。"然后开始详细地描述自己的经历，忍不住想把对方的注意力全部转移到自己身上。

面对有关亲密关系的任何风吹草动，比如伴侣情感变淡、爱情承诺失效，你都保持高度警惕。面对伴侣的一举一动（无论是让你高兴还是让你难过的举动），你都会做出过度的反应，因为你把对方看得过于重要。你会陷在自我反思的循环中无法自拔，在被动和主动之间摇摆不定。一方面，你希望对方能像呵护小孩一样疼爱你，另一方面，你也会在伴侣身上倾注大量的心血，希望自己明示或未曾言明的付出会得到完全的回报。假如对方没有表示，你会极度失望和怨恨。你总是担心自己能否与对方修成正果、被对方接受，这种状态会让你的注意力受到干扰，影响你日常的计划和长期的利益。

假如你属于焦虑型依恋的人，那么你的性爱亲密和情感亲密将会更加复杂。假如你在一个领域遇到了麻烦，那么这会打破你在另一个领域的平衡。当你与伴侣发生冲突时，你会利用性来改善关系，但你不太可能享受这个过程。假如你感到情绪低落，那么你常常会利用性来刺激自己。假如你们双方都缺乏安全感，那么你们的性行为就会充斥着更多的矛盾。

处理冲突的艰难任务

事实上，你的依恋类型也会影响你处理冲突的方式。作为安全型依恋的人，你通常会以一种建设性的方式来处理冲突，开诚布公地与对方谈谈最近的问题，相信自己处理消极情绪的能力。你不仅敢于承认自己的愤怒和痛苦，也不会轻易被伴侣爆发出来的愤怒击垮。因为你希望解决问题，修复伴侣关系，所以你的愤怒也会充满"希望的力量"。当你批评对方时，你会试图心平气和地交流，减少人身攻击。你愿意承认自己的错误，也能接受伴侣对你行为的批评和指正。

作为回避型依恋的人，你可能会抗拒对方的抱怨，或者以防御性的姿态去聆听对方的抱怨。你不仅会否认自己的愤怒情绪，而且还会将其投射到你的伴侣身上，无中生有地猜测对方的言行是否有敌意。因为这种愤怒在你的心中早已根深蒂固，所以你总是动不动就大发雷霆。

在一项研究情绪的实验中，研究人员在屏幕上向参与者展示了一些图片，其中就有笑脸和怒脸的图片。当参与者观察图片的时候，研究人员也在观察他们的反应（看到涉及有关情绪表达的图片时，参与者的面部表情有何变化）。这些图片会短暂地从参与者的潜意识中闪过，停留时间仅为 17~53 毫秒，它们几乎无法进入人们的意识。面对一闪而过的愤怒表情，那些回避型依恋的参与者皱起了眉头。然而，当怒脸图片的停留时间足够长，能够让他们产生清晰的意识时，他们反倒会露出虚假的"微笑"表情——这是他们为了防止自己在无意间做出负面反应而采用的一种自动的防御策略。

面对伴侣的批评，如果你是回避型依恋的人，你会感到难以接受，大发怒火，还会尖刻地批评你的伴侣，甚至认为对方的行为更加不可原谅。你总是通过夸大自己的善良和对方的刁难来为自己辩护。你常常拒绝沟通，喜欢逃避、拖延，而你的表情和姿势暴露了你内心的想法："我不想看到你，我不想听你说，我不想待在这里！"你虽然能够通过这种方式来控制伴侣、逃避沟通，但结果是你们之间的心理距离越来越远。虽然这确实是你想要达到的目的，但会对你的伴侣以及你们之间的关系产生非常不利的影响。

> 与他相处多年，我已经有了经验——亲密关系中的说与听是他的禁区。每次生气吵架后，我都想与他好好谈谈，让他知道他究竟说错了什么话，做错了什么事，但他每次都会拒绝沟通，摔门而出。类似的事情一而再、再而三地发生，我们沟通交流的渠道逐渐减少，最终我们只能站在一个狭小的"平台"上讨论一些

"安全"的话题。但这种假性的亲密关系扼杀了我们之间的真情。我有时会忘记这种烦恼，认为我们生活得很快乐，但有时这种烦恼又会涌上心头，刹那间，我觉得一切都是那么空虚而悲伤。

——帕特，38 岁

假如你是焦虑型依恋的人，那么当你陷入争论时，你很容易大发雷霆。但由于你内心那股深深的无力感，你的愤怒总是充满着一种"绝望的气息"。你不太相信自己的伴侣会理解或关心你的想法。[1]你总是被自己的焦虑和困惑情绪左右，因此你也不怎么善于沟通谈判。你试图压抑自己的愤怒，但你却很容易在激烈的情绪较量中爆发怒火，这让你好几个小时甚至好几天都无法冷静下来。

依恋类型对育儿方式的影响

你的依恋类型不仅会影响你的婚姻，还将为你此后的家庭教育方式奠定基础——你的育儿方式将直接受到你的依恋类型的影响。

假如你是安全型依恋的人，那么你会珍惜与孩子的亲密关系。你在充满爱的环境中长大，潜移默化地学会了父母积极又细心的

---

[1] 当然，有时你会担心的确是因为伴侣反应比较迟钝。然而，即便你的伴侣爱你、支持你，你那缺乏安全感的心态也会使你感受不到对方的善意，无法从中获得满足感和幸福感。

育儿方式，因此你能够很好地承担照顾孩子的任务，而不会感受到太多的压力。

假如你是恐惧型依恋的人，那么对你而言，照顾孩子可能会是一大难题。然而，假如你在童年时缺乏安全感，那么养育孩子会治愈你的童年创伤，弥补你缺失的安全感。无论是在怀孕期间得到伴侣无微不至的照顾（尤其是在你拥有焦虑型依恋的情况下），还是孩子的幼小脆弱唤起了你压抑的童年记忆，从而让你采用温柔而细致的育儿方式，最终你都有可能重新获得安全感。但假如你无法获得伴侣的支持，不得不独自照顾孩子，那么你患上产后抑郁症的风险就会更高。

假如你是回避型依恋的人，那么养育孩子对你而言也是一件难事。你可能从未对此表示出多大的兴趣，或者，即便你真的为人父母，也会认为这是一项艰巨的工作，很难从中获得满足感。你本就不适应亲密关系中的种种要求，当生活中再出现一个处处依赖你的孩子，需要你无时无刻的守护时，这可能会给你带来巨大的压力，你和孩子之间也会相对缺乏亲密感。回避型依恋的母亲往往会觉得孩子的出现扰乱了自己的生活，希望自己能够尽快恢复独立，获得"人身自由"。但一般来说，比起回避型依恋的父亲，母亲似乎能够更快适应这种身份的转变，这可能是因为女性更能胜任这种照顾性的角色。

回避型依恋的母亲与生病的孩子

回避型依恋的母亲一般会采取去激活策略，压抑并控制自己焦虑和脆弱的情绪。面对日常的压力，她们尚且能够保持冷静。但在遭遇重大压力时，这种去激活策略就会失效，回避型依恋的母亲将无法抵挡焦虑情绪的袭击，她们的思维和行动也将乱作一团。

假如孩子一切正常，非常健康，或只是生了小病，那么回避型依恋的母亲尚且能够管理好自己的情绪。但假如孩子身患重症，备受痛苦和折磨，那么母亲极有可能被痛苦压垮，出现健康问题。即便事情过去多年，她仍然会表现出消极情绪，甚至出现精神健康恶化的迹象。除此以外，回避型依恋的人还容易出现高度的生理唤起，比如，出现血压升高和其他压力症状，而这会使心脏受到干扰，无法获得足够的氧气，从而增加患上高血压和心脏病的风险。

相比回避型依恋的女性，回避型依恋的男性更难适应为人父母的压力。他们不愿承受监护人的压力。面对孩子源源不断的需求，他们不得不手忙脚乱地做出回应，这使他们更难抑制自己的怨恨和愤怒，从而与伴侣爆发更多的冲突。

我们可以在成年早期学到什么

表 16-1　成年早期过好人生的原则			
人生阶段	时间表	发展任务或危机	心理学原则
成年早期	30 岁出头至 40 岁末	建立亲密关系还是离群索居？	敢于承诺

纵观成年早期，你会悟出一个道理：快乐幸福的关键在于愿意做出承诺并为之付出。这条原则适用于你的亲密关系、育儿方式，以及我在下章将要重点讲述的工作方式。

如何经营好你的婚姻

对于大多数人而言，婚姻关系是人生中最为亲密的关系之一。无论是与伴侣保持亲密关系，还是同时承担家庭和工作两头的责任，你都需要进行大量的投入——你不仅要做长远的打算，为了维持幸福婚姻，你还必须在婚姻生活中积累足够多的积极行为。

建立"情感银行账户"。无论你与伴侣的感情有多深，你都要学会在你们共同的"情感银行账户"中储蓄。积极行为可不像你的正式礼服，只能在特殊场合"穿着"。你要学会在对方意想不到的时刻说出"我爱你"，通过各种方式来表达你对对方的爱慕和深情、重视和欣赏。这听起来可能有些老土。但有什么关系呢？没有人会对他人的赞美无动于衷。

预留心理空间。为人父母，要想与孩子建立安全型依恋关系，你必须了解孩子，展露爱意。同理，为人伴侣，想要进入对方的内心，你必须在你们共同的情感手账里记录大量有关彼此生活、偏好、梦想的信息，为这段关系留出足够的心理空间，让彼此能够保持紧密的联系。

做彼此的"第一响应者"。幸福的婚姻都需要维系。你应尽你所能，积极而充分地回应伴侣的请求。请将身体转向你的伴侣，注意眼神交流，觉察对方的内在情绪，并对此做出回应——言语是远远不够的，还需要深情地抚摸。尽管这种积极互动维持的时间很短，但它能构建一种强大的联系。假如你"背过身去"，忽视或拒绝伴侣的请求，将视线移开或转向别处，这种消极互动将会摧毁你们的联系。

当你们建立亲密联系时，你们在潜意识里会认为对方非常美好，那么这种滤镜将会覆盖某些特定的消极互动，于是你们就没有那么多的理由去批评对方或为自己辩护了。因为你们更倾向于相信对方拥有积极的行为动机，所以你们能够更好地在争吵中修复彼此之间的关系。其中的秘诀就是从现在开始，学会彼此信任。

来做一个信任测试吧！试问自己：你对另一半的信任度有多高？你是否有对伴侣感到失望的经历？如果有，你为什么会感到失望呢？

假如你对另一半的信任度很低，那么你的答案可能是这样的："我的伴侣是个自私自利之人，这是他/她一贯的作风，我对这段关系失望透顶。"

你的答案包含3个要素：个性——伴侣的性格弱点，永久——无法改变的持久特征，无处不在——对伴侣关系的整体影响。当你结束测试后，你会发现自己对伴侣的信任度更低了。

相比之下，假如你对另一半的信任度很高，那么你在描述一段对伴侣失望的经历时，你并不会试图否认自己的失望，但你可以这样解释："这种情况并不会经常发生，因为我的伴侣平时是一个体贴可靠的人，他/她当时压力一定很大，所以才会做出这种事。"

换句话说，你会把对方的行为归咎于特殊的外部环境，而不是对方的个人品质，因此，这种失望的经历只是你们生活中的一个小插曲，并不会影响你们的整体关系。经历了这一事件，你对伴侣的信任度甚至会更高。为什么呢？这是因为在你理解并解释对方动机的过程中，你会回想起你们之间的美好经历。

避免交叉抱怨。什么是交叉抱怨？当你们聊天时，一个人开始描述这一天过得有多么紧张，另一个人便迫不及待地插话："你先别说你今天过得有多糟糕了，听听我的悲惨遭遇吧。"最终，你们都会陷入坏情绪，不停地抱怨。那么，如何避免交叉抱怨呢？下班后刚见面时，建立积极联系，分享在这一天中最为快乐的经历。假如你度过了糟糕的一天，那么你就只能随意拼凑出一个答案了，但这也是一个很好的机会，能让你捕捉到某一刻一闪而过的积极情绪——或是快乐，或是油然而生的自豪感。通过这种回忆，你的心情开始变好，受到触动的伴侣也回想起相似的事，你们不知不觉地摆脱了坏情绪，轮流倾诉心中的满足，分享美好的经历。

定期享受二人世界。有了孩子以后，虽然很难找到二人独处的空间和时间，但重建亲密关系的关键在于尊重每个独一无二的生命个体。雇个保姆总比求助婚姻治疗师划算得多，跟请离婚律师比起来费用就更低了。请保姆的费用可算作你的家庭应急基金。假如你的家庭经济困难，那么你就请家里人帮你照看一下孩子，作为回报，你可以在其他方面为他们提供帮助。

尝试新鲜事物。婚姻中总是充满着稳定与浪漫的对峙。结婚的目的是维持安全稳定的关系，共同抚养孩子，共同经营家庭。

而浪漫情怀却是由生活中的新奇冒险、拖延、阻碍、久别重逢等共同塑造而成的。保持好稳定与浪漫的平衡，才能维持婚姻关系的动力和活力。

为了不被家庭生活中的柴米油盐束缚，防止婚姻陷入倦怠期，你们可以约定定期共同尝试一些新奇的事物，或者做一些你们很久没做过的事情。诚然，共度美好时光会给婚姻关系带来积极影响，但共同尝试那些新奇、活跃、具有挑战性的事情，效果会更好，你们会感受到久违的刺激。

随着你对伴侣的了解逐渐加深，伴侣身上陌生的、新鲜的部分会越来越少。但当你们连续几周都花上大约90分钟参与一项（双方共同定义的）新奇而刺激的活动时，你不仅会重新认识自己和伴侣，还会对对方更有激情，你在婚姻中的幸福感和满足感也会得到提升。你会觉得自己的状态越来越好，甚至能够再度体会到那种坠入爱河的感觉。

如何实现公平的争吵

首先，请尝试签署婚姻版本的《昆斯伯里规则》[1]。

- **删减负面话语**：假如你的脑海中出现任何消极情绪，那么你其实不必将其倾泻而出。适当删减负面话语能够缓和争论，降低关系恶化的可能性。

---

① 《昆斯伯里规则》是各类拳击比赛的竞赛规则框架，以保障选手的人身安全为核心思想。——译者注

- **避免使用绝对化词语**：尽量避免使用"永远""从不"这种会立刻招致对方反驳的绝对化词语。

- **警惕消极的交流模式**：反省自己是否陷入批评、蔑视、防御和抵抗这4种消极的交流模式当中。你可以向对方抱怨，但请具体描述你生气的缘由："我是因为你说了……做了……才会出现这样的感受。"描述清楚的同时也请给对方一个回应的机会。

- **给对方解释的机会**：在谈话中养成这样一个习惯，问问对方："你还有什么要说的吗？"事实上，几乎每次谈话结束后双方都有未尽之言。假如你认为对方还藏着什么心事，就再问一遍。

接受伴侣的积极影响。在任何一段长期关系中双方都不可避免地会发生冲突，如果双方愿意接受伴侣的积极影响，就能降低冲突发生的频率。每个伴侣可能都曾尝试过改变对方，但无论是你曾做过很多次的尝试，还是只尝试过几次，抑或是从未有过改变对方的经历，你都必须意识到一个道理——即使在没有激烈冲突的情况下，你们也能够对彼此施加影响。

在一段婚姻中，丈夫格外需要积极影响。为什么呢？性别差异决定了女性更善于合作，而男性则更不易被他人影响。而往往最不愿意被影响的一方最有能力改善这段关系。

伴侣一旦掌握积极影响的艺术，其讨论方式便有了以下特征。

- 面对眼前的问题，双方都有机会陈述自己的看法和感受。这也决定了下个阶段的任务：为自己的观点争辩。

- 虽然高涨的情绪会使争辩变得有些棘手，但在这个过程中，伴侣关系会在一次又一次的破裂与修复中回到正轨。
- 暂停争辩，回到现实——"我们吵得实在是太激烈了"。
- 弄清对方的观点——"请再说一下你的看法"。
- 在适当的时机开个玩笑。
- 试图达成共识——"嗯，在这一点上，我们的意见一致"。
- 迎合亲密关系的价值——"我们总是试着相互理解"。
- 立刻回应积极提议，但不回应消极言论。试着让讨论回归正轨或澄清某些事情。
- 因为争辩的内容条理清晰，双方的目的一致，所以双方更容易争取到皆大欢喜的结果。

善于施加积极影响的伴侣将会对自己的表现感到非常满意，而事实上，伴侣也将成功地对对方施加积极影响。

抵制伴侣的消极影响。消极影响拥有一套可预测的行为模式。

- 由于双方都在试图阻止对方陈述自己的观点，所以双方会在事情还没搞清楚的情况下迅速进入争辩阶段。
- 争辩的过程中出现大量的消极互动，比如更在意伴侣的消极语气或表达，而不去回应伴侣的积极意图。
- 缺失积极互动。某些中立或积极的话题会被忽略，或得到"是的，但是……"这样的消极回应。
- 不仅没有消除堆积的消极情绪，也很少使用修复机制。

这类伴侣往往不愿意向对方妥协。当一方提出建议时，另一方会强硬拒绝，提出相反的建议。双方越吵越激烈，滋生越来越多的愤怒和沮丧情绪，最终落得个两败俱伤的结局。

把握好战略性撤退的时机。假如争辩太过激烈且僵持不下，唯一的解决办法就是进行战略性撤退。别怕丢脸！瑞典外交官汉斯·布利克斯（Hans Blix）曾担任联合国监核会主席，一生都在为消除大规模杀伤性武器而努力。他以崇高的格局阐述为何丢面子也无关紧要——抛去颜面，一切为了人类。同理，适当地放下身段，也有可能挽救你的婚姻于水火之中。

因此，请在争辩之中坚持这条规则：假如一方因压力太大而失去理智，无法思考，那就暂停讨论，但你们必须保证在双方冷静下来之后安排时间继续讨论。

站在第三方的视角审视冲突。每 4 个月，抽出 7 分钟的时间来描写伴侣关系中最近的一次冲突，将自己从双方的关系中抽离出来，站在第三方的视角审视冲突，这有利于双方都得到满意的结果。当局者迷，旁观者清——这种方式能够带来意想不到的效果，使你站在一个更加广阔的视角看待你们之间的动向。假如你养成了这样的习惯，这将对你们之间的关系产生重大的积极影响，防止彼此陷入心理疏远和孤立。

向别人学习夫妻之道。观察现实生活、小说、电视节目、电影中其他夫妻的相处方式，并和伴侣谈谈彼此的想法，讨论哪些行为能够对婚姻起到建设性的作用，哪些行为会破坏婚姻。一开始大家可能会感到尴尬和难为情，但随着练习的推进，你们会渐入佳境，从而使对话更有逻辑。虽然这种讨论过程中会出现一种常见的情况——其中一方（很可能是女性）更津津乐道，而另一方可能将信将疑、含糊其词。假如夫妻双方时常陷入令人失望沮丧、毫无结果的讨论当中，那也不要气馁。这种讨论在刚开始的时候会显得有些做作，但夫妻确实能够通过这种对话建立关系意识，从而提高对婚姻的满意度——其效果相当于一场精心设计的惊喜，还避免了时间和金钱的过多投入。

及时寻求帮助。一对普通夫妻从婚姻出现问题到向他人寻求帮助大概需要 6 年，这些时间被浪费在等待和犹豫上。然而到那时，消极的模式已经形成，再难改变。

投入对孩子的教育

满足孩子对亲密、自主和胜任的需求是很重要的，这需要父母大量的付出。至于其他方面，市面上不乏育儿书籍和相关网站。我在这里为大家提供一些相对宽泛的育儿总体原则。

- **关注重点需求**：让孩子对亲密、自主和胜任的需求成为你在育儿道路上的指导原则，这样你就不会迷失方向。
- **学会专心倾听**：当孩子需要与你谈话时，即使你很忙，也要抽出时间专心倾听孩子的诉说（不管沟通时间多短）——"虽然我只能抽出 2 分钟的时间，但我保证这段时间不会受到其他干扰"。
- **制定家庭规则**：你需要在自己能够监督或执行的范围之内，制定清晰的规则，确保孩子的安全。孩子很擅长分辨家长发出的危险信号和安全信号。因此，家庭规则应当简短明确，没有商量的余地。制定家庭规则时，你应重点说明期望出现的积极行为，以及故意违反规则的后果。但你也要知道，孩子一般在 3 岁之后才会表现出自我控制能力，所以规则意识的建立过程实际上会非常缓慢，孩子要花很长时间才能明白——"假如自己做了坏事，就会得到惩罚"。

做好情绪自控。年幼的孩子很容易被愤怒或嫉妒冲昏头脑，也难以平静地处理负面情绪。你需要帮助孩子理解感受和行为之间的区别（尽管孩子的情绪自控能力非常差）——"虽然你无法控制自己的情绪，但你可以控制自己表达情绪的方式"。

弗洛伊德在经典案例"小汉斯"中向我们讲述了自我控制的重要性。小汉斯是一名 5 岁的男孩，他患有严重的恐惧症。小汉斯非常抗拒出门，害怕街上的马会咬他。这种恐惧与他妹妹的降生有关。他非常嫉妒妹妹，甚至在看到母亲给妹妹洗澡时，他会生出恶毒的想法，希望妹妹被淹死。面对年幼的妹妹，他既无法控制自己的嫉妒，也难以控制想要伤害她的可怕冲动，于是他试图将这种想法和冲动投射到街上的那些马上。弗洛伊德对此评价道："心有恶念，但无恶行。"

具备人生阅历，才能走进孩子的内心。你可以试着问自己以下问题。

- 我是否有过不知所措或被疏远的经历？

- 我是否曾因为缺乏经验而犯下愚蠢的错误？

- 我是否有过心灰意冷或希望破灭的体验？

- 我是否曾因无法忍受权威的压迫而感到沮丧？

- 我是否曾因察觉到年华易逝而感到莫名恐慌？

- 我是否曾有过世事不尽如人意的感受？

假如你能回忆起相关经历，回答这些问题，那么你就具备了走进孩子的内心的能力，当别人向你请教时，你也能给出一些有用的建议。

第十七章

成年早期：朝九晚五的世界

在处理婚姻关系的同时，成年早期的第二个发展任务主要体现在事业上的进步。对于大多数年轻人而言，自己正处在事业压力最大的人生阶段，工作就是生活的中心。20多岁时，你大多将美好时光拿来规划未来的职业生涯。与你的祖辈相比，你这一代普遍受教育的程度更高，也更精通现代科学技术，能够轻松适应不断变化的工作场所，以及更加多样化的员工队伍。如今，你也许还在寻找自己在职场上的一席之地，也有可能在忙着巩固自己的职场地位。无论如何，你在这个阶段的任务都是调动自己的能动性，规划自己的事业道路，完成每日的任务，从而在职场中乘风破浪。假如你消极对待工作，高薪、优厚的待遇于你而言就是海市蜃楼。假如你企图在现代职场虚度时光，你就只会落得个降职减薪的下场。

相较于前几代人，你会面对更加激烈的竞争和瞬息万变的工作环境。你的工作不安全感①会变得更强，你对自己工作表现的期望会变得更高，而你也会时常面对时间紧、任务重的工作。为了适应工作条件的变化，你必须以一种全新的方式投入工作。如今大多数人已经在心理上将工作当成自己生活的中心，尤其是那些知识工作者。对于大多数人而言，工作不再意味着一种简单的谋生方式或职业晋升的阶梯。事实上，作为衡量个人价值的一种方式，工作已然成为个人身份的核心部分。50 年前，人们通过你的服装、你所在的办公楼来判断你的工作地位。而如今，你的忙碌程度、工作时间，以及你的投入程度都会成为人们判断你的工作重要性的参考因素。

为什么工作时总容易分心

多任务处理、任务间的快速切换、不断的干扰等总是让你被迫停下手头正在做的事。你动不动就会被电子邮件狂轰滥炸，其中有许多邮件都是抄送的，而且与你的工作毫无关系，但你仍然需要阅读它们。在书信时代，收到回信大约需要 2 周时间。进入传真时代，收到回复的时间缩短到了 2 ~ 3 天。到了电子邮件时代，你需要立即回复对方，否则你会收到另一封邮件，内容为"你是否收到了第一封邮件"。

---

① 从心理学的角度来看，工作不安全感是指在面临组织变革、社会发展等外部威胁和压力的情况下，员工在对工作特征或者工作价值的认知、情绪反映等方面的一种主观感知体验，其反映出员工对工作存续、职业发展的总体担忧。——译者注

此外，你还会受到社交媒体的诱惑，时不时看看你的社交账号，以缓解工作的枯燥无聊。开放式办公室或公用办公桌正在盛行，这旨在鼓励更多的协同合作。然而问题在于，这种工作环境很容易使你的工作被打断，让你付出严重的代价——每一次的打断，无论时间多短，都会影响你集中注意力，而且这种糟糕的影响还会持续很长一段时间。随后，你才会恢复状态，集中精力。

假如你是一名知识工作者，那么在正常的工作日，你一般平均每 3 分钟就会被打断一次。现在，将这个数字乘以 25，确切地说，乘以 23.25，这就是你完全恢复状态、集中精力工作所需要的时间。况且，分心不仅会消耗你的时间，还有损你的精力。

为了弥补工作中断造成的时间损失，当回到工作中时，你必须更加努力、更快完成工作，但这会让你承受更大的压力，你会变得更加紧张，情绪也更加低落。你将难以调动足够的认知资源和心理资源来解决问题、密切关注手头的任务或者同事告诉你的消息。你既无法很好地运用自己的创造性思维，也难以高质量地完成工作任务。

平衡工作与家庭

当今的职场女性数量要比以往任何时候都多，因此，职场女性面对着一些前所未有的问题——如何平衡工作与家庭？在欧洲，有薪产假和无薪产假的差别很大，而美国则几乎不存在这种差异。虽然女性对压力的感受较为强烈，但男性也开始面临着如何平衡工作与家庭这一问题，这反映出某种代际变化——年轻一代的父亲希望花更多时间陪伴孩子。

在职场上，尤其是在私营企业，管理者仍然努力寻找合适的方法，以满足灵活工作的需求。在员工没有紧迫感或失去工作热情的情况下，他们通常会推出弹性工作制和其他一些有益员工照顾家庭的措施，以此来适应女性的职业特性。

这有时会受到一些高层员工的暗中抵制，因为这些人往往是做出了重大的家庭牺牲才换取了如今这个职位。看到年轻同事得到了他们从未有过的休息机会，他们会感到心理不平衡，怀疑自己为成功付出的代价是否过于高昂。有些人的态度则非常强硬："我当初都能做到平衡工作与家庭，你现在为什么不能呢？"

无论如何，事情已经有所进展。为了缓解压力，并建造工作和家庭之间的桥梁，一些组织的高层已经做出了必要的改变，提出了"工作与家庭生活和谐共存"或"积极工作，丰富家庭生活"这种新概念。

团队——工作的基本单位

在过去 20 年里，职场中的人与人合作的时间增加了至少 50%。企业将工作分配到各个团队，促进各团队的合作。从本质上讲，团队中的成员或者不同团队之间，往往是互相依赖、有效协作的。然而，不同团队的工作效率存在很大的差异。

2012 年，谷歌开展了一项代号为"亚里士多德项目"的著名研究，研究对象包括其分布在全球的 180 个团队，研究目的为弄清为什么公司内部某些团队比其他团队更具创造性、更富有成效。这些团队的运作方式千差万别，其内部的管理结构不同、成员个性不同、组织环境也不同。我们仍然可以发现，尽管存在这么多的差异，那些最为成功的团队都有以下 5 个特点。

- **可靠性**：成员们会高质量地按时完成工作，不推卸责任，这是基本的职业素养。
- **目标制定**：团队结构清晰，目标明确，成员也清楚自己在团队中的角色。
- **意义构建**：每个成员都明确自己的奋斗目标及创造的价值。
- **正向影响力**：成员们相信自己会对团队做出贡献，推动团队前进。
- **心理安全感**：形成了"心理安全"氛围。

其中，最受关注的因素便是"心理安全感"，让我们来一探究竟吧。

哈佛商学院领导力与管理学教授埃米·埃德蒙森（Amy Edmondson）曾发现不同医院在引入治疗心脏病的同种新型外科手术时，竟然出现了截然不同的结果，她在调查其中的原因时首次发现了"心理安全"这个概念。这种新型外科手术不仅侵入性更小，风险更低，成本也更低；由于病人术后恢复更快，因此住院时间更短。所有医院的手术小组都有相似的病例、相似的专业资格医师和专家，以及相同的医疗资源。然而，有些医院成功地引入了这种手术，有些医院取得的效果好坏参半，还有些医院完全放弃引入这种手术。埃德蒙森发现，那些脱颖而出的医疗团队都拥有一种"心理安全"的开放氛围。

- 这些团队会让成员拥有安全感，鼓励成员进行人际交往。
- 这些团队会让成员敞开心扉，培养成员进行情感对话的能力。
- 这些团队会让成员敢于承认自己的错误、质疑同伴的做法，敢于讨论难题和敏感问题，而不用担心自己会被团队领导或其他成员惩罚或边缘化。
- 这些团队会让成员拥有亲密感和归属感，从而卸下防备，畅所欲言。
- 这些团队会让成员以真诚热情的姿态聆听他人的想法。
- 这些团队会让成员的沟通风格变得更加平易近人，在会议前后，成员能够随意聊天，在交流中拉近彼此的距离，而不是公事公办地完成任务。

团队心理安全是成员对职场产生高度信任的表现。职场中的信任感一直很重要。当你信任你的经理、你的同事和你的企业时，你会表现得更加出色——你会更加投入、更加坚定、更有效率，也更愿意参与合作。如今，当变革的车轮在企业中转动时，作为润滑油的信任已摇身一变，成为职场的核心要素。

复杂的工作动机

如今，很多企业都在开展去层级的管理改革，这就意味着员工能够更好地完成自我激励、积极采取主动的工作方式，也敢于做出决策，掌握自己的工作。大多数员工都希望能够把握工作的主主权，而不是被动地接受工作任务。因此，这些信号对于员工来说是极大的利好消息。

当你能够合理安排自己的工作时，你会更加快乐、更加投入、更有激情，也更能发挥创造力，从而保持源源不断的工作动力，高质量地完成工作任务。同时，你不太可能会承受太大的职场压力，或者受高血压、高胆固醇或抑郁症等健康问题的困扰。

这种情况确实很乐观，但大家的想法都是一致的吗？

并非如此，事实上，只有不到 1/3 的人认为自己享有工作的自主权。因此，大多数员工还是会对工作产生疏离感，认为自己很难投入工作，觉得自己的工作非常无聊。由于员工每天上班时的情绪都很低落，他们工作的积极性也会下降，他们会跟不上企业的发展速度。

有时候，消极的工作动机源于个人问题，比如某个喜欢关注细节的领导、某个挑剔的完美主义上司。但实际上，罪魁祸首往往是那些类似于升职加薪的常见的员工激励措施。

以财务激励为例。涨工资和发奖金的确是件美事，特别是在你从事常规工作、上班枯燥乏味的情况下，涨工资和发奖金会激励你更加努力地工作。然而，只有作为背景动机，财务激励才会发挥很大的作用，比如你竭尽全力完成特殊项目，或者帮助企业实现重要目标，因此获得老板的奖励。心理学研究表明，用金钱激励员工工作，预先许诺奖励并将奖励与绩效直接挂钩，具有非常明显的缺点。

有很多单位，尤其是金融、咨询和法律领域的企业，都会使用绩效和奖金的组合鼓励员工长时间工作，但采用这种方法会破坏员工的自主性、内在动机、创造力和工作质量，造成大量的负面影响。为什么呢？这是因为激励机制会让员工的关注点变得狭隘，员工只计较眼前的得失，即完成任务，获得奖励。因此，员工的行为受到外在动机（期望奖励）的控制，这反倒削弱了员工对任务本身的兴趣，以及解决复杂问题、处理繁杂信息所需要的认知灵活性。

当你面临某个复杂问题，而解决方法又不甚明确时，这种奖励机制反倒会起到反作用。企业在创新变革时面临的大多数紧迫挑战，即所谓的"棘手问题"，往往意味着员工需要同时解决多个问题，而不能通过现有的"公式"去摆脱困境。此时，只有掌握自由和自主实践的权力，在不断的试错中进行学习，想出更有建设性、更加新颖的解决方案，才能帮助企业渡过难关。

想要拥有创造力，你就必须拓展自己的思维，关注任务中的种种细节。打破常规，改变既定的行事风格。然而，一旦你的自主权受到侵害，你觉得自己受到控制，这个重要而脆弱的过程就会顷刻瓦解。

外在动机（相对于内在动机）意味着一个人做某事不是为了

内在满足，而是为了获得奖励或避免惩罚。外部激励会造成很多负面影响。

外部激励会增加压力，影响身心健康

假如你在工作中感觉竞争压力很大，那么外部激励的负面影响就会格外明显，尽管潜在回报丰厚，但失败的代价也很高昂。无论是频繁的绩效考核、同行间的强制排名，还是与业绩挂钩的奖金体系，都会让你感到巨大的工作压力，难以长期平衡工作与家庭。

外部激励会使职场关系更加消极、紧张

当你将任何工作都视作"必须完成的任务"时，这种巨大的压力会使你在职场中进行更加消极、紧张的互动。你对工作的要求更加苛刻，对任务的质量更加挑剔，也更少参与团队协作。你的关注点会放在如何完成工作上面，而不是尝试不同的工作方法，你也难以把事情办得更好，推陈出新。相反，假如你对任务本身感兴趣，受到内在动机的激励，你的处理方式就会完全不同，你会表现出更强的自主性，完成任务对你而言不仅仅是工作，还是一种娱乐。但实际上，为了更好地完成任务，你会投入更多的时间和精力。同时，你也不太可能干扰别人的任务进程，因此，你在职场中与他人的互动会更个性化、更自由，也更富有探索性。

外部刺激会鼓励成瘾行为和短期思维

当实验动物的大脑奖励中心受到重复刺激时，它们会疯狂工作，直到精疲力竭而亡。你肯定会认为，人类不会出现这种情况。然而，情况并非如此。关于倦怠、成瘾和厌食等各种心理障碍的研究表明，我们都有可能因为强烈的外部刺激而变得不正常。

外部激励会破坏道德决策

面对极具诱惑的激励，人们往往会变得目光短浅，采取不道德的手段。这是因为外部激励颠覆了手段和目的之间的关系——你会为了达到目的而不择手段。当你专注于眼前的奖励时，你的内在动机会减弱或消失，造成大脑短路，无法正常监控你的行为和动机是否与你的价值观和信念发生冲突。

因此，极具诱惑力的奖励会扰乱大脑的正常运作过程，麻痹你的良知，从而破坏你的道德决策。你会被这些奖励牵着鼻子走，就像被卷入一场激烈的争吵一样，你会陷入连锁反应，并很有可能因此走上一条非常危险的道路。

2006 年，自我决定论的提出者爱德华·德西（Edward Deci）和理查德·瑞安（Richard Ryan）通过研究人类动机得出了一个结论：外部激励只要足够强大，就几乎能让人类做任何事情，比如放弃自主、违背需求、忽视或破坏自己最为珍视之物，包括亲密关系、生存环境等。

内在工作生活

越来越多的企业希望得到社会科学家的帮助，以最大限度地发挥员工的价值。社会科学家提出的建议往往都有科学依据且与职场中的 3 种基本心理需求（胜任、自主和亲密[①]）密切相关。

举个例子，哈佛商学院教授特蕾莎·阿马比尔（Teresa Amabile）和她的合作伙伴史蒂文·克雷默（Steven Kramer）将关注点放在所谓的"内在工作生活"上。你每天的外部工作议程、每时每刻的工作任务与你每天的内在工作生活、内心深处的即时想法是平行的。在一项研究中，他们要求来自不同企业的 283 名员工连续 4 个月写工作日记，每天描述完成一项工作时脑海中出现的事件。结果显示，员工当天描述的那些"起起落落"的事件，都对他们的内在工作生活，以及当天的反应、思考和感受产生了显著的影响。

当你记录工作中的"小确幸"时，你会产生一种稳步前进的感觉，觉得自己正在取得进展，完成任务，赢得胜利，实现突破，收获新知。产生这样的感觉往往取决于以下条件。

- 拥有清晰而明确的目标，拥有对任务的使命感。
- 对自己的工作方式有一定的发言权，而不是遵从领导的错误决定。

[①] 我把这 3 种心理需求按对取得事业成功的相对重要性排列。

- 拥有足够的资源和时间来完成工作。
- 能够在正确的时间，从正确的人那里得到正确的帮助。
- 拥有表达不同观点的工作氛围，能从成功和失败的案例中吸取经验。

内在工作生活非常重要。当你拥有积极情绪时，你会更有效率，更加投入，更有责任感。当团队拥有积极情绪时，员工就会更加团结，更多地参与合作，想出好点子的概率便会大大提高，这种创造力的影响是无穷大的。建立团队，形成组织文化，让员工以正向的方式在工作中取得进步，这固然需要大量的投入，但企业也会得到丰厚的回报。想想看，好点子的出现概率大大提高，从而显著提高生产效率，改善服务质量，任何一个正常的企业都不愿让这种机会白白溜走。

然而，当阿马比尔和克雷默就他们认为真正激励员工的因素对全球数百名经理进行调查时，他们发现，95% 的企业都错得离谱，这些企业竟然认为取得工作进步对员工的激励作用是最小的。

赢得职场成功的关键心理因素

一般来说，高情商的人能够让自己的头脑和心灵很好地协同工作——既能合理调动自己的情绪，提升思维、判断和表现能力，也能运用理性能力调节自己的情绪。研究发现，与智商、资历或技术等传统因素相比，情商的高低更能决定一个人是否能在职场取得成功。雇主招聘任何岗位的任职者时，其所看重的能力中，有 2/3 都与情感能力相关，只有 1/3 与智商和技术相关。

当然，这并不意味着抽象思维、理性思考和实干能力不重要。这些能力确实很重要，但它们逐渐变成了入职的门槛——在你凭借这些能力入职后，它们对你取得事业成功的影响程度仅为原来的 1/4 ~ 1/3。

情绪不是可有可无的附属品——你的情绪影响着你的关注点、你的感知方式、思维和反应方式。最重要的是，情绪是激励的关键要素。事实可以说服你去做或不去做某件事，但是否按照这种信念行动却取决于你的情绪。

情绪不仅仅是一种惰性的感觉——它们会在大脑中触发行动倾向，每种情绪都有自己的特性。例如，兴奋激励你展开行动，而悲伤或消沉会促使你产生退缩或逃离的想法。

一个人拥有高情商意味着他能够正确调动积极或消极情绪，控制情绪的强度，迎接特定的挑战。高情商者通常具有以下特点。

- 能够让头脑保持半兴奋状态，积极但不冲动。
- 能够保持正常的焦虑，思维活跃有条理，时刻保持警觉。
- 能够保持适当的愤怒，维护自己的权益，解决人际关系中一些棘手的问题。
- 能够保持适当的嫉妒，激励自己实现目标，激励自己进步。

能够调动正确的情绪是"巅峰表现"的核心。"巅峰表现"这个词来自运动领域，意为在压力之下发挥出高水平。

在奥运会的严格要求之下，每位运动员都必须拥有超群的技术水平、身体素质和情绪控制能力，只有在这3个方面达到巅峰水平，全力以赴地迎接比赛，才能有巅峰表现。人们通常将运动员这种精神专注的状态称作"大游戏心理"。

作为顶尖运动员，当你面临挑战时，精神专注能够使你选择性地关注问题的基本要素，把握正确的时机，做出正确的决定，从而将技能转化为巅峰表现。然而，这种专注依赖于宝贵而有限的认知资源，而这些资源很容易被耗尽。尽管你有强烈的动机，希望自己表现良好，可一旦失去专注力，你就会忘记自己曾做过成千上万次的练习。你会在生理上变得过度兴奋，心跳加速，呼吸急促。面对焦虑和自我怀疑的冲击，你的信心会动摇，你无法集中注意力，因此，你最终未能充分发挥出自己的潜力。

毅力、掌控力和心流

胜任的核心是掌握一套技能、一套特定知识体系的能力。[①] 假如你想在某件事上做得很好，那么你需要进行大约1万个小时的练习。然而，仅仅是做好自己的工作，你就要付出大量的努力。

美国宾夕法尼亚大学教授安吉拉·达克沃斯（Angela Duckworth）

---

① 事实上，我们的综合能力也会受自己无法控制的因素——我们的智力和天赋，以及我们生活的社会经济环境影响。但在任何情况下，掌控力都是自我管理的决定性因素。

将毅力称作努力、决心、坚持、耐力和艰苦奋斗的混合体，它是人在沮丧、挫折和失败面前继续前进所必需的意志力，是比智力或天赋更能决定人生成功的关键因素。

为了更好地解释毅力，达克沃斯将乔治·维兰特（George Vaillant）的一项研究作为案例。1940年，范伦特担任美国哈佛大学的教授，他开始进行一项成人研究，对一群23岁的男性学生进行跟踪调查，每两年随访一次。在每一次随访中，学生们都要描述自己在家庭、友谊、工作等方面取得了多少进步。此外，研究人员还收集了他们当时的生理和心理健康数据，然后根据各项结果给出一个分数，以表示学生们对成年生活的适应程度。

在研究刚开始的时候，学生们需要在坡度大、转速快的跑步机上跑5分钟。这不仅是对他们健康状况的测试，也是对他们耐力和意志力（达克沃斯现称之为"毅力"）的测试。令人惊讶的是，研究结果表明，他们在20岁出头时在跑步机上运动的时间，是他们在成年后能否取得成功的一个强力预测因素。

纵观你的一生，你在20多岁的时候，完成工作、坚持到底的毅力往往是最弱的，但随着你进入成年早期和成年中期，你在这方面的毅力会逐渐增强，并在60多岁的时候达到顶峰。

假如你获得了工作中的心流体验，那么你就能以另一种方式拥有掌控力。1975年，著名心理学家米哈里·契克森米哈赖（Mihaly Csikszentmihalyi）发现了心流的秘密：当一个人的技能水平与任务难度恰好达到平衡时，他就会进入心流状态。你可能会出于兴趣而参与挑战，但这并不会让你进入心流状态。只有当你全身心投入挑战时，你才会进入心流状态。任务一开始可能会很繁重，但在某一个特殊时刻，你会觉得自己拥有了迎接挑战的能力，你感受到了一种张力，而不是压力，这时你会觉得，执行任务是一种享受。在这一刻，工作和娱乐融为一体，你的注意力完全被愉悦的活动吸引了，你的思绪停止游荡，你对任务的成见和疑虑全都一扫而空。你只专注于自己的下一步行动，你的每个决定、每个行动之间都实现了无缝衔接。

然而，任务难度和技能水平之间的平衡本质上非常脆弱。假如任务难度太大，超出了你的技能水平，你就会承受巨大的压力，变得焦虑。假如任务难度太小，任务就会显得很无聊，让你失去兴趣。当你处于心流状态时，你的整体状态将会得到全方位的提升，你的注意力会更加持久，能量会更加充足，即便面对挫折，你也能坚持更长时间。总而言之，你会获得极致的幸福体验。在这之后，你会更有自信、活力，充满动力地迎接更大的挑战。

心流体验是一种最佳体验。[①] 你在每周获得的心流体验越多，就越有可能感到精力充沛，创造力和动力十足，并深感快乐。令人惊讶的是，相较于休闲时间，人们在工作中更有可能获得心流体验。然而，只有 1/5 的人表示自己几乎每天都会获得心流体验，1/3 的人认为自己很少或从未获得过心流体验。假如你处在一个忽视自主的工作环境中，周围充满强烈的干扰以及强大的外部激励，这会扼杀你获得心流体验的内在动机。

---

① 契克森米哈赖在其著作《心流》中介绍，心流体验是一种最佳体验。

职场中的心态

事实上，你在工作或生活中的心态都很重要。你的实际能力与你在学校或工作中的表现之间的关系并不简单。你的掌控力不仅取决于你的能力，还取决于你对自己能力的看法——相信自己的能力是固定不变的，还是会发展的。美国斯坦福大学的教授卡罗尔·德韦克（Carol Dweck）将上述两种看法分别称作固定型心态和成长型心态。

假如你拥有成长型心态，你就不会把努力视为天赋的替代物，而是会用自己的努力去培养天赋，将其转化为真正的成就。你会更有学习的动力，积极寻找行为方式的反馈，并将挫折当作一个宝贵的学习机会。拥有这种信念，你会看淡任何对失败的恐惧：认为自己能够从失败中吸取经验，获得进步，从而在下一次任务中取得成功。因此，你会更加乐观、更加自信，对成功抱有更高的期望。

假如你拥有固定型心态，那么你更有可能低估自己的实际能力。你设定目标是为了证明自己的能力水平，或者证明自己比他人更擅长做某事。因此，当你觉得自己没有取得足够的进步，或犯了错误时，你会把它理解成"自己没有能力完成任务"，从而感到焦虑和困惑。你不再关注怎么努力学习、提升自我，而是试图通过降低对成功的渴望、拖延甚至是脱离当前的任务来保护自己。

职场中的依恋

在职场中，进步、情商、巅峰表现、心流和心态都取决于一个共同的因素：自我调节情绪和压力反应的能力。这种能力受到依恋类型的影响。虽然依恋类型不会像影响人际关系那样，直接影响你的工作方式，但它关系到你能否拥有快乐成功的职场生活。

安全型依恋

假如你拥有安全型依恋，那么你在职场中就会拥有先发优势——积极的心态、基本的自我信任、相信他人，以及诚实可靠的行事风格。你喜欢和他人一起工作，一对一或团队合作皆可，你觉得自己可以依靠他人的支持和帮助。但你也不会在职场中轻易上当，或者毫不在乎自己的利益或福利。你会为自己着想，能够激发健康的自我保护本能。因此，当有人触碰你的信任底线时，你会果断做出反应。

面对不可避免的职场压力和紧张的工作任务，你通常会做出建设性的回应。假如某个任务失败，你愿意反思自己的主张，承认自己的错误，果断改变方向，而不是在一味地自我怀疑、懊恼和批评中不断削弱和撕裂自我。每个人都会有负面情绪高涨的时刻，但你通常会设法保持足够的冷静。你会仔细思考自己究竟在哪个方面出了差错，尝试从不同角度看待问题，重新构建任务，降低工作难度，从而轻松解决问题。在这个过程中，由于你在全力以赴地解决问题，所以你并不会纠结是否要请求他人帮助。

回避型依恋

　　恐惧型依恋无法为你的职场生活提供任何帮助。假如你拥有回避型依恋，你可能会在工作中投入大量的时间，像在童年时一样回避亲密关系，以安斯沃斯所称的"情感绝缘方式"形成强有力的自我保护模式。然而，你的工作方式往往是被动、强迫、毫无乐趣的。实际上，由于你始终在心理上与工作保持一定距离，你可能并不像表面上那么投入工作，你会发现自己在职场上很难产生积极情绪，无法保持认真负责、忠诚敬业的工作态度。

　　你可能会厌恶团队合作，拒绝参与团队活动。你往往不会高度评价他人的贡献，所以你看不到团队合作的意义，更喜欢依靠自己的力量，保留自己的想法和创意，不愿让团队影响到你的工作。你会谨慎冷静地与同事沟通交流，透露出防备和公事公办的态度。这种立场会让你和同事之间的关系变得十分紧张，尤其是在他们需要你配合完成工作的时候。同事的愤怒可能会激起你曾经对遭到拒绝的恐惧，而这可能会影响你的表现。因此，你很难在团队中发挥良好的作用，对于你在团队中的表现，不仅是同事，就连你自己也不会给出肯定的评价。

　　当你在一个重视亲密和相互依赖的团队中工作时，你会感到更加不适，这会进一步影响你的工作表现。你很难拥有心理上的安全感，很难挑战困难，很难倾诉自己的亲身感受。无论是对外还是对内，你都不愿意承认自己的弱点，因此，面对在群体中暴露弱点的场景，你会产生强烈的焦虑情绪，进而将这种情绪伪装成对整个企业的冷漠和轻蔑。

同理，你用于抑制脆弱感的策略也能够压制你的积极情绪，因为你害怕失去戒备，所以你的自我防卫感让你很难公开表露快乐情绪。这可能会阻碍你进入心流状态，影响你在创造性工作中的表现。你对新信息的抗拒可能会破坏你对工作的控制感，除非这些信息是技术性的。

焦虑型依恋

假如你拥有焦虑型依恋，你可能会对工作拥有过高的期望，也很容易失望，因此，你发现自己很难维持最初对职场的积极情绪。你把大部分精力和注意力都放在如何被同事接受和认可上，所以你很难专注于完成手头的任务。在团队中，你往往会做出过多的承诺，但又无法履行。为了吸引他人的注意力，你不断地自说自话，从而忽略了谈话的环节。你往往察觉不到自己正在惹恼别人，假如你注意到了这一点，你立刻就会情绪紊乱。

你更愿意暴露自己的疑虑和弱点，却很难解决和改进它们，因为困难和情绪化的心理安全对话会让你充满焦虑。你很容易受到压力的影响，所以职位变更或者单位调动对你而言都是很大的负担。你既高估了事情的难度，也对自己提出了过多的要求。

你认为自己"应该"成为的样子和你现在的样子之间存在着巨大的差距，你的表现很少能达到你的期望，你对自己某一方面表现的担忧和怀疑甚至会蔓延到其他方面。由于难以应对挫折，你会不断地反思错误和失败，苛责自己。虽然你会立即寻求情感上的支持，但同时你会怀疑自己能否获得这种支持。你甚至可能因为急于摆脱模棱两可、混淆不清的思维，而在错误的时机强行推出一个非黑即白的解决方案。

你觉得自己就像曾经的父母：不称职，难对付，容易栽跟头。然而，你又被迫追求完美，给自己设定不切实际的目标。或者你可能会像童年早期那样，被动无助，患得患失，不愿探索和学习。你几乎不知道自己想要什么，也很少去探索自己想要什么。

我们可以在成年早期学到什么

表 17-1　成年早期过好人生的原则

人生阶段	时间表	发展任务或危机	心理学原则
成年早期	30 岁出头至 40 岁末	主动出击还是被动承受？	敢于承诺

就像规划人生一样，规划成年早期的事业时，为了在职业生涯中获得满足和成功，你必须全身心地投入工作。当然，鉴于现代工作、生活的要求，全身心地投入工作也并不意味着让工作接管你的生活，从而影响其他优先事项。

在职场与同事的日常互动中，你应该尽可能采取以下积极的措施。

建立界限。你可以在办公室等工作场所采取以下行动。

- 在规定的时间段内关闭手机。
- 利用你的影响力去说服或禁止他人在开会时使用手机。

- 只用笔记本电脑做必要的笔记。

- 除非特殊需要，否则请停止上网。

- 在开放式办公室中，在特定的工作区域摆放提示牌，如"禁止打扰""正在工作，非相关人员不得打扰""非必要不得打扰"。

抵制那些紧急但不重要的工作。这些工作会以某种方式渗入你的日程，让你陷入困境，慢慢耗尽你所做之事的意义和乐趣。这些工作不需要特定的人来完成，所以它们就像尘埃一样飘浮着，直到落在某个地方。如果它们总能出现在你的办公桌上，那就想清楚，为什么你无法拒绝继续做这种低价值工作，为什么你不能勇敢地说"不"。

请记住，依恋类型并不能决定你的命运。就像安全型依恋并不能保证你会成功一样，恐惧型依恋也不意味着你在工作中就不会成功。举个例子，虽然你属于回避型依恋的人，但有些企业会格外重视"独狼"式的表现。同样，在一些主张高强度工作风格的专业服务机构中，伴随焦虑而来的情绪波动和对认可的渴望可能会被重视，或者至少会被容忍。无论如何，你都可以茁壮成长。

前路迢迢，人生无限

生活不应该是一场带着漂亮精致的皮囊、完好无损的躯体安全抵达坟墓的普通旅行，而应该是在滚滚红尘中策马奔腾、全力以赴。直至生命的最后一刻，你会大声赞美道："噢！多棒的经历啊！"

——亨特·S. 汤普森

第十八章
成年中期：人生的十字路口

人到中年，你需要反思过去才能继续前进。如今，你已重新审视、回顾和评估了自己的人生，你已准备开启全新的征程，拥抱全新的自我。根据你对自己的了解，你开始计划如何度过下半辈子。人生第二旅程正在徐徐展开。

无论你怎么评判自己现在的人生，是在负重前行，还是自由自在；是称心如意，还是悲观失望，最终都可以指向 3 个问题。

- 这就是我想要的人生吗？
- 我可能会做出哪些改变？
- 我会坚定地实现目标吗？

你的答案会符合以下 4 种策略之一。

- 整合。

- 退出。

- 突围。

- 搁浅。

整合

你可能对自己目前为止的人生大致感到满意，但觉得仍有一些不够称心如意之处，希望做出改变。虽然可能没有遇到紧迫的婚姻危机，但你的婚姻生活也日渐乏味。因此，你和你的伴侣需要就婚姻中的"亲昵条款"做出协商。

你会探讨、解释、争辩、好言相劝。你的伴侣有时会不情愿地回应，有时又会急切地回应，让你感到惊讶甚至震惊："你觉得这很无聊吗？"假如一切顺利，你们将同心协力，恢复婚姻的活力。你们会为夫妻关系投入更多的时间和精力，创造更多亲密的机会。你们会腾出各自的时间，一起拜访亲朋好友。你们不仅会捡起荒废的爱好，也会一起尝试新鲜的事物。

这是一个试错的过程，假如你们都坚持下去，情况便会慢慢变好。你们会找回对彼此的感情和兴趣，你们之间的关系会焕然一新，变得更加牢固。重修旧好既需要彼此的参与配合，也有赖于实际做出的改变。婚姻中的安全基地得到了巩固，双方都能更加自信地在婚姻世界探索冒险，共同成长，活出全新的一面，尝试不一样的人生。

同理，你可能会对自己的事业大致满意，但你同样认为自己需要做出一些改变。你决定投身于一个全新的工作项目，或者转移到某个不同的工作领域，又或者将更多精力放在工作中的人际关系方面。在这个过程中，你会放弃一些之前的抱负，为新的理想腾出空间。当你把自己从过往的压力中解救出来时，你也会解放自己的另一面。

> 我非常注重对研究生的培养，也总是尽力照顾他们，用心提出指导意见，但我以前总是严肃待人，因此，我觉得学生并不了解我。如今，我发现自己做出了改变，我会和学生聊天，分享我在攻读硕士学位时的经历，交流彼此的人生感悟。我不知道这种改变是从什么时候开始的，也许是我在思考人生的时候，想到了我读博的经历，将心比心，我也想帮助这些孩子。因此，我现在不仅是学生们的学业导师，为他们指引学习方向，也更像是他们的人生导师，为他们指点迷津。他们的反响非常热烈，我也更加享受这个过程，并从中体验到了自我价值。
>
> ——尼古拉，46 岁

即便是在不那么愉快的情况下，你也有可能经历整合的过程。你可能在婚姻或者职场中过得并不快乐，你虽然想要逃离，却痛苦地意识到，这将给你的家庭或生活带来巨大的困难。所以，你仍然停留在原地，这不是因为你必须这么做，而是因为你选择这么做。你无法改变现状，所以重新承诺是你唯一能做出的积极选择。无论生活有多不完美，你都会全力以赴，有意识地掌控自己的人生。你虽然无法得到渴望的幸福，但至少能够把握当下的幸福。

> 我现在的生活一团糟。我和我的妻子渐行渐远，我甚至看不到这段婚姻的未来。真的，我想了很久，考虑了很多因素。但我还得为孩子们着想，两个孩子才刚上中学，我不想影响孩子们的生活。妻子患有抑郁症，她很依赖我，假如我一走了之，我真不知道她该如何应对，孩子们又会受到什么影响。因此，至少在可预见的未来里，我将继续留在这段婚姻里，维持最好的家庭状态，否则我即便搬了出去，也无法安心。
>
> ——汤姆，46 岁

无论你处在什么样的环境当中，假如你努力做出必要的改变，重新整合你的生活，虽然你表面上的生活看起来没有什么改变，但你的内心世界变得不一样了。你会更加快乐，或者至少相比以往更加满足。你会重获新生，建立更深的亲密关系，也更能掌控自己的生活。总而言之，你会重回正轨。

退出

你们中的有些人会选择退出——决定离婚或辞职。说到离婚，你并不是孤身一人。不同国家的离婚率有所不同，在大多数发达国家中，离婚率往往会超过 40%，常见的离婚年龄是 45 岁左右（美国的离婚年龄普遍更小）。

爱尔兰的离婚率一直很低，但如今也在缓慢上升，分居或离婚的高峰年龄是 53 岁。那么，为什么是这个年龄呢？因为你发现，婚姻关系里长期累积起来的问题让你不堪重负，你一次次地尝试去挽救婚姻，又一次次地失败。到了现在，你更加悲观绝望，最初的海誓山盟正在逐渐消失。你可能与你的伴侣渐行渐远，甚至已经移情别恋了。

最初用于维持这段关系的心理需求可能已经改变。当你们初次见面的时候，你们都在对方身上发现或希望在对方身上找到一种融合了安全与熟悉、新奇与冒险的特殊感觉——能够正好让你们相配或互补。但时过境迁，对方身上那种曾经让你感到兴奋和新奇的感觉，可能让婚姻生活处于长期的不稳定状态，且让你的情绪总是波动。

我的丈夫是一个无拘无束、充满活力、随时准备冒险的人。我们初遇时，我就喜欢他的这种不羁，就算到了现在，我仍觉得这或多或少就是他的魅力所在。我们在国外住了几年，过着美好的生活。他动不动就为我们安排一次周末出游，我们度过了许多美妙的假期。他喜欢过随心所欲的生活。但自从我们回国后，他似乎不能安定下来。我算了一下，他在 5 年内换了 3 次工作。几个月前，他开始计划移民加拿大，但我不会再跟着他四处奔波了。我们的两个女儿已经在学校安顿下来了，但他仍然认为我们可以利用学期中间的时间休假。他不知道适可而止。曾经这一切都很迷人，但如今我们都已到了中年，我想要一个成熟的伴侣，而不是一个任性的孩子。我曾试图让他明白这一点，但他从不知悔改。我真的感到精疲力竭，无法继续忍受这种动荡的生活。所以，我对我们的婚姻已经不抱希望了。

——黛博拉，45 岁

说到工作问题，你也有可能选择辞职。因为你可能不再胜任这份工作，或者对其不甚满意，又或者这根本就不是你想要从事的工作，所以你会重新审视自己的内心。假如你现在选择辞职，你可能会冒险创业，或者认真考虑一直想要写本小说的计划，但因为缺乏持续的动力、必要的承诺，以及坚定的决心，或者意识到成功的代价实在太高，最终，你会发现，这种想法只是异想天开罢了。

我从 43 岁开始攻读工商管理硕士学位，希望能在职场中提升自我。再过几年，戴夫就要退休了，我想我很有可能会当上首席执行官。我在学校成绩一直很好，一心想要出人头地，总是给自己施加过多的压力。我的父母和两个兄弟都没有接受过高等教育，他们都从事着一份普通的工作，因此，我是家里最大的希望。但在职攻读工商管理硕士学位几乎要了我的命。我的工作要求本来就非常高，而且我每天都要工作很长时间。我有两个年幼的孩子要照顾，还有一个即将出生。下定决心的那天，我回到办公室，心想"就这样吧"。如果这就是登上顶峰的代价，那么这代价未免也太大了，我承受不起。所以我辞职了，现在在一家小公司做总经理。虽然工资变低了，但上班时间也变短了，工作很合我的兴趣，所以我觉得跳槽是值得的。我对这份工作非常满意，也从中学到了很多东西。

——詹姆斯，48岁

无论是离婚还是辞职，都需要消耗大量的心力。这对你自己和周围的人都会造成极大的影响。有时你会感到极度焦虑，有时你会突然惊醒，陷入自我怀疑，觉得这一切都太过不可思议，怀疑自己是不是疯了。若想坚持到底，你需要自主权和来自家人朋友的支持。假如你已经做好了完备的计划，并用自己的努力和耐心加以弥补，那么你会更快乐、更有活力地迈入全新的轨道。

突围

突围其实并不是一种策略，而更像是一种逃跑的冲动。虽然你意识到了自己在婚姻或工作方面出了问题，但你就是无法下定决心解决问题。你无法直接面对这些问题，或者害怕一旦直面问题，就会暴露出自己面对问题时的困惑、矛盾和犹豫。因此，你往往会在毫无计划的情况下完成突围，这给你带来的是一种即刻的解脱感或兴奋感。

婚外情是最常见的一种突围。自2000年以来，中年夫妻发生婚外情的比例已经上升到了 20%，而年轻夫妻发生婚外情的比例却降至 14%。

为什么会这样呢？假如你已 30 多岁，在婚姻生活中过得并不快乐，或者感到不安，那么你可能会禁不住诱惑，但你这个时候太忙也太累了。一位 39 岁的女性曾叹息道："对我而言，婚外情的神秘之处并不在于人们为什么要发生婚外情，而在于他们哪里来的时间发生婚外情。"然而，人到中年，你终于有了更多的时间，也有了更多的自由。

也许你觉得生活平淡无味，害怕面对衰老的自己。一位女士曾惆怅地说："一想到将来有一天，我再也不会为爱疯狂，我就无法忍受。"也许你觉得自己被对方忽视了，或者你想报复伴侣的冷漠或不忠。也许你只是不再爱对方了，但又不愿或无法直面这些问题。对于大多数人而言，婚外情的诱惑和刺激都只停留在幻想的层面。但到了中年，你却可以"更进一步"，尽管这种情况很少发生。

> 我的婚姻并不幸福。我一直打算告诉我丈夫我想离婚，但我无法面对坦白后的冲突和内疚——我知道我无法坚持要求离婚。我和一个同事曾有过一段露水情缘。这并不在我的计划之内。他也有老婆，而且并不打算离婚。所以我知道这段感情并不会有结果，也知道我丈夫一定会发现这件事。但我还是开始了这段恋情，我想这就是我的决定，虽然我并不为自己的做法感到骄傲。
>
> ——安妮·玛丽，46 岁

有时候，伴侣的背叛来得突然而残酷，简直让人难以置信。
我丈夫在巴黎给我发了一条短信——他甚至不愿给我打个电话。
我以为他去开会了，但他其实是和他的女同事一起去的，他们在
一起已经有一段时间了。他发来短信说要离开我，离开这个家。
我完全没有头绪。他的行为一直很正常，没有任何不对劲的迹象。
我只得亲自告诉孩子们。这就像一场醒不来的噩梦，将我们的生
活撕扯得支离破碎。

——克莱尔，49 岁

有时候，出现婚外情并不是因为婚姻不幸，而仅仅是想获得
一种成功的快感。假如你在生活中意外爱上了别人，那么你会体
验到一种微妙的感觉，在这个过程中，你会发现自己的另一面，
而且对方愿意回应你的另一面，这种感觉令人难以抗拒。

20 多岁的时候，我对自己没有信心，也没有什么女人缘——
我只是一个笨拙的书呆子。后来我遇到了伊莱恩。她是一个非常
冷静体贴的女人，给了我很多的自信。她是我的初恋。我们的婚
姻幸福美满，我们有 3 个漂亮的女儿。我的事业远远超出我的
预期，这也让我变得更加自信。后来，出于工作原因，我经常出
差，在这期间我遇到了马西娅，一个非常聪明也非常性感的女人，
我们坠入了爱河。后来伊莱恩不可避免地发现了这件事，我和马
西娅分开了。我的生活如一团乱麻。妻子一直难以接受这件事情，
孩子们也都站在她那边。虽然我和两个小女儿已经和好了，但大

女儿还是不肯理我。

——德里克，50 岁

在婚外情被发现后，有时夫妻二人可能会和好，但这只是少数情况。假如婚外情的表面动机是你对伴侣的厌倦、排斥，那么深层动机便是你无法维持婚姻中的亲密关系或兑现承诺，只要这个问题一直未能解决，你就可能移情别恋。

搁浅

你陷入了困境，陷入了一份没有出路或充满压力的工作、一段长期不幸福的婚姻，或者陷入了一种自我毁灭的习惯中，你感觉自己进退两难。婚姻失去了动力和目标，变得举步维艰。工作失去了激情和乐趣，陷入死循环。生活变得单调而乏味，你迷失在日复一日的重复模式中，不由得生出了一种机会流失、努力白费的挫败感。

这 20 年来，我一直知道自己应该离开这段错误的婚姻，它简直要了我的命。我已经努力了好多次，每次我都坚定地想要离婚，但到最后一刻，我又退缩了。我总会找些借口，总对自己说"现在并不是合适的时机"。如今我心里明白，我等的那个"合适的时机"永远都不会来，当下就是最好的时机。现实是，我太过害怕自己会将事情搞得一团糟，害怕自己的生活会崩溃。我也知道自己这样很不理智，毕竟别人都能做得到。我无数次想要离婚，却每次都未能说出口，每次也都更恨自己一分，这让我的自尊荡然无存。

——朵琳，44 岁

你认为自己的生活对别人没有什么真正的影响。你会产生一种越发强烈的无力感，觉得生活千篇一律、了无生趣……

我曾经也工作得很努力，但现在却失去了斗志，失去了一切奋斗的动力，对什么都提不起兴趣。我坐在工位上，看着身边的年轻人忙前忙后。我的确在工作，但别误会，我只做自己的本职工作，从不干分外之事。说实话，我很无聊，我发现自己对任何事情都很难产生热情。妻子说我得了抑郁症。也许是吧，但看心理医生并不能解决我的工作问题。我正值壮年，还不能退休，而且我也承担不起这个后果。这些天我常常在想，自己会变成什么样子，我往后的人生将会变成什么样子。在这个阶段，我或许已经没剩什么了。也可以说，我已经穷途末路。

——里奇，46 岁

有时候，你已经迫不及待地想要鼓起勇气改变现状，但一场突如其来的健康或家庭危机阻碍了你，吞噬了你的注意力，迫使你得过且过，你缺少一种真正的计划或新的承诺来支撑自己。然而，更多时候，障碍来自你自己——你缺乏自信，害怕失败或孤独，未能鼓起勇气去冒险或践行承诺，习惯随遇而安。因此，很多时候机会就白白溜走了，留下的是一种麻木的惰性，一种克制的绝望。于是，你便放弃了挣扎。

搁浅会带来巨大的自我伤害。你会因此自我约束，导致发展停滞，自尊水平也大幅下降。假如你无法集中精力面对自己的问题，或者无法拓展你对美好生活和未来生活愿景的定义，那么你的成年中期生活也许会问题频出。

改变的力量

回顾你成年中期的生活，你会发现一种改变的力量。有时你能清晰地感受到这种力量，有时这种力量很微弱，它轻轻地推着你，而你自己却意识不到。

前文列出的 4 种常见策略是你处理生活中的情感创伤时可以选择的。你往往不会直接确定采用某种策略，而是会先尝试其中一种，接着切换另一种，最后做出最恰当的选择。通常来说，整合和退出是更为积极的选择，而突围和搁浅会危害你的幸福。

突围会让你陷入一段混乱的时期，也许你最终会安定下来，过上一种或多或少令你满意的生活，但与此同时，突围会消耗你巨大的能量，让你无法从容应对成年中期的挑战，认真思考自己的未来。而搁浅会让你意志消沉，产生自我厌恶，假如这种状态一直持续下去，你可能会陷入一段长久的衰退期。

不管过程有多么艰难，整合或经过深思熟虑、计划完备的退出，通常会给你的生活带来全新的秩序和意义，你会产生一种重获新生的感觉。你的成年中期的生活会焕然一新，你会迎来一个充满创造力和新生力量的时期，能够充满活力地面对未来的挑战，以一种新的姿态面对你所关心之人、你所在意的项目。

第十九章

成年中期：时间流逝的紧迫感

人到中年，依稀能够看到"死神"的影子，这不仅会让你追忆往昔，还启动了你在成年中期的发展任务：创造价值。

埃里克森运用了"繁衍感"这样一个晦涩的词语来描述成年中期独特的发展任务，其根本含义是孕育并培养新的个体，使其最终实现独立存在。正是出于这一意义，本阶段的心理学原则使用了"创造"一词。

埃里克森说，人到成年中期，必须获得繁衍感，避免产生停滞感，明确关怀的对象，做好关怀的计划。繁衍从狭义上来说就是生育并照顾孩子，但从广义上来说，指的是创造或培育某些事物，通过投入时间和精力，对其加以精心照料，使其成为你生命的存续和发展。创造的过程涉及个人遗产的形成，个人遗产并不是指金钱或其他形式的资产，更多指的是能够服务下一代，甚至惠及未来几代人的利益和福祉。你所创造的事物必须能够独立存在，适应意外情况，换句话说，即便没有你的指导和支持，它也能实现改变和创新。

繁衍感不仅存在于各种文化中，也在很大程度上影响了人生的幸福感和意义。无论你是否生育过孩子，繁衍感都会带给你积极影响，这种影响通常在你 20 多岁的时候还不太明显，在你进入成年早期的时候初现端倪，在你进入成年中期时达到顶峰，最终在你 60 多岁的时候趋于平稳。之所以成年中期的繁衍感如此重要，是因为它对你在这个时期的幸福和心理健康的影响要大于成年早期阶段。就像其他发展任务一样，繁衍感包括了你在这个阶段的新的欲望、社会期待，以及不断发展的人生见解和自我理解。当然，繁衍也离不开你的行动，你需要做出承诺，积极参与投入，从而实现目标。

繁衍感的对立面是停滞感。在人生的每个阶段，停滞感都潜伏在意识的角落，童年时期除外。在青少年期，你害怕被同龄人甩在身后；二三十岁的时候，看到同龄人一个个都有了事业，有了家庭，你害怕自己止步不前，也害怕自己随波逐流；到了成年中期，你开始感受到一种生存威胁：大半辈子就这么过去了，生命的倒计时已经开始，往后余生脚步匆匆，日子也趋于平淡无味。这一切都在激励着你，让你努力创造人生价值，让世界变得更加美好。即便未来笼罩在死亡的阴影之下，你也会心怀希望，活出生命的意义。

直到成年中期结束，你才能完成个人遗产的创造和积淀。你在这个过程中的投入和产出将关系到你往后余生的幸福快乐，也会帮助你寻找生命的意义和价值。

留下价值

首先，计算一下人生的收益。大多数人都各司其职，在社会中拥有一个安全的位置。你会更加紧密地融入社会的结构网络，了解社会的运作规则，对于社会的变革和规划，你有一番更加成熟的看法。你的行事风格受到你的人生阅历的影响。人到成年中期，你已经尝过不少失败的滋味，明白了世事不尽如人意的道理。如今，你能够在你的得与失中吸取人生智慧，创造具有持久价值之物。

你还可以将更多的价值传递给下一代——你在职场、家庭中积累的宝贵经验，你在艺术、体育、志愿服务或社会活动中积累的丰富知识。你含辛茹苦养大了孩子，投入了半生心血。现在，你希望放眼于未来，你想传递一种价值，以体现你的繁衍感、个体特征、独一无二的自我定义。因此，这一价值或多或少包含着你的自我意识，你所认为的个人遗产，以及你将要留在这个世界上的个人足迹。

实现繁衍的第一步就是创造出你认为具有价值的重要之物。人到成年中期，大多数人都会这么做。而第二步就是将其奉献于人。第一步意味着强大的自我延伸，它来自你对人生机遇的掌握。第二步则意味着你将自己视为社会的一员，这有关于你与他人的紧密联系。假如你擅长创造，这会加强你与他人的联系，让你有机会治愈旧伤，并产生一种被重视感和归属感。

如今，你们中的一些人已经开启了创造的过程。人生行至半途，回想起5岁时，父母对你热情、慈爱并积极回应你，让你在实现人生理想的道路上走得更加顺畅，你也会更加开放包容、慷慨大方，懂得关心他人。安全型依恋会让你更加富有繁衍感。

> 我的父母非常伟大。他们为我们几个孩子付出了太多，尤其是我。我小时候得过严重的哮喘，呼吸系统经常感染，我还得过几次肺炎，甚至住过一次院，病情相当危急。我想我那可怜的父母当时有一半的时间都在为我担惊受怕，他们无微不至地照顾着我。谢天谢地，我现在非常健康。我意识到童年的我真的很幸运，所以我决定尽自己最大的努力，将父母给我的爱传递给我的孩子们。我还在两个慈善机构担任志愿者，这是我回馈社会的方式。
>
> ——艾米丽，53岁

假如你并没有那么幸运，那么你可能还在与匮乏感做斗争，也更加担心关爱他人会耗尽你本就贫乏的心理资源。你会紧紧守住自己的防线，保持一贯的做法，不愿考虑那些可能让你不安的问题。但情况并非总是如此。虽然人生的开头不够完美，但你也在后来获得了应有的安全感，因此，你也非常希望别人的生活能够变得更加美好。

> 我有一个非常悲惨的童年。父母没读过多少书，家里的经济

状况也一直很差。母亲是个非常严厉的女人。尽管现在她和年幼的孩子处得不错，但在以前，我从未见过她温情的一面，她动不动就会揍我们一顿。她上了年纪后变得豁达了些。后来，我在中学期间获得了奖学金，工作之后的表现也十分出色。很长一段时间以来，我都刻意不去想童年的事情，对我而言，我离这场噩梦越远越好。但有趣的是，大约在10年前，我开始回忆起自己的童年，并开始思考，假如优异的在校表现会对我产生如此大的影响，那么我何不帮助那些受苦受难的孩子们呢？因此，我对贫困地区的儿童教育充满热情，我还参与了很多志愿者项目，帮助贫困地区的社区组织开展教育活动。有时我觉得自己所做的不过是杯水车薪——这条路上充满了太多艰难险阻，但我的童年经历给了我无限的动力。

——唐纳尔，60岁

你的个人遗产可以很少，但可以全然为你所用。

我一生中最大的成就就是抚养了4个孩子，我为他们感到无比自豪。我在自家的农场干了一辈子活，在我50岁出头的时候，我决定把农场交给我的儿子，这样他们就有了谋生的资本，我也能帮帮他们。看到孩子们取得了成功，我觉得实现了自己的价值。我和妻子平日里都在帮忙带5个孙子、孙女，无微不至地照料着他们。所以即便我们将来撒手人寰，也会在孩子们的生活中留下痕迹。我希望这个农场能够世代相传，这样我的一部分精神也将永远留存下来。

——迈克尔，66 岁

同样，个人遗产也可以面向整个群体。

在我的职业生涯早期，我曾担任过历史教师。现在我是一位校长，虽然没有多少教学的机会，但我对当地的历史非常感兴趣。最近我开启了一个新项目，研究附近城镇古老的民宿。现在，这个项目逐渐发展壮大，变成了一种研究族谱的项目。其他教师也对此非常感兴趣，并让孩子们参与研究，调查自己的家族史。项目组希望编写一本书，并在明年举办展览。这太棒了，真是非常有趣！我必须精心对待这个项目，从而造福下一代。

——约翰，57 岁

个人遗产也可以是一个为期很长的大型项目。

我非常热衷于推动妇女权益保障工作。我认为这是当今世界最重要的工作之一，可以确保女人和男人拥有相同的权利和机会。我加入了当地的一个妇女组织，还加入了一个帮助发展中国家的女孩有机会留在学校的组织。虽然我无法清除世界上的一切不平等，但我为推动妇女权益保障工作尽了自己的一份力。

——布丽奇特，61 岁

在整个成年中期，或许你做得还不错。你已经与过去和解，坦然接受那些已不能实现的梦想，通过调整自己的目标，制订更加灵活、切实可行的计划。你不但创造了个人财产，也拥有了更加强大的自我意识和个人认同感，还有了更多的同理心。你已经适应了亲密关系以及工作中不断变化的要求，准备好迎接人生的新阶段。

回顾过往，我觉得现在的生活比以前更加幸福安定。我提前退休了，这是我做过的最英明的一个决定。我如今仍会做噩梦，梦见我又回到了那个岗位，在工作压力之下郁郁寡欢。我不像我的一些已婚朋友那样，退休后还要照顾儿孙。我有很多好朋友，他们的身体也都很健康硬朗。我想，在我长眠之前，我有足够的时间去做所有我想做的事情。

——苏珊，64 岁

对一些人而言，这个阶段可谓是喜忧参半。

我想我的人生还算不错，婚姻幸福美满，还有两个小孩，虽然已经不能这么称呼他们了。他们在大学期间表现得不错。我的职位很高，工资也很丰厚，两年后我就会领到退休金。但在另一个层面上看，我觉得自己缺失了某些东西。我曾以为自己的人生会有所不同，也许会更加精彩刺激。我希望自己已经取得了一些明确的成就，可以骄傲地说："我做到了！"我曾经幻想建造一栋属于自己的房子，但我从未付诸行动。我总有逃避的借口——没有时间，没有金钱，害怕冒险。但现在我想，假如我行动了，我可以指着那栋房子说："这是我建的，这是我取得的成就。"在我离开这个世界很久之后，这栋房子还会在那里，会有其他人住进去。但如今我又能炫耀什么呢？炫耀我参加了上千次会议？

——利亚姆，63 岁

对另一些人来说，人生陷入了停滞的状态。你觉得最好的日子已经一去不复返了，未来再也没有什么希望。你没有兴趣分享自己的阅历，给予下一代人生指引，你的精力全部消耗在自我关注方面。你可能会敏锐地察觉到自己的脆弱，以及时间和精力的流逝，但你却不会去寻求亲密关系的慰藉，害怕暴露自己的弱点，害怕他人提出任何令你无法承受的要求，只关注自己的存在。你就像宠爱自己的孩子一样，肆意地放纵自己。你总是无法满足自己的无理需求，从而滋生出一种愤世嫉俗的心理，变得易躁易怒。

对，现在我要给自己很多的"私人时间"。我已经厌倦了去照顾别人。我觉得整个人精疲力竭。这些人都太自私了。我觉得没有人真的关心我，所以我决定了，我要照顾我自己。我在自己身上花了很多钱——超级多！我不会停下的。虽然我买的东西有一半都不是我想要的，但我不在乎。

——菲奥娜，63 岁

在最糟糕的情况下，你会生出一种错失机会、努力白费的挫败感。

> 我觉得我把自己的人生框住了。我的梦想是成为一名护士，但我却意外怀孕了。在压力之下，我结了婚。虽然当时我就知道，这是个错误，但我还是一错再错。我的计划是，等孩子安顿下来，我就离开丈夫，自力更生，我还年轻，外面还有很多工作机会，但我没能执行我的计划。我一直在找借口——精力不够，信心不足等。我担心自己一个人无法应付，害怕自己无法真正拥有一项事业。所以，等孩子们上了学，我就找了一份兼职的工作，并一直干到了现在。我今年就要退休了，所以我这辈子也就这样了，没有什么值得炫耀的事情。我的人生中最糟糕的问题就在于，每当我下定决心改变自己的人生时，我总是轻言放弃，这让我觉得自己更加差劲。不管怎样，一切都太晚了，我和我的人生都陷入了泥潭，已经无法改变了。
>
> ——安·玛丽，61 岁

我们可以在成年中期学到什么

表 19-1　成年中期过好人生的原则			
人生阶段	时间表	发展任务或危机	心理学原则
成年中期	40 岁末至 60 岁末	创造价值还是停滞不前？	创造价值

成年中期既是一个复盘人生的时期，也是一个思考人生的时期。在这个阶段，你会关注人生的意义，思考如何才能创造持久的价值。在日常生活中，你会遵循正常的时间观念，按照正常的步伐行事。而在某些特定的时间节点，比如年过半百，或者刚刚经历了一场重大的个人危机，你对时间的认知会遭到颠覆，从而使你在进入关键时刻后生出一种深刻的个人时间意识，清醒地意识到如今正是机遇来临的时刻——你需要做某些事情，而且这些事情一定能做成。这种认识往往根植于某种前所未有的脆弱感，某种意识到时间流逝、时日无多的紧迫感。

要事先行

你想要让自己的人生有所成就，想要留下一些持久的价值。虽然渴望是一个好的开始，但这并不能变出成果来。你必须对你的个人遗产进行定义和塑造。有些事情是你必须要做的，比如给自己足够长的时间创造价值，并体验个人遗产的发展成果。

保持健康的体魄。一项研究对挪威 3 万多名成年中期的人的健康水平进行了 20 年的跟踪调查，研究结果表明，一部分人在进入成年中期时身体状况不佳，并一直保持着这种状态；另一部分人时而健康，时而身体状况不佳；只有少数人一直保持健康状态。在第二十年的随访期间，研究人员检查了疗养院和专业诊所的记录，查看哪些研究对象患上了阿尔茨海默病，从而探究健康水平是否会影响阿尔茨海默病的发病率。事实证明，确实会影响。

在研究期间，相比那些身体最差的男性和女性，身体健康的研究对象患阿尔茨海默病的概率低约 50%。更鼓舞人心的是，那些进入中年后身材走样，但后来努力健身的男性和女性，患阿尔茨海默病的风险也会显著降低。

区分"紧急"与"重要"。你之所以总是感觉没时间，是因为你总将紧急的事务排在了重要的事务的前面。史蒂芬·柯维（Stephen Covey）创造的需求四象限（如图 19-1 所示），能够帮助你管理自己的时间。你可以在每个象限中列出你要完成的任务。

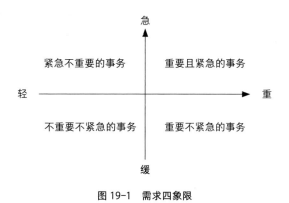

图 19-1　需求四象限

你会发现你把大部分时间都花在了处理紧急（重要或不重要）的事务上，重要不紧急的事务却被你放在了"待办事项"清单的最后。然而，正是这些事务的有效处理才会为你创造出持久的价值。试想一下：你如何判断你的人生是否在某个重要方面获得了成功？作为父母，你希望你的孩子怎么评价你？你希望同事在你的退休聚会上怎么评论你？你希望在自己的葬礼上有什么样的悼词？你希望自己创造了哪些持久的价值？

现在，根据以上问题的答案往前推导。想想如今你需要如何创造你的个人遗产？当然，你依然要处理所有紧急和重要的事务，你也可以享受处理那些既不紧急也不重要的事务的乐趣，但关键的是，你必须实现自我超越。

管理你的生活和成就。不要像写简历那样一板一眼地评价你的生活，试着以更广阔的视角，用爱的目光看待你的人生。这种回顾能够让你关注自己创造的持久价值。根据你所处的环境，你创造的价值既可以使成千上万人受益，也可以使个人受益。

你可以打造一个能世代延续的美丽庭院。

在你的庭院里种一棵树，让这栋房子的下家住户和下下家住户都能享受它带来的荫凉。

为你的父母、祖父母，或者你最喜欢的阿姨或叔叔录一段视频，让他们分享自己的童年和生活方式。视频无论长短，都有其价值。比如，那些与家人朋友在一起的美好时光，即使过了很长时间，仍会停留在你的记忆中。

夏天，你在庭院里办一场小型宴会，大家一起享用美酒佳肴，谈天说地，直至夜幕降临……

圣诞节时，你会举行一场具有仪式感的聚会：用一棵缤纷耀眼的圣诞树装点客厅，即使它对客厅来说过于庞大；亲朋好友欢聚一堂享受美食。即使你发誓自己明年要一切从简，但每当节日来临时，你依然乐此不疲。

聚会隆重与否并不重要，重要的是，这是一种价值的表达，你希望向他人分享你的重视之物，慷慨则是这种表达的核心。

第二十章

成年晚期：过渡阶段的行动

60 岁末，你进入了人生的一个新阶段。很多人都不知道应当如何称呼这个阶段，虽然你知道自己肯定已经迈过了人生的中年大关，但你不一定会觉得自己"老了"。退休和领养老金在过去的确是进入老年阶段的信号，但现在却不是了。"退休人士"或"养老金领取者"的称谓可能在表面上表明你已进入老年阶段，但这显然与你的生活经历格格不入。

你会积极抵制给自己贴上"衰老"的标签，声称自己现在感觉很好，甚至比实际年龄小了 10 岁。你不只是在心态上觉得自己年轻，还觉得自己在外表上也比实际年龄要年轻得多，而且你的生理年龄与心理年龄之间的差距也会随着年龄的增长而逐渐扩大。对你而言，通往老年的道路还很长，你甚至认为到了耄耋之年才算开启了老年阶段的大门，而有时健康水平的急剧下降会使你意识到这个阶段的来临。

所以，就像在成年初显期一样，在成年晚期你会觉得自己正处于一个夹缝时期，用旅游业的术语来讲，你正在经历"平季"。在这个阶段，你完成了成年的所有发展任务，做好了迎接老年的准备。

> 我现在已经 72 岁了，尽管人生七十古来稀，但我一点儿也不觉得自己老了。我想，在过去，我这个年纪的人的生活可没我现在的生活这么精彩纷呈。假如我能保持健康活跃的状态，我希望自己在未来的 20 年都能过得十分美好，充分利用每分每秒，积极生活。我的朋友都是这么想的。我们这一代已经有所改变了。
>
> ——珍妮特，72 岁

> 在这个阶段，我觉得自己是个怪老头。虽然当我沉睡入梦时，我总能看到年轻时的自己，有着满头的黑发。但当我从梦中醒来，对镜端详的时候，我却看到一个老家伙，他也在观察着我！
>
> ——迈克，68 岁

对于如何称呼这个夹缝时期，人们还没有达成共识。你有以下选择——"老当益壮之年""健康老年""第三龄""成年晚期"。在年龄为 65 ~ 69 岁的人中，有近一半的人认为自己还是中年人。在 70 岁出头的人中，有 1/3 的人认为自己仍是中年人。很多人都认为中年阶段会持续到 75 岁。英国《金融时报》的一个系列报道讲述了 70 岁以上的人将如何重新定义老龄化——继续经营成功的企业，开启新的业务，参加马拉松比赛，甚至尝试跳伞，他们将这个阶段称作"下一步行动"。

我将使用"成年晚期"这个表述来称呼这个阶段，因为我觉得它最贴切地表现出了"接下来会发生什么"，而不是"已经过去了什么"。年轻一代人在这个人生阶段有属于自己的生活方式。

与人生的其他阶段相比，在成年晚期，无论你是在花园里闲逛漫步，还是享受天伦之乐，或是"优雅地老去"，你会发现，你的行为举止和生活方式很少受到社会规范的影响。因此，成年晚期是一个相当松散随意的人生阶段，也是一个自由与混乱交织的神奇阶段。你拥有安排时间的权力。因此，成年晚期的生活方式存在很大的个体差异，并且这种个体差异会随着年龄的增长而增大。在成年晚期，没有固定的标准来评判怎样才算成功地老去，就像在每个人生阶段那样，每一个人都是独立的个体，拥有独一无二的精彩人生。

重新定义"下一步行动"

不同于前几代六七十岁的人，你这一代人拥有更大的经济保障，对自己的生活拥有更多的控制权，体验更多的独立和个人自由，拥有更多的选择，所受到的个人限制也更少，这对于女性来说更是如此。你在用自己的方式为生活注入活力，重新定义这个人生阶段。

相比你的父母或祖父母，你可能会更加健康长寿。在爱尔兰，男性有望活到 80 岁，女性有望活到 84 岁。

但你也意识到了，在这个阶段，你患高血压、糖尿病、心血管疾病或关节炎等慢性疾病的风险也会增加。你会更多地光顾全科医院、牙科诊所和其他医疗服务机构。大约 1/4 的人会有住院接受治疗的经历。

那些曾经致命或令人束手无策的疾病，如今都得到了更好的控制。心脏病发作、中风或癌症不再意味着死亡。你会更加注重自己的身体健康，不大会吸烟了，而且与你的父辈相比，你更有可能在这个阶段戒烟。你会健身或者游泳，超过一半的人都会经常散步。假如你积极锻炼身体，那么你更有可能积极参与社交活动，这意味着你的健康状况会更加良好，生活质量也会更高。但假如你不常锻炼身体，那么你患上抑郁症的可能性会比其他经常锻炼身体的人高两倍。

实际年龄与心理年龄

事实上，你的实际年龄和心理年龄之间的区别值得一提。你的心理年龄（觉得自己年轻还是苍老）受到你对自己健康状况的判断、生活中的压力以及你对衰老的看法等种种因素的影响。如果你感觉自己比实际年龄年轻，这并不是一种自我欺骗。心理年龄会比你的生理年龄更准确地预测你的身体机能和身心健康，年轻的心态会对你的寿命产生微小而重要的影响。

为什么呢？相信年龄只是一个数字，会让你对未来抱有一种更加长远的认识，而这恰恰代表了一种较强的适应能力。在你年轻的时候，对未来的展望会激励你在职业生涯中设定更为长远的目标，并付出更多的努力。现在，这种积极看法也塑造了你的良好心态，它是你应对衰老的秘诀之一。

假如你对未来有更加长远的认识，那么你就更有可能相信衰老的负面影响是可以改变的。这会激励你健康生活，让你意识到运动对健康长寿的重要性。比起衰老带给你的威胁，你会更加关注成熟赠予你的潜在收获，这激励着你不断设定新的目标，从而不断成长和发展。同样，你不太可能认为年龄会改变你的核心意识，即你的自我本质。相反，年龄会赋予你更加强烈的使命感、意义感和掌控生活的决心。你会拥有更加开放的心态，也会探寻生活中更多的可能性，并以乐观好奇的态度处理一些前所未有的情况。

假如你对未来抱有相对局限的观念，那么你会认为实际年龄决定了衰老的过程。因此对你而言，衰老的负面影响是固定不变的。你会更加关注那些你认为不可避免的损失，也更容易内化衰老的负面刻板印象。在你眼里，老年人为了保持身体健康而坚持体育锻炼是有风险的，也是不划算的。毕竟，凡人无法摆脱生老病死，那么预防生病又有何意义呢？

每到达人生的一个新阶段，你都会意识到随之而来的得与失。在成年晚期，你可能会倾向于关注自己失去的东西，特别是健康，而某些人可能会在意自己职业生涯的结束。但无论如何，这并不能定义你的人生。

虽然你的生理机能在持续下降，但你也会保持与之相匹配的能力，从而不断适应你所面临的挑战。你会更多地意识到生命的生理界限，明白实际年龄在这个阶段比在年轻时候更加重要，但你并不会任由这种束缚决定你的生活。自己既然多活了几年，何不充分利用往后的岁月，活得更加健康、更有活力呢？因此，度过成年晚期时，面对逐渐衰老的自己，你也只会稍稍感到不满。

聆听"器官交响乐"

成年晚期，你逐渐察觉到了改变的迹象，但最初的迹象并不让你感到乐观。你注意到自己不仅容易患上感冒、肺部感染，身体还总是隐隐作痛，或者容易受伤。有人曾问 20 世纪 80 年代的健身达人简·方达（Jane Fonda），活到 70 岁是什么体验？她只是淡淡地答道："浑身都痛。"当你与老友会面时，你会注意到，你们聊天时的开端往往都是简单叙旧，关心、询问对方的健康情况，爱尔兰作家梅芙·宾奇（Maeve Binchy）称这种聊天为"器官交响乐"。

> 以前，我们一群人聚在一起的时候，大家总会谈起上次见面后的经历——我们去了哪里、做了什么。现在，我们还是会聊这些话题，但在此之前，我们会先分享自己最新的健康状况——脚踝、臀部、背部和其他新伤部位的现状，见了哪些新的咨询师，接受

了哪些物理治疗或药物治疗，现在身体是否还算健康。

——凯茜，68 岁

比起男性，成年晚期的女性会更多地和朋友谈论自己的健康状况。正如在以往的人生阶段，她们会更倾向于亲密地交谈。同时，她们也更有可能患上关节炎等令人疼痛无比并且影响日常活动的疾病。由于男性有可能比女性更早去世，即使她们不关注自己的健康状况，也会担心丈夫的健康问题。

比起自己的身体，我对我先生的健康状况反倒更担心。我很难说服他去医院看病。虽然他饱受一个症状的困扰，但除非我一直唠叨，否则他就死扛着不去医院接受检查。

——朱迪，74 岁

你开始从新的视角去关注健康问题，这也反映出你更深层面的心理变化。到目前为止，成年晚期的大多数人都经历过亲近之人的死亡。

21 年前，爸爸永远离开了我们。前两年，母亲和我仅剩的一个叔叔也走了。所以，这是一个时代的终结，真的。老一辈大多都已经不在了。但真正让我震惊的是，我的一个好友也在今年去世了。不知为何，我从没想过会这样，我们是非常亲密的伙伴，曾许诺过要一起变老。面对突如其来的噩耗，我久久没有平复，还在试着接受这一切。

——西亚兰，71 岁

无论是你自己，还是你亲近之人，都可能感受到了健康恐慌。面对一连串的健康检查，你们焦急地等待着结果，"积极"和"消极"两个词被赋予了全新的含义。虽然这次检查并没有让你发现什么大的问题，但你还是吸取了教训，打算健康生活。在你这个年龄，死亡不再是特殊情况，也不再像早年那样通常由某种意外事件等外部因素引起。在你这个阶段，死亡更多的是由内部因素引发的，伴随你身体悄无声息的变化席卷而来。现在，你会更容易想象自己的死亡。到了 70 多岁的时候，人的死亡概率大概是 40%。

尽管如此，有近 70% 的人表示，自己并不畏惧死亡。你害怕的是死亡前的过程，以及可能随之而来的痛苦和屈辱。如果说死亡带给你某种变化，那可能是你更加敏锐地察觉到了时间的有限，从而产生了一种迫切的决心，想要从剩下的时间里争取更多的美好岁月，更多的快乐时光，以及更多的全新经历。只有这样，你才会觉得自己的成长道路还没有走到尽头，自己的人生仍然充满希望和活力。

虽然对镜端详或者洗澡淋浴时，你可能会频频叹气，但无论如何，你已经大致接受了自己年华不再。在日常健康问题以及对衰老的担忧方面，你在成年晚期开始时和结束时的差异并不显著，甚至某些身体功能特别强大的人在成年晚期的中后期阶段才有这方面的烦恼。

看到周围的同龄人渐渐走了，我现在的心态就是多活一天赚一天。我从没想过这种陈词滥调会出自我之口，但事实确实如此。我在这个年纪，身体还很硬朗，生活也很幸福。我经常打高尔夫球，但玛丽不打桥牌了。我们之间仍然相处得不错。

——威廉，77 岁

偶然发现幸福的秘密

你的认知能力、你在一系列智力指标上胜过前几代人。然而，虽然大部分人都没有出现什么大的记忆问题，但在这个阶段，你可能会注意到自己的短期记忆出现了很多偏差，你很难回忆起事情发生的时间和地点等复杂细节。你会更加依赖任务清单和便利贴等记忆工具。有时候，这会让你显得有些小题大做。因此，为了不让自己看上去像个"老糊涂"，你会做一些细微的调整。

我年轻时候曾惊讶于老年人的烦琐。他们会带着成捆的文件和笔记来开会，慢悠悠地在里面找东西，耽误所有人的时间。所以我下定决心，等我老了，我一定不会像他们那样。我退休后参加了很多会议，但我一直坚持自己的原则，每次只带一页纸去开会，认真倾听会议内容，这样才能保证会议的高效。

——康纳，69 岁

关于成年晚期，最为一致也最为重要的发现是，人在这个阶段会比在成年早期更快乐、更积极。尽管你可能不像年轻时那样血气方刚，但相比以往，你不仅会记住更多积极而非消极的事情，而且你在生活中产生快乐、满足和自豪等积极情绪的能力也毫不逊色。

然而，在成年晚期，情绪的最大变化并非体现在你的积极情绪中，而是体现在你的消极情绪中。你不会像年轻时那样频繁地经历焦虑、愤怒、无聊、嫉妒、轻蔑或厌恶等消极情绪。在情绪爆发时，虽然消极的感觉还是一如既往地强烈，但不同之处在于这种消极的感觉不会像潮水般涌来，持续的时间也没有那么长，你不会那么沉不住气。

你的愤怒次数会明显减少。为什么呢？在你年轻的时候，你的关注点在未来，你会专注于实现自己的目标，因此，一旦努力受挫，你就必须维护自己的地位，而愤怒会赋予你力量，促使你采取行动，确保自己的地位，从而打败竞争对手。但到了成年晚期，你面对的压力逐渐减少，你的关注点转移到了当下，你想要享受自己的生活，所以日常的愤怒会让你无法适应生活节奏，从而引发某些慢性疾病。

你也能更好地控制自己的情绪，你的意志力更加坚忍，你能够更好地调节自己的坏心情。你不太可能会根据一次充满压力的经历来给自己一周的经历下定论——不像年轻人，他们倾向于根据他们压力最大的一天来判断他们那一周过得如何。因此，你可以更有效地控制自己的焦虑。

我还是会为那些日常琐事烦恼，但是现在我发现，我可以控制自己不去想太多，从而很长时间都不去理会这些烦恼。这样一来，我就不会像年轻时候那样，因一些小事急得满头大汗了。

——杰拉尔丁，74 岁

你会更加倾向于记住美好的事物，一部分原因可能是大脑的情绪控制中心——杏仁核，随着年龄的增长发生了变化。当你处于成年早期的时候，你还在摸索这个世界，这时杏仁核对消极事物的反应会比对积极事物的反应更加强烈。但现在随着你的人生阅历逐渐丰富，杏仁核对积极和消极事物会做出同样的反应。

你在为人处世方面会表现得更游刃有余。你能够更好地整合自己的认知和情感能力，会通过全面思考问题来调节自己的情绪，做决定的时候也会更加相信自己的直觉。相比年轻人，你会更加关注负面信息，做决定的时候也会更多地考虑这些信息，因此你在探索世界时也会更加小心谨慎，这可能会使你错失良机。对年轻人而言，冒险意味着更多的潜在回报——他们必须为更长远的未来做好规划，而且他们也具有充足的身体和心理能量储备，能够承受得住失败的打击。

衰老存在一种悖论，一方面，你的未来并不是无限延伸的；另一方面，在这个容易想象生命终结的阶段，你比大部分中年人甚至年轻人都要幸福。你不能将所剩无几的宝贵时光浪费在无意义的愤怒或后悔等负面情绪上。虽然你更容易想象到死亡，但你却不会因此陷入绝望，相反，你会在无意间发现幸福的秘密——

余生的时光宝贵而甜蜜，每分每秒都值得珍惜。

这种思维方式的转变深深地影响着你现在的思考方式和情绪表达方式。到了这个阶段，往后的时间越来越少，这就意味着做正确的选择变得越来越重要，你不能把时间浪费在那些使（有限的）未来"收益"逐渐递减的事情上面。当你初出茅庐之际，你要做好忍受麻烦乃至痛苦的准备，因为这意味着你可能会拥有新的经历、新的机会，为实现自己的梦想做贡献，所以你的策略就是使可能性最大化。如今，你不再那么担忧未来。在未来，一切皆有可能出现，一切皆有可能消失。因此，你决定将自己的注意力转移到那些情感价值体验上，特别是去陪伴你最关心的人。

同样，你也改变了自己处理人际关系的方式——你开始更加关注情感方面。你会更加乐于回忆与伴侣第一次邂逅的细节。你会更多地基于一个人的情感品质以及你们互动时的感受来对一个人进行评判。你不仅能够更加细心地察觉到环境对人的影响，也会对情绪有一番更为细致的理解。你不仅能够感受到复杂而微妙的情绪，也能同时体验到多种情绪。你会更加清楚地意识到，最强烈的喜悦可能是一种苦中带甜的情绪，并夹杂着一丝失落；而最强烈的愤怒通常包含着悲伤和爱，甚至还带有一种暗自的满足。

这些变化会给你的生活方式带来很大的影响。现在，没有育儿的麻烦，没有工作的干扰，你和伴侣将在一起生活很长一段时间，享受你们的二人时光，尝试做自己曾经想做的那些事情、实现自己未实现的那些理想。因此，你需要重新调整你的亲密、自主和胜任需求。

人生"高峰期"的结束

一些人会期待摆脱全职工作的负担，但 65 岁就被迫退休[①] 则会让另一些人耿耿于怀，特别是在他们还热爱自己的工作、享受同事情谊、觉得自己正值盛年的情况下，他们会不甘心过退休生活。例如，在爱尔兰，有超过 1/5 的中年人表示，他们在任何时候都没有退休的计划。

在美国，有 60%~64% 的人会在退休后继续工作，89% 的人希望继续从事全职工作，即使他们并不需要额外的收入。但在爱尔兰，只有 13.6% 的人退休后会继续工作，并且男性比女性更有可能继续工作。至于剩下的人没有继续工作的原因，目前尚不清楚。

大多数人更愿意循序渐进地过渡到退休这一阶段——逐渐减少工作时长，找一份兼职工作，换一个要求较低、承担的责任较小的工作岗位，或者寻找一份"过渡工作"以填补全职工作和退休状态之间的空白。在美国，只有 1/5 的人表示雇主允许他们这么做，很少有人能够换到一个要求不那么高的工作岗位。在爱尔兰，情况也是如此。

在过去，当你退休后，你将离开工作岗位，或者从事一份薪水很低的新工作，此时你既得不到认可，也缺乏组织的支持，更无法施展自己的才能。这是对人才和经验的巨大浪费，而它们本

---

① 爱尔兰的法定退休年龄是 65 岁。——编者注

可以用来服务社会。因此，作家和社会活动家马克·弗里德曼（Marc Freedman）想出了一种别出心裁的方法来填补这一空白时期，他称之为"事业返场"。

事业返场指的是在退休后，你可以将自己在职业生涯中获得的技能、知识、经验和见解用于另一个急需这些资源的地方。这些地方包括资金不足或面临压力的公共服务部门、贫困地区的学校、志愿服务和社区部门等。对于当下最为健康、最为长寿、拥有教育资源最多的一代来说，采用这种方法可以很好地利用他们所拥有的巨大资源。

事业返场能够使你为公益事业做出一份贡献，实现自己的价值、提升自己的幸福感，甚至在某些情况下，你还可以获得一份微薄的收入。这也可以算得上是你人生的另一个阶段，由于你会对自己的重要事务、动机、时间、精力有一番深刻的见解，所以你会在事业的第二春中尽情展现自己的人生阅历。

适应退休生活

退休会引发一连串的变化——不仅仅是你的财务状况和时间分配，还有你的思维方式和自我感受，以及你的亲密关系。退休并不是一个单一的事件，而是一个分阶段逐步展开的过程：在退休前，你需要做好规划；在过渡阶段，你需要做好适应退休生活的准备；在退休后，你需要为生活制订新的计划。从理论上来说，每一阶段都是决定你在下一阶段能否取得成功的关键。

实际上，成年晚期的大部分人除了投资养老基金外，几乎没有做任何规划。在爱尔兰，38%的人甚至没有投资养老基金，不得不依靠国家养老金的救济。大多数人很少考虑过成年子女所期望的经济或实际帮助，也很少想过子女是否会如他们期望那样给自己养老送终，或许也没有想到，如今家里甚至可能还有年迈的父母需要照顾。

就个人而言，退休对你的自尊有着微小而重要的影响。在退休前的5年里，你的自尊水平会略有下降，直到你退休的那个月才稳定下来，并在之后的几年里一直保持稳定。为什么会这样呢？你可能会渐渐发现，你的工作太累或要求太高，或者你难以适应新技术或频繁的组织变化，又或者，你已经在担心自己该如何适应退休之后的生活了。总之，这份工作对你的身份越是重要，退休对你的自尊的打击就会越大。

社会上的隐形人

当你退休时，你可能会面临一种令人苦恼的新现象——成为社会上的隐形人。这是衰老的一个缺点，尤其是在你退休之后的这段时间。在成年晚期，你对衰老的负面刻板印象已经不陌生了——你感觉自己的认知功能变差了，落于人后；你变得更加死板，故步自封。

年龄歧视是一种不太可能会被公开表达的偏见。你不太可能像那些面临性别歧视或种族歧视的人那样被污名化。更确切地说，这种年龄歧视会在人际交往中以一种隐形的形式出现——人们只是觉得你没有那么重要，不值得社会关注，你的存在也无法帮助或阻碍他们得到自己想要的东西，所以，他们自然也不太可能关注你，或者向你寻求帮助。

退休的意义以及退休对幸福感的影响取决于很多因素，比如个人健康状况、体能活动状况、财务状况以及气质性格。假如你性格外向、思想开放、适应能力强、勤勉认真，并且擅长与人打交道，那么你就能更好地适应退休生活。

总的来说，女性更容易适应退休生活，这或许是因为工作对她们来说相对不那么重要，或许是因为她们在家庭和朋友身上投入了更多精力，或许是因为她们有着更为丰富的社交活动。至关重要的是，如何适应退休生活取决于你对待退休生活的得失观。

假如你认为退休意味着失去一个重要的社会角色、自我身份的核心部分，或失去养家带来的成就感和自豪感，那么你很难适应退休生活。再加上生活结构被打乱和时间安排上的不确定性，你就会感受到压力重重。

我在我的祖父身上看到了这一点，他成年后一直在当地的酿酒厂工作。这是一项累人的活，尤其是在酿造威士忌的旺季。但他热爱自己的工作，与同事的情谊深厚，对他所在的工厂生产的威士忌无比自豪。当他退休时，他似乎迷失了方向。他时常会在他的小花园里闲逛，而我们会看到他的目光越过围墙，久久地停留在酿酒厂的烟囱上，尤其是在酿酒季，他甚至能根据烟的情况判断蒸馏进行到了什么阶段。当他回到屋里时，他看起来落寞而哀伤。

假如你站在收益的角度看待退休——从工作压力中解脱出来；

摆脱每天不得不与"笨蛋"同事打交道的麻烦；能够自由安排时间，做你一直喜欢但没有时间做的事情——那么你就会对退休有截然不同的反应。

　　我是一名建筑师，在经济衰退期间，我被卷入了失业浪潮，我想我完蛋了。但我一直都很喜欢音乐，所以我决定重返校园，读一个4年制的音乐专业。高龄学习是件难事，但我享受课程的每个环节。我以一种我在20多岁时无法做到的方式吸收了每个知识点。那时，我缺乏现在这样的耐心和自律。班上的每个同学的年龄都比我小，我很喜欢这种氛围。我一直觉得和年轻同学待在一块儿要比和那些喜欢仗势欺人的"资深人士"待在一起更舒服。在校期间，我将帮助同学视为自己的职责，我会向他们分享那些他们感兴趣而且我恰好擅长的知识。我和同学们相处得很好，他们想让我做班长，但我对此毫无兴趣。我只想拓宽他们看问题的视角，帮助他们理解事物背后的运作过程，以及他们必须掌握这一过程的理由。

　　学习音乐"推迟"了我的退休时间。很多人似乎在退休后就失去了动力，逐渐停下了脚步。但我仍然能看到，自己还在一路慢跑。我完成音乐课程的学习后，意识到自己得做些别的事情。但我并没有什么宏图大志，也许我会继续画我的图纸。如今我对未来相当乐观，也很享受当下的生活。有时我觉得自己很自私——一直做一些以前没有时间和机会做的事情，比如阅读或看电影。我的身体非常健康。只有一点，我认识的人可能不是很多——我懒于社交，这可能是一个问题吧。

——迈克，69 岁

你是自愿退休还是被迫退休，这对你能否适应退休生活也有很大的影响。假如你是因为年龄问题、健康问题，或因为必须照顾生病或残疾的家庭成员而被迫退休，你可能会发现自己的退休过渡期更加艰难。但是，假如你选择退休是因为你想将更多时间花在你喜欢的事情上，那么你会更加快速、积极地适应退休生活。同样，假如你选择继续工作是因为你喜欢这种生活结构或其提供的额外经济保障，又或是因为你想继续生产创造，发挥个人价值，那么这会有益于你的身心健康。

基于这些因素，每个人的反应千差万别。对有些人来说，退休是一帆风顺的旅程。

我爱我现在的生活！当我走出那扇门的那一天，我感到自己卸下了巨大的负担。这是成年后我第一次有时间去关注自己。我又开始唱歌了。我 20 多岁的时候真的想成为一名职业歌手，但又害怕自己不够优秀。我没有勇气迈出那一步。我一直都在练习唱歌，但从来都没有时间参加培训。我总是奔波于孩子和工作之间。现在，我加入了唱诗班，同时我还在上声乐课。我经常散步，所以我的体重减轻了，我的身体也比过去几年更健康了。人生的这个时期真的很美好。

——爱丽丝，69 岁

对有些人来说，退休意味着进入了一段艰难的调整期，特别是当你对自己的工作有强烈的认同感，且在工作中获得了满满的成就感时，你很难适应退休生活。

> 退休前，我过得很开心。我曾经在工作中周游世界。退休真是糟透了，我选择退休就是个错误。我以前会在开普敦或合恩角[①]冒险，现在的生活却围绕尿布和带娃展开。当然，我是在夸大其词。尽管我爱我的孙女，但我是个没用的爷爷，我的妻子和孩子们都怕我闲着，总想给我找点事干——"这儿有个可爱的孙女，您可得费心啦。"总而言之，回归现实吧，我明天还得送孙女去上学呢。
>
> ——罗伊，69 岁

对一小部分人来说，退休的打击是毁灭性的，如果再加上其他问题，这可能就是长期衰退的开始。

> 我 3 年前退休了，准确地说是 3 年零 7 个月前，这太可怕了。我热爱我的工作，没有什么能取代我对工作的热爱。我对打高尔夫球没有兴趣，觉得这非常无聊，而我的大多数朋友现在都在打高尔夫球。我的妻子比我年轻，她还在工作，她的朋友们也一样。当我和她们社交时，我觉得我们之间没有什么有趣的话题可谈，

---

① 合恩角是智利南部合恩岛上的陡峭岬角，位于南美洲最南端。——译者注

我就像一个被她拖着走的老怪物一样，所以我尽量避免这种情况发生。情况会好转吗？不，我想不会。只会有越来越多同样的问题出现。

——凯文，69 岁

人生"高峰期"或许即将结束，但你仍有的忙。我联系了一个采访对象，他给我留了一条语音信息，这条信息恰好涵盖了成年晚期的许多重要话题。

> 我很乐意接受采访。很抱歉，没能早点儿回复你，我一直忙得团团转，一刻也不停歇。有段时间我一直因为肺部感染而感觉不堪重负。我们的时间安排很紧张，玛丽安和我现在要去法国待上两个星期。当我们回来的时候，我们马上就要承担家庭责任了——我们要去伦敦照顾外孙、外孙女，让爱丽丝和她的丈夫有机会休息一下，庆祝他们的结婚纪念日。但我回来后会联系你，我们到时候再约时间，好吗？

——尼尔，70 岁

对尼尔来说，他"身兼数职"——他在两个董事会任职，还在退休后经营着一家小型咨询公司。

改变的时期

当然，并不是所有人的生活都蒸蒸日上。一些人因为配偶突然去世，整个生活发生了翻天覆地的变化。他们会发现自己很难独自生活，很难忍受慢性疾病的发作和憔悴虚弱的病体，也难以忍受长期存在的问题，或者孩子生活中的剧变。还有一些人仍然被早年的情绪问题困扰。

然而，对大多数人来说，这是一个丰富而有益的阶段。你会在这一时期整合迄今为止你在生活中所习得的知识与经验，你会意识到自己的改变。

除了健康问题，你希望自己在家庭、工作和休闲方面的问题越来越少。唯一可能会恶化的就是你的健康状况。除此之外，你在各方面都表现得不错。相比你的人生早期阶段，你可能面临更小的压力。你能够更加深刻地理解自己、接纳自己。你比成年后的任何时候都更温暖可靠，也更善于洞察他人。你的生命充满着一种显而易见的活力。

第二十一章

成年晚期：积极的内在转变

随着年龄的增长，你的社交网络会变得越来越小，这并不像人们曾经认为的那样，是因为你变得越来越孤僻，而是因为你开始远离那些泛泛之交。你这样做是为了能有更多的时间和那些你觉得最亲近的人待在一起，你的核心社交圈子通常由伴侣、亲密朋友和一两个兄弟姐妹组成。他们围绕在你的身边，并在你需要的时候为你保驾护航。他们是最了解你的人，值得你信赖和依靠。他们拥有一种无与伦比的能力，不仅能够无条件地支持你，而且会肯定你的个人身份。从成年中期开始，你的社交网络通常包含8个人左右，即使到了现在，你的社交规模也几乎一如往昔。

年轻的时候，你没有那么多的动力去构建你想要的更大、更广阔、更多样化的社交网络。那些性格外向的人往往有着非凡的精力和能力，能够形成一个磁场，把人们聚集在一起，因此他们拥有一个更大的朋友圈。但在如今，亲密关系在社交网络中占了更大比例。

一个真正的好消息是，随着年龄的增长，你的人际关系会变得更好。你会体验到一种新的自由，可以在人际关系中重新找到自我，也更有可能与你的孩子、伴侣和朋友保持高质量的亲密关系。你在生活中面临的问题、矛盾和冲突也会减少。即使你与你社交网络中的人发生矛盾和冲突，也不太可能会责怪对方，相反，因为你对他们的看法仍是积极的，所以你更愿意原谅他们。

更容易获得幸福的婚姻

如今，多数已婚人士近一半的婚姻岁月是在孩子离家后度过的。此时，你与伴侣更加亲密，你们之间的关系也会有实质性的进展，尤其是对女性而言。你们在一起更快乐、更满足，你们更享受彼此的陪伴，你们之间的冲突也渐渐减少了。那些延续至今的婚姻很可能继续保持稳定，而那些不幸的婚姻早已散场。

然而，你终会意识到余生的时间有限。步入古稀之年，每过一年，你和伴侣都更有可能在不久的将来面临生病或死亡的威胁。夫妻之间总是拒绝谈论未来或长远的计划。你可能会开关于死亡的玩笑，但这却反映出你内心深处的恐惧。

你决心充分利用你们在一起的时光。你与对方的日常互动会体现出更多的幽默、爱和认可。当互动顺利进行的时候，你会花上更多的精力维持这种气氛。你仍然会让对方生气、难过或焦虑，但你也会确保自己有表达出爱意，以及在对方陪伴下的喜悦。

与成年中期的夫妻相比，即使是在冲突期间，你们也会对彼此更加深情，当你们互诉衷肠时，你们的态度会更加积极，立场会更加中立。你会减少自己的愤怒情绪，不再那么争强好胜。即使你爆发出强烈的负面情绪，其也饱含着爱和宽恕。冲突过后，相比旁观者，你会更加积极地评价伴侣的行为，和你在成年中期的表现有所不同的是，这时你的评价会更加接近旁观者的评价。这可能是一种良性的自我欺骗，也是一种随年龄增长而整体倾向积极观念的评价。

在不愉快的关系中，即使对方很难相处、表现得盛气凌人或令你神经紧张，你也不愿意挑起争吵。当对方态度消极时，你也不太可能用话语回击。简而言之，你能更好地阻止分歧升级为全面冲突。你学会了适可而止。

但是成年晚期的积极改变并不能解决婚姻生活中长期存在的问题。当过着相安无事的生活，忙于孩子和工作时，你们勉强能容忍这段婚姻，但自从彼此产生更多交集，你们日后的生活就会陷入困境。缺失亲密和成长的新机会，婚姻就失去了束缚，剩下的只是一纸协定、一具空壳。[①] 即使夫妻共处多年，一旦爆发冲突，婚姻中根深蒂固的功能失调模式仍会重现。但倘若你就此与对方一拍两散，远走高飞，你的生活节奏就会被打乱，而一想到未来独自看病求医的场景，你也会更胆战心惊。

---

① 在离婚率很高的美国，许多 50 岁以上的人都处于二婚状态，或者即将再婚。据推测，那些至今仍维持婚姻的伴侣依然包含一些不幸福的伴侣，但他们由于宗教或其他原因不会考虑离婚。

配偶去世

生活中很少有什么事情比配偶去世对你的影响更大了。在成年晚期，几乎 1/4 的独居者处于丧偶状态，其中以女性居多；到了七八十岁，丧偶意味着失去同舟共济的伴侣，意味着结束几十年相濡以沫的生活。

> 自从彼得去世，我经常思考自己的人生，他的缺席对我生活的方方面面——每日的饮食作息，照看孙子孙女，制定未来规划，适应单身生活都产生了影响。如今，我思考得更多的是自己还能活多久。我有时会想，我现在能做的事情虽然激发不了彼得的兴趣，但再也没有人干涉我了。有趣的是，我发现没有彼得的参与，自己很难评估做这些事情的价值。即使我们意见不同，我也很怀念他能够提出自己看法的那些日子。彼得走后，我觉得自己失去了平衡。我知道自己迟早有一天会走出来，但这需要我经历一段漫长的调整期，现在还为时过早。
>
> ——海伦，68 岁

丧偶后，人会经历一段情绪的大起大落。虽然一些人会陷入长时间的苦恼和悲伤，但大多数人都会及时恢复幸福感。你会注意到，极度痛苦的间隔时间变得更长，情绪恢复得也更快。第一年结束时，丧偶之痛正在减弱，你开始展望未来。第二年结束时，即使你仍然思念伴侣，并且知道这种思念不会随时间推移而消失，但你也会开始适应新的生活。完全依恋通常需要两年的时间来形成，也需要两年的时间来减弱，最终你会在成年子女、另一家庭成员，或者亲密朋友间寻找一个新的避风港湾和安全基地。

你的应对方式在很大程度上取决于你料理丧偶一事的时间，以及你的适应恢复能力和你从家人与朋友那里得到的实际支持和情感支持，故而你的丧偶反应会经历很大的变化。在刚开始的时候，你特别需要实际支持，但随着时间的推移，情感支持会变得更加重要。再者，你和伴侣在生活中的相处质量也很关键。假如你们的关系不怎么好，你与伴侣的相处过程充满了矛盾与焦虑，那么你的哀痛之情就不会那么强烈。

单身

成年中期以后，随着离异者和丧偶者的加入，曾经由未婚人士构成的单身队伍不断扩大。到了成年晚期，大多数人都已经不再从事全职工作或者需要照顾孩子，因此就有更多的属于自己的时间。是否拥有孩子对幸福感的影响不大，但会对男性产生一定影响——没有孩子的男性更有可能患上抑郁症，其身体的健康状况更不乐观。但没有孩子的女性往往过得特别好，她们普遍接受过良好的教育、交际广泛，生活也一直过得不错。她们比男性，尤其是那些没有孩子的男性，更能适应单身生活。

当然，你也有可能受到爱情的眷顾。但当你进入古稀之年，寻找伴侣的机会会变得越来越渺茫，你的动力也会越来越小。

> 老实说，我不认为我现在会谈恋爱。当然我也想有个伴儿能与我同进同出，或者一起去度假。但我愿意和别人住在一起吗？不，绝对不愿意。我对自己的生活很满意。我有一个朋友，她在几年前嫁给了一个人很好的鳏夫，男方比她大了几岁。虽然他们在一起很幸福，但不幸的是，男方现在的健康状况非常糟糕，生活不能自理，我朋友得照顾他，这简直毁了她的晚年生活。
>
> ——布伦达，73 岁

朋友的重要性

随着年龄的增长，无论你处于已婚、单身还是丧偶状态，朋友对你而言都更加重要，你会在他们身上投入更多的精力。你这代人不再像前几代人那样全身心投入大家庭和邻里关系中，不再依赖这些群体来支持或确认自己的身份。在当下，你拥有更多的选择权来决定共度时光之人。对你而言，友谊不仅是生活中的一个选择，更是一种必需因素。

对友谊的关注和投入更多，意味着友谊在你生活中的地位升高了。特别是当你单身时，你会花更多的时间和朋友们待在一起，感受他们的陪伴和情感支持。假如你拥有能够支持自己的社交网络，可以享受更多的自由和自主，那么即使遭受丧偶之痛，你仍然拥有继续生活的勇气和动力。

延续至今的手足之争

在你的一生中，你和兄弟姐妹之间的关系时近时远。在人生早期阶段，你们会一起长大，一起经历常规的家庭仪式，如生日聚会、家庭聚会、结婚典礼等。成年中期时，除非遭遇什么生活变故，否则你和兄弟姐妹的联系会变得越来越少。但到了成年晚期，由于你们每个人都有可能经历丧偶之痛、疾病困扰，或者意识到大家都在逐渐衰老，因此，兄弟姐妹在你们的生命中可能会再度占据重要地位。尽管曾经剑拔弩张的阴影仍在，尽管某些恶劣的关系仍使手足之争延续至今，但你会付出更多的努力，尽量维护手足之情，让你们能融洽相处。

> 说实话，我不敢相信，就算到了现在，我姐姐也和我合不来。她是家里的老大，时至今日她仍像小时候那般专横霸道。她仍然觉得自己有权对我颐指气使，发号施令。我丈夫一直对我说："既然她这么看不惯你，你又何必理她呢？"但是，我又能怎么办呢？毕竟她是我的姐姐啊！
>
> ——格蕾塔，70 岁

你和你的兄弟姐妹见证了彼此的童年、青少年期和成年阶段。你们拥有非常多共同的生活经历——尽管你未必最珍视这些经历，它们也不一定会改变你的人生。你们平时见面的频率取决于彼此居住地的远近、是否依赖对方的陪伴和支持、是否喜欢或厌恶对方（或对方的伴侣）。

假如你和兄弟姐妹之间关系亲密且相处得愉快，那么这对你而言是一个巨大的福利。虽然你和兄弟姐妹的关系可能比不上你和伴侣、孩子或挚友之间的关系，但这种手足情谊依然十分重要。假如你们之间的关系因为冲突或一方的冷漠出现了裂痕，那么这总归是件伤人的事情。

如今，你和兄弟姐妹的交往一如既往地围绕着两个极端进行：一端是竞争与冲突，另一端是亲近与关心。亲近与关心必须足够频繁，才能化解竞争与冲突造成的紧张局面。在成年期，造成关系紧张的主要原因可能是缺乏共同的利益点，也可能是生活方式或成就上的巨大差异。

然而，即使在人生的这个阶段，影响你们的关系的最主要因素仍是童年时期的不平等待遇——父母偏袒兄弟姐妹，或者自己经常被父母或老师拿来与兄弟姐妹进行不公正的比较。

> 父母总是偏爱妹妹，在他们眼里，她永远也不会做错事。他们真的把她惯坏了，她犯了什么错都能逃避惩罚，但如果我们其他几个兄弟姐妹做了错事，他们就会严惩不贷。我一直很讨厌这种区别对待。我知道在现在这把年纪提起这件事很荒谬。我已经尽了最大的努力和她搞好关系，我们会偶尔见上一面。即使我们之间只出现了一些轻微的矛盾，但我的那股怨恨之情还是会油然而生。
>
> ——斯蒂芬，74 岁

你与成年子女的关系

时至今日，你终于把自己的最后一个孩子抚养成人，继而进入空巢期。曾经，空巢期会导致一些可怕的后果，你可能会生出一种复杂的沮丧心情，每天郁郁寡欢、孤独寂寞、焦虑不安，为人母者更是如此。假如你刚刚离婚，或碰到父母去世，或经历健康危机，环顾空荡荡的房子，你会不由得感到无依无靠。

然而，现在大多数父母会体验到幸福感增加、压力减少的感觉，而且他们与子女的关系质量也一如往昔。当你逐渐发现，生活的种种要求减少了，购物清单变短了，不喜欢做饭的你在晚上可以自由地只吃点儿零食，你感觉好多了。你发现自己经常心情很好，而这种情况取决于你与成年子女的接触频率。

同时，成年子女的生活状况也会在很大程度上影响你的幸福感。他们的心理负担仍然会影响你的生活质量。成年子女若是患上心理方面的疾病，便会对你的幸福感产生巨大的打击。你和孩子的关系越是亲密，你受到的影响就越大。孩子不快乐，母亲也不快乐。成年子女遇到问题时，倾诉的对象往往是母亲而不是父亲，所以母亲会被孩子的痛苦影响，但由于孩子都已成年，为人母者很难或根本无法控制孩子的生活，从而会生出一种极度痛苦的无力感。

假如你正在经历生活中的重大压力——失去伴侣或出现健康问题，那么一个全心全意支持并关怀你的成年子女会对你的生活和应对能力有着巨大的积极影响。

去年我突发心脏病，这简直就是晴天霹雳。那段时间，我终日痛苦不堪，但我仍清晰地记得那天，我的儿女从病房门口冲进来拥抱我，在那一刻，我感到一阵巨大的欣喜和宽慰。我想，我活过来了。

——阿黛尔，70 岁

但是，总的来说，在成年晚期，你更有可能会给予成年子女情感上的支持，而不是从他们那里获得这种支持。这种给予不会给你带来压力，相比那些不作为的父母，你会拥有更强的幸福感。你可能会在孩子买房的时候给他提供一些经济上的帮助，但倘若你年过七旬，这种帮助就会逐渐减少。尽管你几乎从未言明，但你总是期望在自己脆弱的时候，孩子们能为你提供实际和情感上的支持和帮助。对于某些人来说，虽然他们能够理解孩子的不情不愿，但长此以往，他们可能会逐渐失望。

成为祖父母

成为祖父母，尤其是第一次成为祖父母，对大多数人来说是一件人生大事。女性尤其喜欢扮演祖母这个新角色。她们比男性更有可能对孙辈产生亲近之情，这对她们的幸福感也有着直接的积极影响。而对于男性来说，与成年子女亲近对他们的幸福感影响更大。

我在花甲之年有了 3 个孙子。他们出生时，我脑海里出现的第一个想法是"我还能陪他们多长时间"。我想，假如我再多活几年，应该能见证他们读大学的光景，但他们结婚的时候我可能就不在人世了。起初，我感到十分沮丧，但后来我也想通了，我决定尽可能地花更多时间陪伴他们，更多地认识他们。如今，我已70多岁了，最棒的事情便是我退休了，这给我开了很大的方便之门，让我能够抽出更多时间去陪伴孩子们。我想教他们很多东西，希望我有足够充沛的精力，能够跟得上他们的节奏。相处一天下来，我常常筋疲力尽，因此，在他们离开后，我不得不上床静养。

——安妮，73 岁

祖父母的重要性今非昔比。首先，你的寿命将比前几代祖父母更长。其次，由于父母的兄弟姐妹更少，所以家族中的长辈和同辈玩伴也更少。再者，当今社会出现了更多的双职工家庭、单亲家庭以及重组家庭。对于那些正在经历艰难转型的家庭而言，祖父母既是家中的支柱，也是孩子们的避风港湾。然而，离婚会导致祖父母与孙辈失去联系，甚至永远不再联系，尤其是对爷爷奶奶这方而言。

你和孙辈相处得越好，他们的心理素质和教育水平就越高，他们和朋友产生的矛盾就会越少，患有品行障碍[①]的风险也越低，越不可能做出反社会行为。他们知道，你很看重他们在学校的表现，你会为他们取得的成就而感到无比自豪，甚至高调炫耀。这

---

① 品行障碍是指儿童、青少年反复持久出现严重违反与其年龄相应的社会规范的行为，并以反复而持久的反社会性、攻击性或对立性品行模式为特征的障碍。——译者注

就是为什么祖母间的竞争压力相当大——你需要及时晒出孙辈的最新照片，或者适时提及他们的优秀品质。

只要你和儿女以及孙辈之间有着积极的联系，那么你与他们接触得越多，这种亲情的纽带就会越紧密。随着孙辈渐渐长大，祖父的重要性也日益提升，尤其是在孙辈的青少年期。祖父们常常认为自己肩负着为孙辈指引人生、帮助孙辈拓宽视野的重要职责。他们喜欢跟孙辈聊一些自己感兴趣的东西，譬如自己长大的地方、历史事件、自然科学、汽车构造，讲到某项具体运动时，他们甚至会生动地描述其中的细节。他们有时还会组织特别的郊游，这旨在寓教于乐。

孙辈对他们的祖父母通常有很高的期望，而大多数祖父母都没有辜负这些期望。他们会把你描述成一个乐于助人、乐于付出的长辈，他们最常描述你的品质是善解人意。在他们眼里，你对他们的关心照料和陪伴完全出于你的自愿，而不是在履行为人长辈的责任和义务。你是他们的"另一个家"，是他们"永远的港湾"。尽管对他们而言，你的地位很难被定义，但这并不影响他们享受这种亲密关系："我真的很爱我的祖母，她也很爱我。"

孙辈喜欢看到祖父母对他们的兴趣爱好表示关注，假如你们拥有共同的兴趣爱好，孙辈就更开心了。最重要的是，他们喜欢被你需要的感觉。

我奶奶总是想见我。每次我们去看她的时候，她看起来都很高兴。奶奶家不仅有很多糖果，还有礼物。奶奶会做我最喜欢吃的东西，还经常和我聊天。我们在一起总是有说不完的话。

——本，5岁

爷爷喜欢和我待在一起，他总是和我一起玩，开一些玩笑，让我兴奋地尖叫。奶奶觉得这样不好，总是教训他，但我喜欢爷爷——他就像个老顽童。

——托马斯，6岁

对于孙辈而言，祖父母就像他们的另一对家长，关心他们的心理健康，陪伴并帮助他们成长，倾听他们的观点、计划和成就。对孙辈而言，这种价值感是独一无二且相当重要的，他们喜欢和祖父母待在一起的悠闲时光，享受这种共同活动。他们认为这是一段打破常规、摆脱父母的"规矩"的时光，一个享受特殊待遇、尽情放松玩乐的难得机会。

当孙辈想和你谈一些重要的事情时，他们会重视你给出的建议。他们认为祖父母比父母更善于倾听，也更有耐心。他们也很少与你争吵，"假如我和父母说这些话，我们肯定会大吵一架"。当然，你不会像他们的父母那样唠叨他们，虽然你想要让他们明辨是非，但你会耐心告诉他们什么是对的，什么是错的，什么是能做的，什么是不能做的。

但作为祖父母，你也不能违反某些原则。你不能故意纵容孙辈，制造孙辈与子女之间的矛盾，也不能干涉儿女的生活，试图从孙辈那里获取他们父母的消息——因为事情一旦败露，你就会不可避免地付出代价：和子女发生冲突，孙辈也会埋怨你。

积极向内转变

到了成年晚期，你的自主性悄然增强。你会更加适应自己的需求和感受，你拥有选择的权利，能够决定自己认为重要的事情。你意识到自己需要更好地分配奉献给别人的精力和自己需要的精力。因此，想要顺利度过成年晚期，你在自己身上投入的精力必须与你投入外部世界的精力大致相等。

同时，你的内心也会变得越来越强大。你不再那么受外部世界的影响，而是更专注于享受生活。你会更多地反思自己，反思自己的生活，最重要的是，反思自己想要做什么，以充分利用这段宝贵岁月。这种向内的转变还有一个好处——你会从渴望社会认可的负担中解脱出来，不再那么害怕表达自己的感受和观点。

如今，你掌控人生的欲望依然强烈。然而，你也学会了更加现实地面对那些超出你的控制范围的事情。

假如你觉得自己无法掌控生活，那么你会生出一种衰老的感觉，也更有可能对同龄人持负面看法。假如你认为自己老了，认为同龄人的能力都大不如前，那么你的朋友可能不怎么喜欢你。久而久之，这种负面态度的叠加效应会进一步降低你对生活的掌控感，从而形成一个绝对的自我强化循环。

作为自主的一个重要因素，开放的心态对你的身心健康依然至关重要。只有在你步入老年，遭遇重大健康挑战和其他损失时，开放的心态才会受到影响。保持开放、探索自我、适应周遭世界，你就能更好地放下过去、不断学习、肯定自我、维持活力。对所有年龄段的人来说，这时的你具有非常强大的吸引力。这意味着在未来的日子里，你会更加快乐满足，对自己的生活也大致满意。最重要的是，开放的心态会让你不断成长发展，觉得自己的人生仍然在不断进步。

灵性

灵性的增强标志着你从成年中期到成年晚期的转变，意味着你的内心愈发强大。不同于宗教信仰的特定仪式，灵性意味着寻找某种超然于日常关注之物，以及对真实、诚挚和完整的渴望。你会与自己、他人和人类社会建立更深层次的联系，并深刻意识到事物之间的联系，以及人类对彼此的依恋。

对许多人来说，灵性是一种没有那么正式，更具个性化的"信仰"。你在寻找生命的终极意义，寻找看待眼前世界的方式——这不只是一种认知上的理解，更多的是一种超脱自我的精神联系。一些人会在一次偶然的短暂体验中感受到灵性带来的满足，通过自然、爱或是与一个特定对象或群体的深入交流，生出一种敬畏感和超然感。对另一些人来说，灵性则源自冥想等常规的练习。

荣格认为，当你在成年晚期探索自我、拓展身份时，你会对灵性产生更多的兴趣。在成年晚期，你的认知能力还在不断发展，并且你能更加全面地思考生活的模糊性和悖论。到目前为止，你明白生活中许多伟大的真理往往只能用符号和隐喻加以表达。你已经阅尽千帆，懂得世事不易的道理。

同时，你对死亡的敏锐意识也会使你更多地关注灵性。当你遭遇逆境时，你对价值的渴望就会变得更加迫切。随着年龄的增长，经历家人、朋友的离世，你会更多地思考自己的死亡，对于这种存在性的威胁，你可能会让自己依附在一些更为年长、明智的精神寄托上，就像你在童年时那样。

你如今有了自己的身份故事

到了成年晚期，基于你生命中最重要的那些经历，你会产生一种强烈而稳定的感觉。不同于成年早期的你只关注自己的变化和过渡，如今，你更专注于生活中反复出现的主题。你会发现生活中的事件和你成为一个什么样的人之间有很大的关系。你更善于发现这些主题，并擅长用一些隐喻来形容自己独一无二的生命。

> 我认为自己绝不会错失良机。我就是这样一个人。我想如果哪天我错失了某个机会，我一定会很郁闷。
>
> ——蒂姆，74 岁

> 我 12 岁时造了一艘小船。我不知道自己为什么会这样做，我们家族也没有航海的历史。但自从我认为自己是一个建设者以来，我便开始建立组织，打造团队。这就是我的人生。
>
> ——杰夫，70 岁

如今，我觉得自己是个幸存者。小时候，我恨透了寄宿学校，长大后，我的婚姻又破裂了，单身父亲的生活让我焦虑不已。但任何发生在我身上的事都能教会我一些东西。我似乎总会选择那条最困难的道路，它从来不符合我的期望，也总是显得有些与众不同。因此，我的人生总是大起大落，生活中充满着各种乐趣，我也总是情感充沛，从不觉得单调乏味。一直以来，我都靠自己的情感和直觉生活，这种生活方式让我受益匪浅。但我现在却想做出改变，更细致入微地感受生活。我仍然在学习，仍然在尝试，仍然在活着！

——弗兰，67 岁

与男性相比，女性往往会对自己的经历进行更多的心理加工，以便建立更多的联系或确定生活的主题，并将其用于她们的个人叙事中。这种优越的叙事能力可能源自童年时期：相比男孩，女孩与母亲的交流更多。她们会更细致地描述自己的日常经历，讲述更加私密的事情。而男孩虽然也会和母亲分享，但他们更关注自己的行动和计划。当然，在叙事风格上男孩和女孩也存在很大的性别差异。

随着年龄的增长，人们反思自己的经历也有了不同的目的。年轻的时候，反思是为了更好地理解自己，或者是为了解决某个问题。但现在，反思更多是为了整合自己积累的生活经验。

第二十二章

成年晚期：保持目标感

成年中期的发展任务是通过创造价值让生命变得有意义。而成年晚期的发展任务则是通过一种更加私人和内在的方式来使得生命变得有意义（忠于目标）。你想要享受自己到目前为止所取得的成就，并在日常生活中抓住每一个获取快乐的机会。这种充满活力的目标感可以帮你规划个人时间、选择前进方向、赋予行为意义。因此，你不再专注于过去，而是把目光放在当下。然而，假如退休或者孩子成家让你觉得失去了目标，那么你可能就会被不可避免的衰退前景湮没。

在人生的每个阶段，目标感都会使你感觉自己的内在一致且连贯，对你的幸福和健康产生重大影响。成年晚期也不例外。虽然目标感既不会使衰老停止，也不会阻止衰老可能带来的普遍损失，但它却有着如下作用：假如你有强烈的目标感，那么你在记忆和处理速度的测试中就会表现得更好；目标感可以减缓认知能力下降的速度，增加寿命延长的可能性。有目标感的人往往健康状况更好，患上抑郁症的可能性也更小。

成功的衰老往往都有着某种一致的特征，即你在生活中投入得越多，你的身体、认知和心理健康状况就越好，你的寿命就有可能更长。因此，你会重视自己的价值，重视当下行为的价值，这能够缓解你在生活中的压力。相比那些愉快或刺激的事情，参与一些能够带来意义或目标感的事情更有益于个人健康。反过来，这些益处都会增加你的动力，从而让你保持专注。

保持专注不仅可以减轻抑郁症状，甚至可以帮助步入老年后的你恢复某些认知损失。但假如你无法保持专注，那么你很可能就会像 70% 的人那样，把大部分时间都花在看电视上，患上一系列令人意志消沉的疾病。

假如你无法积极投入生活，那么你的健康和幸福将受到损害。这种状态不仅会使你陷入沉寂、产生不适感，还会剥夺你寻找新兴趣、建立新关系或巩固旧关系的机会。

然而，大多数人似乎都能积极投入生活，将自己的时间和精力分配给家人朋友。一些人仍然在从事某种工作，或者重返校园。在爱尔兰，大约 67% 的人每年至少做一次志愿者，而在美国，这一比例却不到 25%。这个阶段的人中有超过 1/5 的人每周做一次志愿者。事实上，参加志愿活动既能帮助他人，对自己也颇有好处。

参加志愿活动大大降低了你的死亡风险。即使考虑到其他风险因素——你的年龄、身体状况、情绪、婚姻状况，参加志愿活动仍然可以降低近 50% 的死亡风险。但只有在你出于关心他人，而非照顾自身利益的情况下，参加志愿活动才能降低你的死亡风险。

选择、优化、补偿策略

心怀理想固然重要，但如今，你应该优先关注当下可实现的目标，这才是你获得快乐的源泉。

在成年晚期，就像在人生的每个阶段一样，基于你可用的时间、精力和情感资源，你会面临某些机会和限制。它们会于合适的时机出现，而后消失，然后新的机会、限制再出现，周而复始。当你走过大部分生命历程时，你会采用社会科学家所说的选择、优化、补偿策略来管理机遇，从而在生活中获得更强的自我控制感。

选择：你不能同时追求所有目标，你必须确立目标的优先级和完成时间，选择实现最紧急和最重要的目标——那些你必须做的事情，或者你认为值得做的事情。因此，你就不可避免地需要搁置或者放弃其他让你过度劳累，或者影响你追求既定目标的那些事。

优化：通过选择，你解放了时间和精力，你会利用这些额外的资源学习和练习所需的技能，并获得你可能需要的建议和支持，从而增加成功的机会，实现自己的目标。同时，当你为实现目标做出努力时，你还必须留意这是否会干扰或破坏你所重视的其他目标。例如，你在个人项目上投入过多可能会破坏你的亲密关系。

虽然到了成年晚期，但工作与生活的平衡难题却不会因为你不再"正式"工作而消失。

补偿：当你的目标无法实现时，你就会专注于寻找新的方法来实现这一目标，或者转向另一目标。

假如你的目标无法实现，但你又不肯放弃，过多地投身于生活的某个领域，你就容易钻进死胡同。当你陷入这种发展停滞的状态时，你必须积极补偿，而不是被动放弃。积极补偿是一个调整个人目标的过程。举个例子，假如你患有慢性疾病，那么你必须制定补偿策略，以保持活跃和专注，同时，这种补偿策略能增强你的自我控制感，维护你的自我形象。

在你生命的早期阶段，你常常运用选择、优化、补偿策略来管理自己的压力，从而处理危机或挫折，或者完成一些重要的事情。到了成年晚期，你敏锐地意识到自己时日无多，并决心充分利用余生，因此，你在日常生活中会更多地运用这个策略，相比以往，你甚至需要做更多的补偿行为。

那么，在日常生活中，该如何运用选择、优化、补偿策略呢？

选择

正因余下时光不多，你会更加严格地安排自己的时间和精力，你的计划也更加现实。

举个例子，我在城里购物，有时我忍不住想试穿更多的衣服，但这样一来我的购物时间会超出计划。因此，我会提醒自己，假如我一直逛下去，我就会错过游泳，所以我不再像以前那样到处乱逛。游泳以及游泳带给我的感觉比逛街更重要。如今的我更加专注于时间管理，因此，我对生活也有了更好的规划。

——西莉亚，70 岁

你的日程安排也会更加灵活。你会根据自己的感觉来调整目标，或者增加新的目标。你也更愿意抓住当下，充分利用每一个机会来享受和品味自己的生活。

对我来说，这就是及时行乐。如果天气很好，我又不用急着做什么事情，我就会出去散散步。如果有人建议我尝试一些新的东西，我通常会欣然接受。我想让每一刻都变得有意义，尤其是当我和朋友们在一起的时候，我会更加坦诚开放，和他们谈天说地。我也非常想去游山玩水，享受生活。事实上，到了这个阶段，玩得开心对我来说太重要了。我只想轰轰烈烈地活一场，活出我自己，活得有意义。

——凯特，73 岁

同时，你会更加关注那些与你的动机、技能、身体和心理资源相匹配的活动。在生活的某些领域，你可能会满足于点到为止，而不是极力追求完美。对你而言，"足够好"就已足够，至少对于某些事情来说，情况就是如此。

优化

在成年晚期，你会更加注重建立并更新你的身体和心理资源，这样你就能保持健康与活跃。

> 我曾在某本书中读到过，随着年龄的增长，使身体和大脑保持良好状态的最佳方法就是做这3件事——锻炼、学习一门新语言和冥想。所以为了达到效果，我3件事都做了！我每天尽可能地快走一小时。我正在学习法语，我还下载了一个应用程序，提醒自己每天进行冥想练习。
>
> ——约翰，69岁

补偿

你可能因为关节炎不能再跑步了，所以你买了辆电动车。当你付出了巨大努力，或者完成长途飞行后，你会留出更多的时间休息。你会练习瑜伽或者普拉提，穿一双能保护脚踝的运动鞋。登山的时候，为了保持能量和平衡，你总是借助两根登山杖前行。

你是如何看待衰老的

无论年龄、智力或个性如何，你掌握的选择、优化、补偿策略越多，你感到的压力就越少，对自己的生活也就越满意。一些人非常擅长运用这个策略。但大多数人却只得其形、未得其魂——只在生活的某些领域使用这种策略，在其他领域却无法合理使用。举个例子，最常见的失败的补偿就是没能将任务委托给他人。假如你是一个完美主义者，认为只有自己完成的工作才能达到令人满意的标准，那么你就会因为包揽所有事而精疲力竭。

人在每个人生阶段都是独立的，每个人的生活也是各不相同的，成年晚期也不例外。因此，成功变老没有唯一的标准。无论在哪个阶段，你都可能会遭受身体上的痛苦，但你的心灵依旧可以很强大；你可能会对家庭感到绝望，但你对工作非常满意；你可能会抱怨事情不尽如人意，但仍然会觉得生活充满意义。无论如何，你对待衰老的看法、感受和期望，都会决定你的未来走向。

我们可以在成年晚期学到什么

表 22-1 成年晚期过好人生的原则			
人生阶段	时间表	发展任务或危机	心理学原则
成年晚期	60 岁末至 70 岁末	忠于目标还是打退堂鼓？	珍惜时间

在成年晚期，你要懂得——现在，就是行动的最好时机。当你不再为了照顾孩子和完成工作而奔波时，一系列新的问题就出现了。

- 我现在该做什么？
- 我该如何为自己的生活设定新的方向，从而继续前进？
- 在当下的事情中，对我最有意义的是什么？

- 我要怎么与对我而言最重要的人产生最佳联系？

- 哪里最需要我？

全新的关注点

你如今的关注点是寻找新的机会，从而获得成长和发展。你想要最大限度利用自己拥有的选择，从而精心打造一种有意义、有参与感的生活，重视自己的价值，重视当下行为的价值。

选择多种多样的休闲活动。你需要选择多种多样的休闲活动，从而保持新鲜感，放松自我，收获友谊，产生新见解，获得灵感，形成亲密感和归属感，保持良好的身材和健康状态。

保持坚韧。坚韧的人往往拥有以下几种特征：致力于当下之事，而不是感到疏离和孤立；拥有掌控感，而不是无能为力；愿意接受改变和挑战，而不是畏惧不前。坚韧能够帮助你缓解健康问题，应对其他挫折，从而更快地恢复。

锻炼你的身体和大脑。虽说衰老不可避免，但健康状况的恶化和记忆能力的下降却是可以控制的，锻炼正是其中的关键。在加拿大最近的一项研究中，研究人员调查了 64 名久坐不动的六旬男性和女性的健康状况、思维能力和记忆能力。最受关注的是他们的记忆能力。记忆能力通常会随着年龄的增长而下降。记忆表现不佳可能代表着轻度的认知障碍。调查过后，研究人员将参与者分成两组。一组参与者必须以中等速度在跑步机上运动，每周 3 次，每次大约 50 分钟。另一组参与者则必须进行间歇性训练，高强度运动和低强度运动穿插进行。他们要先在一台高转速的跑步机上运动 4 分钟，直到每个人的心率达到最大心率的 90%，然后慢走 3 分钟，接着再进行 3 轮高强度运动。

12 周后，研究人员对两组参与者的健康状况和记忆能力重新进行了评估，结果令人震惊。只有那些做了间歇性训练的人在身体耐力和记忆表现上有了显著的改善，而且这些改善是互相联系的——健康状况越好，记忆能力就越强。

你也可以锻炼自己的大脑。科学证明，锻炼大脑的持续效果可达 10 年或更长时间。假如你相信自己的记忆容量并非固定不变，而是可以增加的，那么你就会做得更好。

正念训练。在任何年龄，正念训练对你都颇有益处。当人们进行正念训练时，大脑的杏仁核活动减少。杏仁核是大脑的恐惧中枢，能够触发应激反应，杏仁核活动的减少有助于你保持稳定，引发与"战斗或逃跑反应"相对的"放松反应"。

假如你定期进行正念训练，你就没有那么容易陷入沉思，患上抑郁症的风险也更低，同时，你还能增强自己的韧性。一些研究表明，对于那些饱受高血压、肠易激综合征、纤维肌痛综合征、牛皮癣、焦虑、抑郁和创伤后应激障碍等困扰的人而言，正念训练对他们的身体和心理健康都有好处。

正念训练使你的生活变得丰富多彩，就算经历了人生变故，你也能更好地承受打击，更容易接受现实。你会更加冷静地应对日常压力，意识到自己的想法和感受是基于自己体内感官而做出的判断，假如你停止判断，那么你就能观察到这些感官起伏的强度，也就不那么受其控制。正念训练能够帮助你进入一种安静的状态，将内心那些无休止的杂念拒之门外，使你获得片刻的安宁。因此，你会更加清晰地了解自己内心和周围发生的事情。保持对内在和外在的警觉会让你珍惜当下，发现机遇，寻找无限的可能。假如你坚持进行正念训练，假以时日，你的生理年龄会比你的实际年龄更小。因为正念训练减少了衰老带来的损害，缓解了认知功能的下降，因此可以避免你经常出入医院。

永远保持好奇，永远探寻更多可能。随着年龄的增长，你会更加适应自己的生活方式。这没有错。你已经获得了自主的权利，能够按照自己的方式、时间安排和习惯行事，积累自己的资源。但你也不要过于公式化，让生活毫无新鲜感。永远保持好奇，永远探寻更多可能——尝试做一些你以前没有做过的事情；用一种新的方式开启日常生活；使用你的非惯用手。你可以通过这些行为摆脱"自动模式"。每日反省：我今天学到了什么？

拥有成长型心态，而不是固定型心态。做到这一点在人生的每个阶段都很重要。你要培养成长型心态，相信自己的能力并非一成不变，而是可以不断成长、发展的。

回馈社会。到现在为止，你已经积累了大量的知识和生活经验。那就让它们发挥作用吧！考虑一下参加志愿活动。参加志愿活动除了能增强个人幸福感，还能降低死亡风险。据调查，55岁及以上人群参加志愿活动后的死亡风险会降低约47%。

第二十三章

老年期：度过每一个珍贵时刻

能活到老年本身就是一种成就。当你 70 岁的时候，你会发现自己身边还有大约 3/4 的同龄人。当你 80 岁的时候，你发现身边就只剩下的一半的同龄人了。到了 89 岁，你的身边可能仅仅有 1/5 的同龄人。若你能活到 90 多岁，你就会获得"长寿老人"的称号。

即使到了生命的最后一个阶段，对于大多数人而言，实际年龄和心理年龄之间仍存在一定差距——心理年龄小于实际年龄会对你的健康状况和寿命产生积极影响。当你觉得自己比实际年龄年轻的时候，你就会积极看待衰老、对未来生活充满希望，这自然会对你的健康状况和寿命产生积极的连锁影响。

相反，假如你相信年龄决定生活质量，那么你就会觉得自己无论如何都无法避免或者延缓衰老的进程，认为自己很难预防或者解决健康问题，因此你也没什么动力去管理健康状况，进而生出一种悲观的情绪，降低对生活的掌控感。更糟糕的是，这种心态会导致你在两年内的死亡风险增加一倍。

对衰老的负面印象

生活在当今世界，人们总是不可避免地对衰老产生负面的印象。因此，假如你觉得自己比实际年龄年轻，那么这是一件好事。

总的来说，大众和媒体将衰老视作一段下坡路，将老年人视作脆弱无比、孤单寂寞、与社会脱节的可怜人。例如，在 18 ~ 34 岁的人群中，有 61% 的人认为孤独是老年人需要面对的一大挑战；在 35 ~ 64 岁的人群中，也有 47% 的人持这种观点。然而，只有13% 的老年人认可晚年生活的孤寂。但他们也存在对衰老的负面刻板印象——超过 1/3 的老年人认为，虽然自己并不觉得孤独，但同年龄段的人肯定过着一种老无所依、离群索居的生活。

这些负面刻板印象偶尔会因为八旬老人跑迷你马拉松这样的励志故事而得到减轻。这些故事旨在激励、振奋你的心灵，仿佛是为了证明唯一能够安然老去的方法就是永远都不要让自己真正变老。但大多数人都觉得自己与这些"英雄事迹"相距甚远。尤其是当你经历了某种永久性的损伤或疾病的困扰，以至于影响到了行动能力和身体健康时，你可能会生出一种沮丧、遗憾、顾影自怜的哀伤感。

同时，你还得接受这样一种情况：你可能会变得很健忘，听力也会变差，听不清别人在跟你说什么——这就是有些人喜欢用超大音量或慢得夸张的语速和你说话的原因。步入老年后，你会深切地体会到这一点。衰老曾是遥不可及的，如今却近在眼前，成了你生活的主旋律。当你意识到，如今的你在旁人眼里就是一个老人的时候，你会有些许震惊。

> 最近我去买一些杂货，当我想付钱时，店员伸出手来，未经我的许可就从我手里拿走了所有零钱，数了起来！我本能地缩回了我的手——我可是一个退休的会计师，我能自己数钱！但我手一松，零钱就掉到了地板上。她叹了口气，还翻了个白眼。整件事都让我很恼火。
>
> ——凯文，81 岁

虽然这些负面印象并非针对某个个体，但可能会对个体造成影响。因为你很有可能会将其内化于心，影响你的自我感知，从而对你的健康和幸福产生实质性的不利影响，其中就包括你的认知功能、平衡性、步态、听力、行走速度和记忆能力。对衰老的消极感知会直接影响你的生理功能和自主神经系统（对环境压力做出反应的中枢神经系统的一个分支）。

当你看到有关衰老的消极图像时，你的心血管应激反应会在无意间增强，而当你看到有关衰老的积极图像时，这种反应则会减弱。反复增强的心血管应激反应会使心脏问题增多。60 岁以后，你患心脏病或中风的可能性会增加一倍，假如真的患上心脏病或中风，你的恢复能力也会受到影响。你可能无法很好地从伤病中恢复过来，更容易出现认知能力下降的情况，进而对生活的满意度降低，甚至提早去世。

那么，负面印象为何会导致如此糟糕的结果呢？这是因为，负面印象会直接影响你对衰老的应对能力。你产生了一种听天由命的态度，每经历一次挫折，都将其归咎于自己年老体衰，而非其他更明显的原因（例如不健康的生活方式）。当然，这也可能是因为我们比想象中更容易受到周围世界的影响。

想象一下，你正看着计算机屏幕，屏幕上有关衰老的词语以低于 55 毫秒的时间间隔逐个闪现，你虽然无法有意识地快速将这些词语记录下来，但你会在无意识间对这些词语产生反应。当屏幕上的词语让你联想到对老年人的偏见时，比如迟钝、困惑、脆弱、心不在焉，你的行为就会受到影响——你走得更慢了，手也抖了，你会更加消极地看待健康问题，甚至失去了活下去的欲望。举个例子，当被问及是否会选择一种新型但昂贵的医疗手段，以增加延长寿命的可能性时，你的回答是不太可能去尝试。

相反，假如你受到一些关于衰老的积极词语的引导，比如活泼、成就或自信，那么你的行为就会受到这些词语的影响，你就更有可能愿意尝试新的医疗手段。

反对老年歧视

在日常生活中，随着对衰老的负面印象逐渐变得根深蒂固，人们认为出现健康问题是衰老不可避免的结果，因此，努力保持健康饮食或充分锻炼对他们而言便是徒劳。即使你没有这样的年龄观，其他人也有可能会有。

以一位八旬老妇为例，她对医生抱怨自己的左膝出了问题。但医生却说："你都80岁了，这是正常现象。"她回答道："医生，我的右膝也80岁了，但它一点儿问题也没有。"①

虽然医生认为年龄不会对身体的每一个部位施加相同的影响，但将年龄作为默认的解释方式会强化一种关于健康的思维模式，这种思维模式没有那么积极主动，而且可能会妨碍你对健康问题的深入探究。

假如你对衰老有着现实而积极的自我认知，那么你就会积极关注自己的健康状况，愿意保持健康饮食和接受药物治疗。综合以上因素，你的寿命就有可能会延长。例如，若你在50岁时对衰老的态度是积极的，那么当你真正衰老时，你的生理机能和健康状况就会更好，患心血管疾病和听觉损耗的风险也会更低，你就有可能活得更久。多久？平均7年半。这是一个很大的数字，尤其是当你步入老年时。你会把更多的时间和精力放在自己一直喜欢的事情上。假如你对自己的衰老持消极态度，那么你就会花更多的时间和精力来避免感知到的风险。

当然，老年歧视也有温和的一面。年长的人通常给人以友好、善良的印象——你也不例外。但这种积极看法的背面却让人出乎意料。我们倾向于从热情和能力这两个维度来评价他人，尤其是那些我们不认识的人，并且认为这些品质是负相关的。换句话说，

---

① 这是美国芝加哥大学教授伯尼斯·钮加藤（Bernice Neugarten）在她的生命周期发展心理学开创性课程中使用的一个说明性故事。

假如你在其中一维度的得分较高，那么在另一维度的得分就会较低。所以别人可能会认为你亲和友善，但能力不足。一位研究人员将其称为"步履蹒跚，但和蔼可亲"。这与你的自我看法和生活观念形成了鲜明的对比。

这也就是为什么你要将成功衰老观的想法转移到正确的策略上——专注于当下的重要事务以及你的个人目标，而不是武断地采用某些消极或积极的"成功"标准。这些策略能满足你自降生而来的三大需求——亲密、自主和胜任，从而帮助你继续成长发展。直至生命的终点，你的人生都充满了需求、渴望和挑战。生命不息，进步不止。

收起你的"软弱"

正如贝蒂·戴维斯（Bette Davis）的一句名言："老年可不意味着娘娘腔！"如果说成年晚期意味着你要接受随衰老而来的身体弱化，那么老年期则意味着你要应对这种脆弱性。在某些时候，大多数人都至少会出现一种慢性健康问题。① 即使健康状况良好，

①　在爱尔兰，1/3 的人可能患有高血压，1/8 的人可能患有心绞痛、心律失常或其他心脏疾病，老年人更有可能患中风、短暂性缺血、糖尿病或呼吸道疾病，大约 1/10 的人可能会心脏病发作，关节炎、骨质疏松症和骨折在老年人中更为常见，老年人的视力和听力也有可能出现问题。据观察，65～74 岁的人的癌症患病率最高，在这之后，老年人的状态大致趋于稳定，但仍然存在一定的变差趋势。老年人中约有 1/4 的人表示自己在过去一年中的状态变差了。超过 20% 的老年妇女可能患上骨质疏松症。对于那些忍不住看这段脚注的人来说，这些文字详细描述了老年人可能出现的各种健康问题。请记住，虽然它们很可能会出现在你的身上，但并非不可避免。直至生命的尽头，有些人会一直保持相当健康的状态。

你的精力和灵活性也会逐渐下降，这迫使你放弃参与一些你喜欢的活动。但大多数人都已经适应了这种情况。

同时，你也在不断经历损失。在老年期，得与失之间的相互作用是相当复杂的——塞翁失马，焉知非福。你会发现自己拥有了从未有过的韧性和决心。你会因家人、朋友的爱和支持而感动，你还学会了运用自己的阅历和生活经验来弥补损失。

老年时的故事走向各有不同。有时，当你在做自己喜欢的事情、体验汹涌而来的爱意，或与某人吻别时，你会意识到：这可能是我最后一次这样做了。但你非但不会觉得沮丧，反倒会产生一种复杂而深刻的珍贵感觉，这种感觉会激励你充分享受当下的每分每秒。

未来的各种结局会激发你最好的一面，加深你对已有之物的欣赏，让你变得更加善良，更富有同情心，更加适应生活的无限可能和丰富多彩。虽然你可能会经历失去伴侣、健康状况不佳，或者不得不搬进疗养院等种种打击（尤其是在短时间内，这些打击可能会对你的适应能力施加严重的影响），但最重要的是，随着年龄的增长，你的心态会经历显著而持久的变化——你决定充分利用余生的每个宝贵时刻。

回顾与怀旧

到了 80 多岁的时候，你需要花更长的时间来处理信息，特别是一些新信息或意想不到的信息，但无论是你的词汇量和自我表达的能力，还是你毕生积累的隐性知识和经验都不会受到影响。

当你回顾人生时，你发现自己很难描述出一些强烈的感官体验——你知道亲吻是美好的，新鲜的土豆尝起来是超级美味的，但你无法说出当时体会到的那种感官上的愉悦。

当重大事件发生时，当你欣喜若狂时，或者当你痛彻心扉时，甚至当你沿着陡峭的山坡自由骑行时，你会清晰地记得自己当时的感受和想法。

最显著的变化是向内转变。你会花更多的时间来反思你的生活经历。随着你反思得越多，那些早已被遗忘的童年经历会重新浮现在你的脑海中。曾经，怀旧被视作老年人的胡言乱语，但现在人们却对其有了截然不同的看法。怀旧能够帮助老年人积极地适应衰老，对成功衰老的作用非常显著，鼓励老年人怀旧属于日托中心或疗养院常规项目的一部分。

你可以通过不同的方法怀旧，每种方法都对优雅地老去有着不同的影响。

人生一览。最常见的怀旧形式是"人生一览"，你可以简单地叙述你的现实生活，加上一些你认为可能会让与你交谈之人感兴趣的逸事，但不要试图解释或对这些事做出任何判断。这种怀旧形式可以帮助你保持记忆的井然有序，但对提高认知能力没有明显的好处。然而，假如你的回忆蕴含着丰富的细节，那么这就是你记忆能力正常的证据，但过于枯燥和机械化的叙述方式可能暗示着你的智力水平下降了。

寻求意义。另一种常见的怀旧形式更加积极，也更有目的性。它是一种更加深入了解自我和生活，调和期望与实际差异，化解生活冲突的怀旧形式，至少不会让你那么心烦意乱。采用这种怀旧形式有许多好处，比如能够增强你的幸福感和自我价值感，有助于你在处理人生主要的发展任务，即在面对死亡时实现自我完整性。

出于实际目的的怀旧。这种怀旧形式也很常见。你会思考人生的不同阶段、曾经设定的目标、为达成目标而做出的努力，以及克服艰难险阻的经历。你的怀旧出于一种非常实际的目的——应对当下面临的挑战。当你顺利完成怀旧任务时，你的能力值、控制感和延续感会得到提升，你的幸福感、健康水平和对生活的满意度也会提升，这种怀旧形式也会成为你用来对抗痛苦的重要工具。

传递重要的价值观和人生经验。这种怀旧形式注重描述旧时代的信息——你的家庭或所处文化环境的传统价值观，以及你的人生经验。你觉得自己正在履行一项重要的社会职能，口述一段独特的历史，以将传统延续至后代，这个过程赋予了你一种价值感和使命感。[①]

筑造屏障以逃避现实。这种类型的怀旧充满了对过去美好时光的怀念和感伤——你会粉饰和夸耀过去。你试图通过美化过去，夸大过去的成就，贬低现在的生活。你用幻想来保护自己，在幻

---

① 虽然还未有研究表明这种类型的怀旧与衰老之间有任何直接联系，但这可能是因为这种类型的怀旧通常是在家庭中自行发生的。除了回答"长寿的秘诀是什么"这类问题，老年人很少有机会能够在公共场合讲述他们的故事，或者分享他们最想传递给下一代的智慧。

境之中，过去的痛苦仿佛对你产生不了分毫影响，你也可能从痛苦的现状之中暂时解脱，但你逃得了一时，逃不了一世。当你长期深陷这种幻想时，你会加深对现实生活的怨恨，从而降低对当前生活的满意度和应对挑战的能力。

强迫性怀旧。你对过去充满了遗憾、内疚和痛苦之情。你执着于自己曾犯下的错误和别人对你造成的伤害。这种类型的怀旧会让你躁动不安，倘若深陷其中，你便会生出抑郁、恐慌、绝望之情。这种类型的怀旧会直接影响你的身心健康。

为什么要回顾你的人生

虽然积极主动地回顾人生有可能会提升幸福感，但一些人并不愿意这样做，随着年龄的增长，他们仍会想方设法地去追求幸福。假如你有强烈的身份认同感，并乐于接受各种经历，那么你会更愿意回顾自己的人生。你可能是那种在青少年期就善于反思、敢于打破陈规、适应能力强、想法别具一格、兴趣广泛的家伙。当然，也有可能是因为你觉得自己有一个值得讲述的故事，一个可以让人从中找到意义、获得慰藉和快乐的故事，特别是你或家人遭遇重大逆境，最终克服困难的自豪经历；觉得自己有一些有价值之物要传给下一代，想要拯救自己所爱之人，让自己在这世间留下一些痕迹，所以你愿意回顾自己的人生。

然而，假如你认为生活中的经历只是一系列偶然发生的重大事件和巨大变故，且你认为记住这些经历既不能让你产生任何自豪感，也不能让你感到一丝安慰，那么你就不会想要停留在过去的回忆中，而是坚定地想要抛开过往。对你而言，过去的故事太过冗长，而你只想专注于此时此刻的生活。

你对自己生活的反思会影响到你正在进行的自我叙述，随着年龄的增长，自我叙述会显现出新的意义。即使在现在，你也在重塑自己的身份，你会再次问自己："我是谁？"当你回顾自己的人生，以及父母和祖父母的人生时，你会发现你的人生故事早在你出生之前就开始了，遵循着父辈祖辈的人生轨迹。他们对爱、成功、生活自主权的追求早就潜移默化地影响了你的人生，就像你的人生经历也影响着其他人的人生，尤其是你孩子的人生一样。

你的自我叙述包含了一些规则，这对你解决旧分歧或有所帮助，或有所阻碍。

- 如何在身体衰老的同时保持心理上的年轻？
- 如何在做对你而言重要的事情时向他人借力？
- 如何在积极投入世界的同时积蓄自己的力量？
- 如何保持对新鲜事物和现状的兴趣，避免被动沉湎于过去？

性格的改变

从 85 岁开始，你的社交能力和开放程度就渐渐显示出一种微妙而稳定的下降趋势，你会越来越容易感到忧虑或抑郁——这种趋势随着你步入老年、身体每况愈下而变得明显。总体而言，与年轻人相比，你会更坚持自己的兴趣，不那么容易接受新奇的想法，也相对更加紧张和谨慎一些。

然而，以上情况在很大程度上取决于你的健康状况和认知功能。例如，假如你的认知功能良好，你对生活有一种自我掌控的意识，并能保持良好的社交状态和开放的生活态度，那么你就不容易受到焦虑或抑郁情绪的影响。假如你在很长一段时间内都感到很孤独，觉得生活不由你掌控，那么你的情绪状态就恰恰相反。

保持开放

乐于接受新思想、体验新经历，这种心态对成功衰老很重要。当你应对压力的常用方式不再像年轻时那样有效时，采用另一种方式可以帮助你培养自己的韧性。

保持开放有益于延长你的寿命。在一项对同卵双胞胎的研究中，考虑到双胞胎的健康状况、性格特征、认知功能和生活环境，开放程度是死亡率的一个强有力的预测因素。双胞胎中较早去世的那个在去世前曾表现出更大程度的开放程度下降。

认真负责

当你逐渐意识到自己年老体衰时，你会对日常生活中的健康风险更加警惕。你会在维持日常事务上花更多的精力，喜欢将事情安排得井井有条。假如你有责任心，那么随着年龄的增长，这种习惯对你会颇有好处——你更有可能会健康长寿。事实上，假如你从小就养成这种认真负责的习惯，那么你甚至能预测自己40年后的身体健康状况，你也能更好地完成那些你需要做的事情。

有责任心的唯一缺点是更容易忧虑过度。为了解决这个问题，你要遵循的第一条原则就是平衡你的认真态度和你对新鲜事物的热情。你既需要勤勤恳恳，也要学会让自己摆脱困境。假如你现在不去行动，那还要等到什么时候呢？你要遵循的第二条原则就是依赖那些关心你的人，因为他们更愿意关注你的健康，帮助你使风险最小化并积极应对生活。同时，和他们在一起还能尽量减少你的担忧。

积极的偏见

你的幸福感会在成年早期逐渐上升，到了40岁左右开始下降，从50岁到80岁再逐步上升，到那时，你就会像20多岁时那般幸福。但这种幸福感在很大程度上取决于你的健康状况，幸福和健康的联系会更加紧密。假如你长期处于一种不快乐的状态当中，那么这会增加你出现健康问题的风险。相应地，假如你正在与慢性疾病或严重的健康问题做斗争，那么这会对你的幸福感产生影响。假如你在短时间内遭遇人生剧变，那么你会面临更高的抑郁风险，这反过来也会加剧你的健康问题。因此，关键问题在于尽可能地掌控自己的健康，只要你能够保持幸福的状态，你就能最大限度地维持身心健康水平。

那么，幸福感是因何而提升的呢？主要是因为随着年龄的增长，你会变得更加通透。比起负面信息，你会更关注正面信息，同时你也会更加彻底地处理信息。你会更专注于日常生活中那些富有情感意义的目标。你会更频繁地回忆起快乐的经历，你会比年轻人更积极地回忆过去。

与年轻人相比，你更有可能将新的信息融入现有的思维方式，避免穷举式决策所导致的频繁查找信息和多种策略的使用。你不太愿意耗尽自己的认知资源去广泛寻求最好的选择，现在的你认为这是一种不必要的小题大做。因此，基于你的人生阅历，你会比年轻人更快做出决定，你的策略也更具经验性。这种应对方式虽然可以减少你的压力，但也有其坏处。当你面对的信息与你以往的经历矛盾时，你便不太可能去处理这些信息，甚至可能会将其归为无效信息。

在正常情况下，当你面对的风险过高，所做的决定对你的健康或财务状况有实际影响时，你的积极偏见就会减少。在这种情况下，你会更倾向于关注积极的对立面，并开始处理相关的风险信息。一旦你过度沉溺于其中，不惜一切代价避免任何负面或潜在的压力，问题就出现了。例如，你可能不太愿意从你的医生那里寻求更多的信息或接受他人的意见，甚至有可能过快拒绝可行的治疗方案。

做决定固然是困难的，你需要思考很多问题，有时还涉及一些不愉快的利益权衡。假如你逃避做决定，你可能会在当时感到浑身轻松，但在未来你可能会付出惨重的代价。乍一看，医生为你做的决定可能会节省你的时间和精力，最终指向更好的结果，但这只存在于你为医生提供所有必要信息的情况下。那么能否把决定权交给家庭成员呢？对方只要认真负责，就值得托付。

交付更多的信任

与年轻人相比，随着年龄的增长，你会更容易信任他人。这种逐渐增强的信任倾向保留了生命早期阶段的所有益处，使你能够更容易与他人建立和保持密切的合作关系。到了老年期，由于你对生活的某些方面失去了相对直接的控制权，因此你需要交付自己的信任。但是——现在你知道人生总有一个"但是"——信任他人可能会让你更容易被人利用（尤其是在财务方面）。被人骗钱向来是件麻烦事，到了老年阶段，由于弥补损失的时间所剩无几，被人骗钱的麻烦程度就会加倍。这就是为什么涉及财务问题的时候，大多数人都会保持合理的怀疑。

被人利用的风险可能与你是否更容易相信别人关系不大，而主要与你判断可信度的认知能力有关。

一项研究发现，难以识别不值得信任的面孔与前岛叶活跃程度下降有关，前岛叶是大脑中负责评估信任和风险的部位。研究人员要求老年人查看一些照片，让老年人判断这些照片中的面孔哪些值得信任、哪些不值得信任，而老年人比年轻人更有可能给那些不值得信任的面孔贴上诚实可信和平易近人的标签。

在这种情况下，核磁共振扫描的结果显示，老年人大脑皮层内的一个微小区域——前岛叶的活跃程度较低。这种活跃程度的差异在年龄较大的一组看到不值得信任的面孔时表现得最为明显。相比之下，无论是看到不值得信任的面孔，还是看到值得信任的面孔，年轻人的前岛叶都表现出了更高的活跃程度，这表明当你年轻且缺乏经验时，保持警惕是正常的。

处理负面信息也需要更多的认知资源，而随着年龄的增长，这些资源可能会消耗殆尽，因此，你会更难发现那些不值得信任的迹象，也会更容易忽视或误解那些迹象。最好的应对策略就是遵循那句古老的格言："如同明日将死那样生活，如同永远不死那样求知。"保持积极和信任是一种很好的生活态度，但不要去回避那些重要的消极事物。

保持韧性

韧性，是一种适应压力和变化、从挫折中恢复过来，以及面对源源不断的风险时仍能保持积极心态的能力，也是优雅、健康地老去的关键。一般情况下，积极情绪和消极情绪是相对独立的。即使你感到失望或沮丧，你也不会丧失对生活的希望、兴趣。但随着压力的增加，你的消极情绪也会相应增加，从而抑制你的积极情绪。

这也就是为什么只要经历一种积极情绪，无论其过程多么短暂，都能帮助你从压力中解脱出来。积极情绪不但能降低你的血压，增强你的免疫力和防御能力，还能帮助你恢复在压力之下耗尽的重要心理资源。这意味着你可以更加灵活地思考和行动，想出更好的办法来解决所面临的任何问题。倘若能通过唤醒记忆激起自己的勇气，你就能恢复安全与平静的稳定状态，减少在面对轻微压力时的过度反应，降低过分夸大事件危险程度的风险，从而保持专注，享受当下的美好时光。这便是积极连锁反应。

同时，保持韧性也意味着你能够抑制负面情绪。当你面临接踵而至的损失时，如亲人离世、视力或听力下降等身体限制、行动不便或健康问题，你的适应能力都会受到巨大影响，你可能会出现更明显的抑郁症状。

控制愤怒对你尤为重要。面临源源不断的挫折，生气是一种自然的反应。但是，在老年阶段经常生气无益于身体健康，这会导致大量的轻度炎症，提高患上慢性疾病的概率。究其本质，愤怒会激发你采取行动，让你同损失抗争到底。假如损失是可逆的，那么你会适应这种情况。但许多老年人的损失都是不可逆的，所以他们变得越来越不适应愤怒。随损失而来的悲伤和痛苦会让你暂时内化自己的情绪，调动自己的心理资源处理损失。

保持明智

人们总是期待着自己能够越来越明智。然而，老年阶段的人都很明智吗？显然不是，但老者中也不乏智者。智者之所以能成为智者，是因为他们阅尽千帆，拥有自己的知识、见解、判断，既善于反思自我，也能适应大局。

明智意味着你能够以智慧的眼光去看待人类生活中必须面对的最重要、最困难和最不确定的问题：什么是你能控制的，什么是你不能控制的；什么时候需要坚持立场，什么时候需要适当妥协；什么时候应施以援手，什么时候应顺其自然。你会意识到站在不同视角看待问题的重要性。你会明白如何区分生活中真正值得运用资源的事情和那些你应该学会放手的事情。

你越是明智，你就越能安然地老去，你的心理健康水平也就越高——你会更加快乐，你的适应能力也更强，你对生活也就越满意。你的自尊水平一直保持在稳定状态，只有在非常年老或濒临死亡的时候才会略微下降。在这些细微的变化之下，你的性格仍同往常一样：直至生命的尽头，你依然初心不改、忠于自我。

第二十四章

老年期：适应衰老，坚定自我

老年阶段的依恋关系仍然至关重要，当你变得更加依赖他人的照顾时，你与对方的依恋关系也就更容易被强化。随着年龄的增长，你会想起很多童年时代的事情，你会时常忆起自己的父母和他们对你的照顾。比起近来发生的事情，遗忘已久的童年经历往往会激发你进行更加生动的依恋回忆。安全型依恋在你生命中的每个阶段都发挥着积极的作用，即使到了现在，这种依恋仍在塑造你获得幸福和健康的能力。

即使处在生命的晚期阶段，童年早期的经历也在影响着你的认知功能，而其中，你与母亲的依恋关系质量尤为重要。假如你能回忆起母亲在你的童年早期对你的疼爱，那么你就不太可能感到孤独，表现出的抑郁症状和记忆衰退现象也较为轻微，同时，你也能更好地管理自己的人际关系。

安全型依恋带来的好处之一就是你能够使自己的思想和与你

互动之人的思想保持协调一致。在老年阶段，你仍在享受安全型依恋的恩惠——相比那些无法回忆起被温柔照顾的经历，你会拥有成功衰老的关键因素：更加了解在自己身上和周围正在发生的事情，心态更加开放，情绪更加稳定，抑郁症状更少，也不太可能体会到孤独的滋味。

相应地，除非你已经设法与他人建立了一种安全型依恋关系，否则恐惧型依恋的影响也会延续到老年阶段。特别是当你的身体状况变得更加糟糕或经历丧偶时，你可能会将情感寄托于已故的配偶、成年子女或某种精神信仰上。当你向精神信仰寻求保护和安慰时，你对依恋关系的理解往往与你的依恋类型和童年时期的亲子关系相关。假如你拥有安全型依恋关系，那么你和对方就会建立亲密信任的安全关系。假如你拥有恐惧型依恋关系，那么你就会将自己对拒绝和惩罚的恐惧投射到你与对方的关系上，你可能会像个孩子一样哄骗和恳求对方，却不敢相信对方会支持你的愿望。

随着年龄的增长，你非常重视从家人那里获得的情感支持，但又对自己想获得家人支持和在日常琐事中对家人的依赖感到矛盾，面对逐渐增加的依赖和日益减少的自主，你会产生越来越多的恐惧。然而，你的安全型依恋关系越稳定，你就越能适应这种情况，从而维护你的自主和心理健康。

依恋关系的质量决定了你在老年阶段被照顾的质量，以及你对配偶的照顾的质量。假如你与孩子建立了安全型依恋关系，那么他们就很有可能会全心全意、尽心尽力地照顾你。假如你们之间的依恋关系不佳，那么你们在相处时就有可能陷入批评指责、敌对心理或情绪决堤的泥沼。

反过来，你可能会做出愤怒的回应，拒绝与他们合作。假如你的认知功能衰退或你患有痴呆症，那么你可能会产生一种偏执的感觉，生出更多的焦虑和沮丧情绪。

虐待老人最有可能发生在老人和照顾者过度依赖对方的情况下，这会引发一种无助感和无力感，双方都觉得自己疲于应对这种情况。

痴呆症一旦发作，就会给照顾者带来很大的压力。然而，在成年子女或配偶对痴呆症患者的照顾中，人与人之间深深的依恋也得到了很好的表达。当疾病剥夺了患者的能力时，照顾者的人性也在此刻发出耀眼的光芒。

痴呆症的不断增加

早在多年以前，痴呆症就被认定为 21 世纪最严重的健康危机和社会危机。临近耄耋之年，你或伴侣患上阿尔茨海默病等神经退行性疾病的风险就会增加。年龄越大，患病风险越大，且女性患此类疾病的风险高于男性。但事实上，患这些疾病并不是衰老不可避免的一部分。

在英国，65 ~ 69 岁的人群中，大约每 100 人中就有 2 人患有痴呆症；在 85 ~ 89 岁的人群中，这一比例上升到每 5 个人中就有 1 人患有痴呆症；在 90 岁及以上的人群中，这一比例更大。

在爱尔兰，80 ~ 84 岁的人群中，男性患痴呆症的概率为14.5%，女性为16.4%；在85 ~ 89 岁的人群中，男性患痴呆症的概率为20.9%，女性为28.5%；在90 ~ 94 岁的人群中，男性患痴呆症的概率为29.2%，女性为44.4%；超过95 岁的人群中，男性患痴呆症的概率为32.4%，女性为48.8%。

大多数痴呆症患者都需要家人的照顾，假如你的伴侣患了这种疾病，那么你也难逃其影响。假如你肩负着照顾患有痴呆症伴侣的沉重负担，那么你实际上就是第二个患者。照顾者身上会体现出承受慢性压力的所有特征：长时间的身心紧张、对随时可能会出现的风险保持高度警惕、生活中充满不可预测和不可控事件、压力蔓延至生活其他方面。事实上，假如你想研究慢性压力对健康的影响，那么痴呆症患者的照顾者就是完美的研究对象。

事实上，痴呆症的严重程度并不能准确地反映照顾者的压力程度。照顾者的压力程度主要取决于他们的个人情况，包括身体和心理健康水平、生活中的其他压力、与痴呆症患者的关系，以及从他人那里得到的实际帮助和情感支持。

多项研究证实了一个看似矛盾的发现，即虽然照顾痴呆症患者对照顾者的健康和幸福造成了巨大损害，但照顾者的死亡率会低于非照顾者。例如，一项针对3500 多名照顾者的研究发现，他们明显比非照顾者表现出更多的压力和抑郁症状，但照顾者的死亡率明显较低。

照顾患有痴呆症的伴侣

随着寿命的延长，照顾患有痴呆症伴侣的情况开始变得越来越频繁——这可不是件易事。假如你照顾一个身患生理疾病（比如癌症）的伴侣，那么你们彼此仍能保留共同生活的记忆。相比之下，照顾患有痴呆症的伴侣意味着你必须与他们的失忆症和性格变化做斗争，这可能会让你每日愁眉不展、心情沉闷。随着病情逐渐严重，他们可能不再认得伴侣或子女。因此，早在患者死亡之前，家属便要经历"丧亲"之痛。种种痛苦累积，也就解释了为什么已婚照顾者的痛苦程度是普通老年人的 3 倍。

同时，你所承受压力的程度会受到你对伴侣的看法，以及伴侣患上痴呆症之前你对婚姻的满意程度的影响。假如你的婚姻生活幸福，那么你更有可能会丢弃任何不愉快的记忆，或以积极的方式去重构这些记忆。你会说："我们曾经吵过架吗，我怎么没印象？""虽然我们之间有一些奇怪的差异，但我们的共同之处更多。"这种理想化伴侣以及淡化任何不愉快记忆的倾向极大地减轻了你照顾伴侣的痛苦。

这种婚姻关系的理想化是大多数已婚夫妇表现出的一种极端的情况，他们倾向于过度称赞自己的婚姻，认为自己在婚姻中获得的幸福感超越平均水平。即使夫妻双方自谦"我们只是比较幸运罢了"，但这种积极的错觉往往带有一种优越感。除了婚姻极度不幸的夫妻，几乎所有的夫妻都会重视任何可能会威胁婚姻关系的因素。痴呆症的确诊再加上失去终身伴侣的潜在心理威胁，就是这样一种存在性威胁因素。因此，对理想化最好的理解就是一种适应伴侣身体或心理出现疾病的方式，即便面对众多打击，伴侣中的一方仍然坚信理想化的现实，从而实现自我免疫，更好地调整自我。

假如你正在为伴侣的离世或痴呆而悲伤，那么你们之间的回忆将永远停留在过去。假如你的伴侣依然健在，那么你对你们之间的回忆的描述就很有可能会更加复杂，并且你很可能会自然而然地抱怨伴侣当前的笨拙和愚钝，并一直希望对方或自己能够解决这些问题。但假如你正处于悲伤之中，那么这种可能性就会消失，你会觉得那些回忆不值得被唤起。

因此，尽管你的伴侣可能会饱受神经退行性疾病的折磨，但你仍会对婚姻保持积极的态度。当你对伴侣的回忆充满爱意、毫无瑕疵时，你对婚姻的回忆便近乎完美，照顾对方似乎也就没有那么费力了。在痴呆症发作前，这些回忆是对多年来美好夫妻生活的一种回报。通过这种方式，你会乐意承担照顾伴侣的重任，而不会因此觉得自己的生活已了无希望。

照顾患有痴呆症的父母

成年子女的亲子依恋不仅显著影响着其照顾父母的质量，也影响着其照顾父母的动机——照顾父母是否出于自愿、是否温柔和慷慨，照顾父母是出于内疚、社会义务，还是希望从中获得一些好处。当父母患有严重的中风或痴呆症，他们的自我照顾能力就会遭到严重损害，他们甚至无法满足自己最基本的生理需求，就像婴儿需要特别护理一样，这可以触发照顾者对童年时期的抚摸、哭泣、依赖以及寻求生理和心理安慰的回忆。

> 母亲去世前几个月的情况非常糟糕,她的生活几乎不能自理。我在那段时间总是帮她洗澡,当我捧起她的双手时,我总是控制不住地掉眼泪。我是多么爱母亲的双手啊——她就是用这双粗糙的手含辛茹苦地将我养育长大。我记得她每周一都要洗一大堆衣服,她的双手终日因衣物和洗涤剂的摩擦而粗糙发红。直到我十几岁的时候,我们家才有了洗衣机。
>
> ——约瑟芬,60 岁

但对一些人来说,那些童年时期被父母照顾的回忆可能没那么美好。

> 我真的很爱我的母亲,但我们却从来没有亲近过。在我的印象中,她从未抱过我。我一直在想"我一定是忘了这段记忆",但我也从未回忆起任何关于我们亲密接触的片段。母亲总是很难相处,也很难亲近,她向来都只沉浸在自己的世界里。现在想来,她大概很讨厌母亲这个角色,宁愿找份工作也不愿照顾我和兄弟姐妹。但当我长大后,我们之间的关系有所缓和,她似乎第一次喜欢和我在一起,我把她照顾得很好。当她得了痴呆症时,我就知道照顾她是件难事。但我没想到的是,就连触碰她,甚至只是摸她的手,我都觉得十分艰难。我对此总是有些畏惧。这让我非

常震惊，因为对于孩子和丈夫而言，我向来是一个非常感性的人。

——迪尔德丽，66 岁

即使出于自愿，照顾患有痴呆症的父母也会让你付出身体和心理上的双重代价，包括免疫系统紊乱和内分泌失调，尤其是在你年龄较大的情况下。你会因为失去父母的支持和陪伴而觉得十分悲伤，进而生出一种与平日不同的刻不容缓之感，想要为父母尽孝。你越觉得自己所做的事情有意义，就越觉得自己是一个称职的照顾者，照顾过程带来的不良影响也就越少。相反，假如你觉得自己的照顾迫于某种期望和义务，或主要因为内疚或缺乏拒绝的理由，那么这种照顾就不会给你带来那么多的好处，反倒会增加你的负担。

维持价值

有些事，无论你活多久，都不会改变。即便两鬓斑白，你仍然会向你爱的人寻求支持和陪伴。

你仍然想要获得自主，想要对自己的生活有一定的掌控感，也仍然想要在健康允许的范围内实现自己的人生价值。当这 3 种需求均得到满足时，无论是你的身心健康水平、你的活跃程度，还是你对生活的满意程度都将极大地提高。那么，我便从大多数人管理日常生活的能力开始谈起。

"我可没有失去自理能力，你是知道的。"面对熟人的问候，一位 82 岁的老年人的回答并不算太温和。即便白发苍苍，你也不会坐在摇椅上等待死亡降临。相反，你仍在积极地生活。大多数人仍然在智力和其他认知功能测试中表现良好，你已经想出了有效的策略以弥补自己在心理或记忆方面的任何衰退，从而实现自己的价值。

事实上，老年阶段最大的问题可能是需求不足，而非需求过剩。你能够应付大部分的日常生活，管理自我健康，维持人际关系。你还能坚持做一些自己感兴趣的事情，享受这种体验。

值得注意的是，在 70 岁到 101 岁之间，你必须要做的事情几乎没什么变化。直到生命的终结，生活总有办法让你忙个不停。但到了 80 多岁，为了应对精力不足和灵活度下降，你会放弃一些可选择的活动。步入 90 岁，你的活动水平会进一步轻微下降，随后保持在较低的水平，但即使是最为年长之人也会继续积极生活。

在老年阶段，使用选择、优化、补偿策略真的很有意义。若是在成年晚期开始执行这项策略，并在老年阶段不断练习，其效果将尤为明显。在人生的最后一个阶段，选择、优化、补偿策略成为一种生存策略，是你应对精力不足或任何功能问题的主要方式，这些问题会降低你的灵活度，或者限制你的行动能力。你会越来越多地采用这种策略，以应对未来可能出现的问题。同时，你也不是孤身一人。

钢琴家阿瑟·鲁宾斯坦（Arthur Rubinstein）在采访中被问及他是如何在演奏中保持如此高的专业水准时（当时他已经 80 岁了），他就抓住了选择、优化、补偿策略的精髓。他说自己首先选择了减少演奏曲目。其次，他通过更多地练习这些曲目来达到最佳的演奏效果。最后，为了应对手速及反应速度变慢，他故意在演奏快片段之前将速度放慢一些，对比之下，后面的片段就显得快了——这是一种巧妙的伪装，但并不会有损他的演奏效果和观众的体验。

你会仔细挑选生活中需要投入精力的领域，从而降低在其他领域的活动频率。你会减少日常目标的数量，甚至可以接受较低的表现水平——假如你是一个完美主义者，那么这对你来说会很有挑战性。你所做的一切都是为了在自己最喜欢的领域内自如地展开行动，这对你的健康和幸福至关重要。

行使控制权的价值

当你步入老年，拥有对生活的掌控感会对你的幸福和健康至关重要，尤其是在对你而言最为重要的领域。当八旬老人被问及生活中自己扮演的哪个角色——配偶、父母、祖父母、朋友——对他们来说最重要时，他们通常认为是那些自己可以在选定的领域行使控制权的角色。同样重要的是，对所处的环境拥有一定掌控感对老年人来说也至关重要。

以一项比较两组住在自己家里的老年人的研究为例。所有研究对象都有相似的背景——优渥的住房条件和相同水平的社会支持。其中大约70%的老年人认为自己的健康状况"尚可"或"较差"；他们患有关节炎、高血压、白内障等一系列疾病，并在日常任务（去杂货店购物、爬楼梯、散步、穿衣或洗澡）中经历了同类型的困难。

其中一组研究对象在职业治疗师的帮助下采取控制策略，以提升自己对家庭和日常生活的应对能力，而另一组则维持原样。采取控制策略的一组需要对自己的家庭和日常生活做一些小小的调整，比如使用特殊设备、调整自己的节奏、在需要的时候寻求帮助、调整心态，以及学习如何避免生活中的危险因素。一年后的跟踪调查结果显示，没有采取控制策略的那组老年人进出医院更频繁，他们在这一年内死亡的可能性比采取控制策略的一组高出了 9 倍。

优雅地变老没那么容易

当你步入老年，你更难适应诸如搬进养老院这样巨大的生活变动。20 世纪 70 年代，美国芝加哥大学人类发展学教授莫顿·利伯曼（Morton Lieberman）就老年人对搬迁的反应进行了一系列具有里程碑意义的研究。

第一组老年人的健康状况总体良好，他们心理健康、经济富裕，且自愿入住高档养老院，部分是出于生理需求，部分是出于社交需求。

第二组老年人的身体也很健康，但他们被迫从一家类似酒店的小养老院搬到一家大型养老机构。

第三组老年人来自精神病院，经过研究人员的精心挑选，他们准备出院，搬入社区一类的住所。

第四组老年人来自州立精神病院，出院后被转移到其他机构。

这些老年人的身份千差万别，其心理状态也不尽相同。这4种截然不同的举动，对他们而言有着不同的意义。一些人认为这是一种积极的选择，可以改善他们的生活；而另一些人则认为这是一种可怕的变动，会加速他们的死亡。然而，尽管存在一些差异，但参与者无法适应变化的情况始终比较普遍。无论在什么情况下，4组老年人中都有48%～56%的人在身体、认知和行为功能上出现了明显的衰退。与那些有着相似的身体和心理状况但仍然生活在熟悉环境中的老年人相比，那些搬迁的老年人的死亡概率是他们的3倍。

此外，能够用于预测人们在生命早期阶段适应变化的心理素质——灵活度、掌控力和总体心理健康水平，并不能用于预测老年人对搬迁的适应能力。只有那些发现自己能够很好地适应新环境的老年人，才有可能适应这种搬迁。假如他们无法适应全新的环境，他们便会感受到高度的压力，也就很难适应这种搬迁。

那么，那些能很好地适应环境的老年人都有什么特质呢？当研究人员预测实验结果时，他们认为这些老年人大都亲切、善良、随和，换句话说，容易受到喜爱的老年人能够更好地适应环境。但事实证明，他们的预测大错特错。那些"幸存"下来的老年人反而很难受到旁人的喜爱——他们易怒、好斗、苛刻且自恋。

正如研究人员所指出的一样："似乎'优雅地老去'的想法对年轻人来说更像是一种安慰，而不是一份能够指导他们应对伴随衰老而来的那些不可避免的压力的详尽指南。"我们发现，那些拥有被动接受品质的善良老人往往最不容易在环境变化的危机中"活"下来。

重要的小型亲密关系网络

步入老年，随着你对周边人际关系网络的不断优化，你的亲密关系网络会逐渐缩小。你的人际关系网络规模会成为问题，你不得不过分依赖某个人：你们之间的关系会变得非常紧张，你的亲密需求——支持、陪伴、建议，或者只是一同欢笑的需求都可能因为亲密关系网络缩小无法得到满足。

当你继续在生命历程中乘风破浪时，你现在依赖的那个人——你的伴侣、子女、朋友、邻居、兄弟姐妹，或者可能是你非常信赖、深爱的照顾者——会成为你的亲密同伴，为你的社交保驾护航。你的身体和心理健康与你对社交圈子的满意度密切相关，尤其与你从中获得的支持质量相关。有一个能够信任且值得倾诉之人是至关重要的，这能够极大地缓解你的孤独和抑郁情绪，并且显著减少丧偶的影响。假如你不喜欢社交，但有一个可以倾诉之人，那么你会比那些喜欢社交但没有知己的老年人更不容易抑郁。

老年阶段的孤独具有"毒性"，会影响你的生理功能，增加提早死亡的风险。支持网络对生理功能非常重要，它保护你免受身体和认知功能衰退的影响。事实上，相比你的背景、性格和生活方式在内的几乎所有个人条件，你拥有的亲密关系的数量和质量更适用于预测你长寿和健康生活的可能性。

这种支持网络对你的免疫系统十分有益，且能减少压力的负面影响。面对挫折，你不再如临大敌，而是能够放平心态、从容应对。你可能会对一系列疾病表现出更强的抵抗力，你的认知功能不会衰退得那么多，你也更有可能健康长寿。假使你真的生病，也会更快地恢复健康。

你对这种亲密关系越是满意，你的认知功能就越完善。你会更加警觉和专注，处理信息的速度更快，记忆也更加准确。相反，紧张的亲密关系会降低你的免疫功能，让你更容易生病。这种亲密关系越是紧密、越为核心，对你造成的影响就越大。

步入耄耋之年，你的老友接连过世。由于行动不便或疾病复发，老年人很难在社交场合相聚，于是你与在世朋友的联系也逐渐少了，亲密关系网络中的友谊因素越来越少，渐渐地，你的身边只剩下家人。

执子之手，与子偕老

随着年龄的增长，你和你的伴侣会变得更加依赖对方。夫妻双方的支持就像一道屏障，能够抵御婚姻关系中的任何压力或生活中的特定压力，避免它们对你的健康造成直接影响。

你与伴侣相互支持的行为会受到日常生活的影响，但这种相互支持的行为也暗示了往昔岁月的支持质量，并预示了未来生活的支持质量。你们如今懂得了该如何去支持对方——你们更了解对方，更能理解对方的情绪，更善于捕捉对方发出的信号。人到老年时，情绪就会更富感染力——好处是，当你们中有一人情绪低落时，另一人可以让他高兴起来；坏处是，当你们中的一人愁眉不展时，另一人也可能开心不起来。

直到生命的尽头，平等的伴侣关系都发挥着重要的作用。就像婚姻中很多其他的事情一样，双向的支持效果最好。假如你长期认为自己从伴侣那里得到的支持远远多于自己给予伴侣的支持，尤其是在长时间经历这种不平等的情况下，你会情绪低落，自尊水平降低，甚至陷入抑郁状态，从而破坏亲密关系中最基本的互惠关系，还会觉得自己正在成为负担。但是，假如对方默默地帮助你、鼓励你，那么这种支持就不会产生负面影响。

保持独特的自我意识

在老年期，你敏锐地意识到你的自我意识和个人身份不会随着逐渐变差的身体状况而弱化。你仍然拥有丰富的内心世界，拥有成长发展的动力，面对终将到来的死亡，这是你最坚固的堡垒。即使难以接受生命即将结束的事实，你也会直面死亡。即使到了生命的最后一刻，你也要活出最好的自己。

面对衰老的严酷现实，假如你在处理信息和经历方面承受较大的压力，特别是在生活出现很大变动的情况下，那么你对自我意识的保护就变得更加紧迫。你会更加努力地维持和表达你的自我同一性。假如你在与人互动的过程中觉察到任何人格解体①的迹象，你就会说或者想说："我可不是随随便便的老家伙，我仍然是曾经的那个自己！"

你会以自己的方式来保持自我同一性。例如，你开始通过整合过去和现在的生活经历，增强自我意识，认为自己是一个不可替代的生命个体，拥有独一无二的生活经历。年轻人在描述自己时往往会举当下的例子。但到了老年，你的自我描述就会掺杂过去和现在的生活经历，你会描述自己在当时情况下的反应和感受。

对你而言，无论是你的过往、你的当下，还是你的信念，都对你的身份构成起着同样重要的作用。你喜欢为自己的生活经历赋予一层奇幻的色彩，将过往经历夸张化，重塑你的身份故事，从而让你的独特性变得更加生动、持久、稳定，这便是你在老年阶段获得完整感的关键。

---

① 人格解体是一种感知觉综合障碍，特征为自我关注增强，但感到自我的全部或部分似乎是不真实、遥远或虚假的。治疗时需遵循顺其自然的原则性方法，以及一些辅助方法，如放松法、呼吸控制法和意念法，并酌情采用药物。——译者注

第二十五章

老年期：实现自我完整性

　　母亲年近七旬的时候，她终日感慨于小病不断、老友病逝、邻人远去。但年过八旬，她的心情却奇迹般地好了起来。到了耄耋之年，人们似乎都会生出某种劫后余生的满足感。每逢有人赞美母亲："玛奇，你的气色真好。"她便笑问对方："猜猜我多大了？"他们小心翼翼地试探道："快 70 岁了吧？""哈哈，我 80 岁了！"她得意地答道。

　　对于母亲而言，行至生命的最后一个阶段，纵使年华不再，她的人生却被注入了另一番活力。能够活到这个岁数本身就是一种成就，毕竟并非每个人都能安稳地行至耄耋之年。我认识一位女士，她在 80 岁那年似乎已经不想活下去了，于是她平静地向家人宣布：她的生活很美好，只是她找不到任何人生目标了，所以她决定开开心心地结束生命。然而，4 年后我偶然遇见这位女士，她变了一番模样，看起来干劲十足。"嘿，艾米丽，发生了什么？"

我惊奇地问道，"上次见面的时候，我还以为你不想活了呢？"她微笑着说道："是的，但我改变主意了。"

到了晚年，你面临的主要发展任务就是实现自我完整性。死亡的阴影逐渐蔓延开来，自我意识也将逐渐解体。行至生命的终章，你不由得生出一种迫切的渴望，想要实现自我完整性。因此，你现在需要的就是一种整合的能力，整合人生的不同部分，从中寻找各自的意义。假如人生一帆风顺，那你自然深感欣喜；但假如生活坎坷，你就难免失意，这时你也需要懂得与自己和解。你开始理解并接受自己的处事方式，因为不论是过去的你，还是现在的你，都构成了独一无二的你。这种连贯性和完整性会帮助你在老年期保持自我凝聚力，遇事宠辱不惊，焕发新能量和找到新目标，全力以赴地过好余生。

当你回顾人生时，你的视角也会发生变化。年龄并不是定位人生的唯一标准，你会从更宏观的角度出发，将自己当作人类历史的过去与未来长链中的一环。你发现自己站在一个时代与另一个时代之间，以自己独有的方式彰显人类的连续性。你明白，生命的意义最终取决于这种更宏观的连续性，这个纷繁复杂的世界里，尽管存在着许多不完美，但也有诸多英勇事迹，人类世世代代的奋斗努力本身就具有某种永垂不朽的价值。

然而，世事不尽如人意，人生也总有些不得已之处。你必须接受自己曾做过的那些不明智的选择，接受你曾经施加给他人的伤害（尤其是对那些你所爱之人造成的伤害），接受你曾被动接受的伤害，接受天灾人祸带给自己或深爱之人的伤害。假如你无法深刻理解人性的弱点和本能的破坏欲，无法理解世事本就无常，那么你就有可能对自己失望，对他人失望，甚至走向极端，对人类社会的前途感到绝望。你会觉得自己一事无成，人生以失败告终，即使想要改变，一切也都太晚了。假如你一直过得不错，但在情绪低落的某些时刻，面对死亡的前景，你也不由得感受到存在主义危机①，觉得自己孑然一身，孤独万分。

人生百年，孰能无憾

人活一世，倘若没有避开俗世纷扰，那么你将不可避免地体会到一些遗憾。这也就是为什么除了爱以外，遗憾通常被列为人类最常见的情感；因此，想要实现自我完整性，避免抑郁，与自己的遗憾和解便是一项必须完成的任务。你或许曾后悔自己未能采取不同的行动，后悔自己做过某事，这便是遗憾的表现。

无论处在人生的哪个阶段，假如你回顾最近发生的事情，那么你便会对自己做过的不明智的事情感到懊悔。但相隔数载，再回首往事，对于自己做的那些不该做的事情，你便不会感到那么遗憾，相反，对于那些自己应该做到但未能做到的事情，你会觉得十分遗憾。

同时，你的遗憾程度也取决于事情的进展以及结果。假如你的人生一帆风顺，那么你最遗憾的便是那些自己搞砸了的事情。

---

① 存在主义危机指一个人质疑人生的基础，即人生是否有意义、目的或价值。——译者注

相反，假如你的生活一直都很不顺利，那么你最遗憾的便是自己未能采取行动、改变人生。当你年龄渐长，阅历逐渐丰富，对生活有了更多的看法，你对事物的看法也会更加全面。

年纪尚轻时，你更容易产生"热遗憾"——一种强烈的痛苦感，会催生出严重的焦虑情绪。随着年龄的增长，对于那些本能做到的事情，你不再感到那么遗憾，更多的是感到渴望和悲伤。倘若你深陷遗憾无法自拔，这可能会让你更加绝望。

此时，积极的偏见开始发挥作用。随着年纪渐长，你开始更加积极地回忆过去。当你回想起那些让你感到遗憾的事情时，回忆中的积极细节便多于消极细节，这种积极的回忆模式会普遍作用于你的记忆当中。随着时间的推移，过往的遗憾与积极情绪交织，时间越久，你的遗憾程度也就越低。你意识到自己不太可能改变这些负面结果，也鲜有机会去纠正自己的行动，因此，你的悲伤或内疚情绪也就自然而然地减少了。

你会更清楚地意识到遗憾发生于何种光景，也会专注于由此产生的积极变化。当你回顾人生、追忆往事时，你会彻底与遗憾和解，将因其产生的负面情绪与积极记忆联系起来。你会意识到，塞翁失马，焉知非福。即便曾经遭受损失，但你也可能在日后的人生中收获意外之喜。

> 虽然婚姻破裂的那几年我过得非常糟糕，这件事也给我带来了毁灭性的打击，但从另一个角度看，正是这段经历成就了今日的我。离婚后，我更加认真地对待自己的生活，学会了享受独处

时光。有相当长的一段时间，我都处在单身状态，但某一天，我
又坠入了爱河，我们现在还在一起。我保证我这辈子从没这么开
心过。我常常想，即使寻找真爱的代价很大，那也是值得的。

——弗兰克，81 岁

当你尝试调和那些美好和糟糕的经历时，你会逐渐实现人生
的完整性。你开始尽可能地接受自己的境遇，过好自己的生活，
消解自己的遗憾。对于自己曾经做过的选择，你欣然接受；对于
那些未能做出的选择，你学会释然。对于近来生活中的遗憾，这
种积极的心态也会影响你的应对方式。你会对自己更加宽容，也
更加关注遗憾带来的积极改变。

4 种衰老模式

你是否好奇，在老年阶段，你的身体和心理的变化幅度以及
亲密关系的质量是如何结合并发挥作用的？在一项针对老年人的
跟踪调查中，研究人员根据老年人从 80 岁直至生命结束的生活状
态，确定了 4 种普遍的衰老模式。

第一组人数最多（约有 63% 的老年人），情况也最为良好：
这些老年人在晚年仍能在身体、认知和社交方面保持良好的态势。
他们的记忆力较好，寿命也相对更长。许多老年人仍与伴侣生活
在一起，与家人和朋友保持密切联系，从而避免出现抑郁或其他
情感问题。

第二组的情况恰恰相反，约有 18% 的老年人表现出极度的脆弱、孤独和抑郁，他们的认知功能和社交功能每况愈下。他们在孤独中逐渐老去，也多处于单身或丧偶的状态，有些人已经住进了养老院。尽管他们非常需要支持，但他们在现实中却过着一种老无所依的生活。值得注意的是，虽然上述模式符合大众对老年人的负面刻板印象，但事实上，存在这种情况的只有不到 1/5 的老年人。

第三组的情况是，约 15% 的老年人仍然保持适度的社交活动，并从家人和朋友那里得到了一些支持。但他们也会感觉孤独和抑郁，他们的记忆力很差，而且丢三落四的情况会贯穿整个老年阶段。研究人员观察到，4 组当中，这一组老年人的死亡率是最高的。

第四组人数最少（约有 4% 的老年人），他们的幸福感处于 4 组中的平均水平。他们获得了足够的社会支持，但到了晚年，他们也会经历记忆力的显著衰退，这可能是患痴呆症的信号。

在以下 4 种模式中，你会找到自己应对老年挑战，实现自我完整性的方式。

· 绝望。

· 完整性。

· 伪完整性。

· 全面完整性。

绝望

你们中有一小部分人会感到十分绝望，觉得自己无法应对年老体衰和随之而来的挑战，或者总觉得人生十分艰难。由于你无法接受、调和或处理生活中的种种失望和损失，你的自我叙述便充斥着负面情绪。因此，晚年生活的上空也总是笼罩着"力不从心"的阴霾。你总是被恐惧困扰，对自己的未来境况忧心忡忡，感觉自己的生活失去了目标和乐趣，只剩下残酷的生存问题。

> 爸爸过世后，妈妈完全无法应付接下来的生活。她向来依赖爸爸。我想，她大概也想随爸爸一起离去吧。她开始长时间卧床不起。我的意思是，虽然她的健康状况并不乐观，但主要问题在于她一直郁郁寡欢、愁眉不展。我们尝试了一切办法，但她还是食欲不振、体重下降，最终甚至瘦到皮包骨头。医生认为，她应该去疗养院调养，那里的医护人员可以照顾她。她振作了一段时间，但后来又恢复了老样子。她告诉我妹妹，她不想活了，想去找我爸爸，她感觉到他就在那里等着她。她没有哭，也没有闹，很平静，这种感觉太可怕了。在妈妈去世的前几天，她躺在床上，面向墙壁，不吃不喝，静静地等待死亡。最终，妈妈享年 84 岁。
>
> ——罗斯，59 岁

完整性

你们中的一些人对自己的生活总体上是满意的。你对待生活的态度是务实的，而不是自省的。你很少进行自我反思，也很少思考人生的意义。你始终固守在儿时的家庭信念和世界观的框架内，从未远离自己的心理舒适区。

> 我从未认真思考过自己的人生。我一直过得不错，没什么可
> 抱怨的。
>
> ——埃迪，83 岁

伪完整性

你们中的一些人会煞费苦心地表现出一种伪完整性的人生特征，试图说服自己相信自己的人生比实际上更加圆满。你会积极地描述自己的生活，但这种自我叙述却带有一种事先排练好的防御性质，因此，你的满足感实际上是脆弱不堪的——你会积极地排除生活中那些令自己不安或无法接受的部分，也不会承认人生中存在任何遗憾或模糊性。由于你不希望受到质疑或挑战，希望自己能够顺应世界规则，依靠那些三令五申的简单信念和教条生活，因此你会使用一种谨慎的叙述方式来包装自己的人生经历。

> 我的生活一切安好。当然，人生是由自己决定的。你会碰到
> 诸多不如意的事情，但你要学会自己应对，克服一个又一个困难，
> 不断地适应生活。你必须学会自力更生，专注自我。因此，我敢说，
> 我的人生没有什么遗憾。
>
> ——麦基，82 岁

全面完整性

你们中的一些人会实现人生的全面完整性——能够在人生中的正确与错误经历之间找到一种平衡，能够对人生进行一番富有同理心和哲学性的理解。你会直面人生的风浪，但不会被其击垮。你能够理解自己，同情他人，这样你也就获得了某种人生的智慧，从而实现自我完整性。当你直面重大挫折并取得胜利时，你会像那大战告捷的将士般凯旋。

当你走向生命的终点时，掌握全面完整性也就意味着完全掌握了自我。你那独一无二、不可替代的价值终将汇入你的生命长河。最终，你又回到了生命的原点——信任。正如埃里克森指出的，信任是对他人正直的信赖，而我在此还要补充一点，信任也是对自我完整的信赖。在生命的原点，信任让你不惧生活的风霜，而如今，到了生命的终章，完整让你不再害怕死亡。

想要实现全面完整性，你必须对自己有一番深刻的了解，了解你为什么会成为现在的自己，以及那些塑造和影响你的因素。最重要的是，你在生命的最后时刻，仍然需要保持开放、保持好奇、好好生活。

> 我什么时候觉得自己老了？我从未觉得自己老了，现在亦是如此。我好奇的是，是否有来世？人死后将会去往何处，过着什么样的生活？我不认为"死亡即终结"——你只是进入了另一个层面。
>
> 我从未思考过什么是爱，怎样去爱，但现在的我终于明白了。

我爱读书——我爱读书的感觉。我爱查找单词的词源。我爱忙忙碌碌，也爱每天散步。

我生来便热爱音乐。当播放喜欢的音乐时，我会把音量开到最大，这能引起我的共鸣，我能感受到一种不论年龄、与生俱来的力量。

我注意到，一些朋友总是给自己处处设限，做事束手束脚，眼界也不甚开阔。我从未如此行事，对自己要做的事也有所选择。

是的，人固有一死，但人生最重要的原则在于，你要永远保持好奇心。

对于我的人生，我没有什么遗憾。在我的职业生涯中，我总是勤勤恳恳、认真负责、诚实守信。至于我的家庭生活及孩子们的发展，我也十分满意。

——伯纳德，90 岁

回首青春年华，那时的我基本上过着极为舒适的生活，直到步入社会，我才离开了自己的舒适区。在遇到科尔姆之后，我找到了另一个自我。我们在知命之年相识,他是我生命中最重要的人，我们总是互相照应着。

我注意到，在科尔姆去世的前几年，他的生活慢了下来，尤其是在他摔了一跤之后。科尔姆走后，我知道自己再也见不到他了，我的内心遭受了巨大的冲击。我向以前认识的一位朋友求助，他帮了我很多。我很难描述这种经历。他说的一番话让我印象深刻。他说，我们既不能改变过去，也不能感知未来，但我们要学会像知晓未来那般生活。这番话真的对我很有帮助，我达到了一个新的境界，现在的我更加冷静了。

两年前，我决定为老年人开设一门艺术课程。我在养老院做过几次讲座，内容非常有趣，气氛也十分欢快。我退休后成立了一个艺术团体，并作为其中的一员见证了它的成长。

我交际广泛，我有些朋友年纪尚小，有些朋友则比我大了许多。最近我和一个年龄相仿的人交了朋友，我们一起喝茶聊天。我有两个很要好的邻居，他们常常照看我。我还有一个 30 多岁的年轻朋友，她常常会邀请我做一些她认为我会喜欢的事情，比如去看戏剧。我觉得和她聊天特别有趣，能让我保持年轻的心态。

——卡米拉，82 岁

我们可以在老年期学到什么

人生阶段	时间表	发展任务或危机	心理学原则
表 25-1　老年期过好人生的原则			
老年期	80 岁及以上	实现自我完整性还是放任自流？	保持明智

到目前为止，你已经弄清楚了关于衰老的几件重要事情。

- 每个人都在变老。

- 每个人都是不同的个体。

- 年龄本身并不重要。

人到晚年，有了丰富的人生阅历，这便是你发挥人生智慧的时刻：你会变得通透，或者变得更有智慧。

- **永葆童心**：现在，你就像童话中的孩子一样，能够看透皇帝的新装，戳破虚幻的伪装，但偶尔，你也要运用自己的智慧，感悟世间的美好。

- **慧眼观世界**：尽管已到晚年，你也需要像年轻时那样，观察世界的运转方式。

- **三省吾身**：既要从失败中学习，也要从成功中学习。

- **树立正确的逆境观**：记住，最糟糕的事情终会过去，新的机会总会出现。现在，运用智慧，采取行动，保持健康和活跃。

- **保持联系**：和那些你爱的人保持联系，也和那些能够激励你的人保持联系，去了解更为广阔的世界，去思考人生，去开怀大笑。

- **追求积极目标**：制定短期目标，把每天都过得有条理、有乐趣；制定长期目标，让生活有计划、有方向。

- **关注你能掌控的事情**：客观地看待你的局限性，并试图找到避免或弥补的方法。警惕风险，但不要花费太多的时间和精力，否则你就没有时间去做你一直喜欢做的事情了。

- **关注你的同龄人**：同龄人是你评估自身能力的有效参照物。通过与同龄人的对比，你或许会发现自己的落后之处，或许会发现自己在生理或心理上的优越之处。任何能够鼓励你保持年轻心态的事情都会让你尽可能地提升健康水平。

- **正念训练**：假如你从未做过正念训练，那么就从现在开始吧。

一项针对养老院老年人的研究表明，在 12 周的时间里，那些平均年龄为 80 岁的老年人每天做两次 20 分钟的正念训练效果非常好。他们表示，自己的头脑更清晰了，精力也更旺盛了。正念训练使他们能够进入一种深度的休息状态，从疲劳中解脱出来，思维也更加敏锐。他们不会匆匆忙忙，而是平静地度过一天的时光。通过正念训练，老年人的身心健康和认知功能都会得到改善。例如，他们在心脏收缩压、语言流畅性和学习能力方面都表现得更好了。他们觉得自己没那么"老"了，应付一些小麻烦也不在话下。相比没有参与这项研究的同龄人，这些老年人的寿命延长了 3 年。

- **最重要的一点——保持好奇心**：无论你能活多长时间，你总要对自己、对世界、对他人有一些新的了解，甚至是那些你自认为十分了解的老友。

简而言之，即使到了老年，你仍然可以将音量调到最大，跟随人生的节奏舞动。

第二十六章

人生尽头

人到晚年，不仅需要直面生活中的的确确存在的问题，当你接近生命的终点时，你还会面临人生最为根本的困境——你那狂野而珍贵的生命最终会走到尽头，而你在生命将终结时显得渺小又脆弱。虽然你的生活并非处处皆以死亡为主题，但死亡这个词语也确实占据了你的思想，令你难以忽略。你的身体日益衰弱，生命也不可避免地变得脆弱。相比年轻人，你对那些暗示死亡和濒临死亡的主题反应更加强烈。我母亲小时候喜欢看那些感伤的电影，但在晚年，假如我们观看有关死亡的节目，她就会变得焦躁不安，说："啊，我们为什么要看这种东西，真扫兴！"

然而，当面对死亡发来的尖锐提醒时，你的焦虑程度与年轻人相似，甚至会更低。

终点线的逼近

一项针对老年人的研究发现，在生命的最后一年，人们越来越依赖医疗保健——全年下来平均拜访全科医生 6 次，接受住院治疗 1 次。大约 12% 的老年人会住进临终关怀院，约 20% 的老年人会住进疗养院。40% 以上的老年人会接受公共卫生护士①的护理，30% 以上的老年人会接受物理治疗，20% 的老年人会接受家庭护理服务。在生命的最后几个月里，许多老年人会患上一些慢性疾病，但有 1/3 的老年人不必体味残疾的痛苦。

有 1/3 的老年人在日常生活中需要帮助，比如帮忙做饭、洗澡或管理药物，其余的人则介于需要帮助和不需要帮助之间。40% ~ 50% 的老年人经历过跌倒、经常性疼痛或抑郁，若是他们没有得到所需的治疗，这可能会影响他们的生活质量。大多数老年人需要家人和朋友的照顾。大多数老年人每天需要接受 2 小时的照顾，1/10 的老年人需要接受 24 小时的全天候照顾。

老年人的平均死亡年龄为 78 岁。46% 的老年人会在医院去世，27% 的老年人会在家中去世，11% 的老年人会在疗养院去世，10% 的老年人会在临终关怀院去世。

直到生命的尽头，你对生活的满意程度仍然很高。但随着死亡逼近，你的心理会发生变化。假如你长期遭遇健康问题，那么

---

① 公共卫生护士是西方社会中一种为公共卫生服务的护士。他们接受护士专业训练以及社会工作专业教育以后，受公立或私立的地区卫生机构雇用，为个人、家庭及地区提供服务。——译者注

你在进入这个阶段前就早已背负着处理健康问题的心理压力，随着精力耗尽，你的抑郁症状可能会加剧。但是，假如你到目前为止一直都保持着良好的健康状态，那么出现抑郁症状的风险就会低得多。

当你的身体每况愈下，你变得力不从心时，你的自尊水平就会出现轻微的下降，同时，你也无法保持开放的思维和乐观的心态。当面对死亡的威胁时，你会把精力集中在处理生存问题上，而不是你对未来的感觉上。诚然，思维开放和心态乐观有助于缓解压力——只不过它们没有那么重要。随着认知能力下降，更多地意识到自己已时日无多，人们难免对死亡忧心忡忡。但即使接近死亡，大多数人也不害怕死亡。即使你是那种容易焦虑，或者容易兴奋的人，你也不会畏惧死亡。

面对身体机能的迅速衰退，你本用于维持心理状态的精力便会转移到维持基本的生理过程上。就像你的母亲曾经承受了十月怀胎的艰辛，才把你带到这个世界上来一样，现在，你也在费力地调动一切资源，准备离开这个世界。

死亡是一种什么样的感觉

死亡是一种什么样的感觉？那得等死后才知道。人们对死亡的理解可能来自那些拥有濒死体验之人的描述。他们也许曾经一只脚踏进鬼门关，觉得自己勉强才捡回了一条命。尽管他们对濒死体验的描述各不相同，却有着共同的主题。

他们将濒死体验描述为一种"灵魂出窍"的感觉——仿佛灵魂离开身体，俯瞰着自己的身躯和周围正在发生的事情。时间慢了下来，思绪却在不断翻飞，从前的生活经历如时光碎片般在他们的眼前闪烁，他们体会到了一种难以言喻的平和感。

那么，是什么因素导致了濒死体验？这或与多巴胺和血清素的急剧增加有关，多巴胺和血清素会引起高度的积极唤醒；或与整体神经唤醒和脑电活动的激增有关；或与死亡前特定的神经变化有关。假如你成功苏醒，存留在你大脑中的便是由这种神经活动触发的图像和记忆。

其他研究人员将濒死体验与 3 个阶段的心理过程联系起来。在第一个阶段，你相信自己有康复的希望，于是开始抵抗死亡，坚持求生。在第二个阶段，你相信死亡是不可避免的，于是放弃抵抗。在第三个阶段，也是最后一个阶段，你会快速回顾自己的人生，随之而来的是一种深刻的平和与超脱的感觉。

大多数人可能会认为，死亡不是终点，在爱我们的人的记忆中，我们将永远存在。

现在，你那狂野而宝贵的生命终于走到了尽头，本书也写到了终章。

勇往直前

亲爱的读者，无论你处在哪个生命阶段，你都仍在不断地追求人生目标——努力寻找真爱、学会更好地爱人、努力充实自我、尽可能地过好自己的人生。本书旨在提供一个心理学框架，帮助你在全新生命历程的十大发展任务中挖掘亲密、自主、胜任这3种心理驱动力的作用，以及你在实现任务时所体现出的想法、行为和人生价值。

在阅读本书时，你会自然而然地回顾自己的生活，回想自己该如何满足心理需求，完成每一项发展任务。对你们中的一些人来说，如果你们做得很好，或者已经做得足够好了，那么请为自己鼓掌。如果结果不尽如人意也没关系。我希望你们在读完本书后，明白完成发展任务的过程是多么复杂、微妙，明白无论是我们自己，还是我们最为依赖之人，都有可能经常体会到愿望落空、败兴而归的感觉。

所以，你要学会自我宽恕。人生仅有一次机会。每个阶段既无法重来，也无法排练。但人类意识的伟大之处在于，你不仅拥有重新解读过往的自由，还能够回顾并重新校准自己的策略，以满足自己的基本需求。这意味着我们的心理进程从来都不是线性发展的。相反，我们花了大量的时间，改变或想要改变我们自身或生活的某些方面。所以在任何阶段，我们都没有完全"成型"，每一个过渡期都是转型和发展的关键时期。从前的愿望能够在新的环境中重新出现，每个阶段都为你提供了一个全新的机会，以便你重新协调每个发展任务。这一次，你一定会做得更好。

在生活中，有时你会非常幸运。即使你的基本信任遭到破坏，或者你的自主能力遭到削弱，你也会碰到能相助你的贵人，他或帮助你重建对自己和生活的信任；或鼓励你把握自己的生活，并积极进取；或在你身上看到一些特别的东西，鼓励你去发光发亮。

但请记住，不要依赖运气。遵从自己的内心——了解你自己，了解你的人生故事。你可能并不想达到苏格拉底的境界，他认为未经审视的生活是不值得一过的，但莎士比亚的训诫"忠于你自己"，或许会对你有着天然的吸引力。

行至生命的中途，当你敏锐地意识到"余生已时日无多"时，你便进入了一段反思期，试图回顾、重新评估和更新自我和生活。事实上，无论处在哪个人生阶段，你都可以进行这种反思。你可以回顾自己在人生的每个阶段的发展历程，以及自己是如何完成这个阶段的发展任务的。没有完美的人生，你很可能发现自己仍然存在一些悬而未决的心理问题——不能完全地相信自己、抗拒信任他人、难以坚守自我、难以设定人生方向，以及充满自我怀疑。

想要解决这些悬而未决的心理问题，就像解决许多事情一样，最好从侧面进行处理。你无法让自己被人信任，但你可以通过成为值得信任之人，让自己被更多人信任。你无法唤起强烈的自主意识或认同感，但你可以直面自我怀疑。同样，你可以依靠自己的宽容大度来结交朋友，增进情谊。你可以采取主动，把握事情的进度。你可以通过在人际关系中投入时间、精力，寻求并建立亲密关系。你可以通过信守自己的承诺，推动人生的进程。你可以通过努力创造那些具有持久价值之物，赋予生命意义，无论这些东西多么微不足道。把握好生命中的每一天，你便可以直面人生的结局。保持明智，你便可以实现自我完整性。

事情总是一帆风顺的吗？并非如此。在人生中，每一步行动都意味着风险。即使你的出发点是好的，你尽自己所能做好了准备，你也可能将事情搞砸。但你要知道，搞砸了还可以补救，但错过了就是错过了。因此，请不断提醒自己，人生最大的遗憾不是做了那些没能达到预期效果的事情，而是没能去做那些你本可以做到的事情。

生活在当今时代，我们何其幸运，能够更好地了解生命每个阶段的心理发展、运作方式及优劣因素。与前几代人相比，我们有了更多的选择权，能够选择自己的生活方式，也有机会改变自己的生活方式。与此同时，我们也面临着一系列不同的挑战。但有一事始终不变——面对生活、面对机遇，我们始终需要勇气和胆量，从前如此，现在亦如此。

因此，假如我们必须得吸取一个教训、信奉一个人生原则，那就是：勇往直前。面对人生的沉浮，你会感到焦虑吗？也许会，但你必须直面恐惧，从容应对。极度焦虑的时刻终将过去，压抑已久的渴望即将喷涌而出。生活有时是一把辛酸的泪水，但通常是一声宽慰的长叹。这便是建立韧性的方法——不断适应变化，从而成长和发展。这也是塑造性格的方法。性格与气质截然不同，你的性格由气质和个人风格塑造而成，是一种源于更深层次、经年累月孕育出的品质，只有在面对挑战时，这种品质才会显露出来。

回到本书的开头提出的那个问题。

当你历尽千帆，走到生命的尽头时，你是否拥有了自己想要的人生？

这个问题并不简单。然而，假如你能勇敢地面对自己的人生，那么，当你走到生命的尽头时，你就能自信地回答：

这就是我的生命历程，这就是我的人生。总而言之，尽管历尽千帆，我仍能不改初心，勇往直前，尽我所能迎接每一个挑战。